학습 스케줄표

공부한 날짜를 쓰고 학습한 후 부모님·선생님께 확인을 받으세요.

1주

쪽수		공부한 날	확인
준비	6~9쪽	월 일	확인
1일	10~13쪽	월 일	확인
2일	14~17쪽	월 일	확인
3일	18~21쪽	월 일	확인
4일	22~25쪽	월 일	확인
5일	26~29쪽	월 일	확인
평가	30~33쪽	월 일	확인

2주

쪽수		공부한 날	확인
준비	36~39쪽	월 일	확인
1일	40~43쪽	월 일	확인
2일	44~47쪽	월 일	확인
3일	48~51쪽	월 일	확인
4일	52~55쪽	월 일	확인
5일	56~59쪽	월 일	확인
평가	60~63쪽	월 일	확인

3주

쪽수		공부한 날	확인
준비	66~69쪽	월 일	확인
1일	70~73쪽	월 일	확인
2일	74~77쪽	월 일	확인
3일	78~81쪽	월 일	확인
4일	82~85쪽	월 일	확인
5일	86~89쪽	월 일	확인
평가	90~93쪽	월 일	확인

4주

쪽수		공부한 날	확인
준비	96~99쪽	월 일	확인
1일	100~103쪽	월 일	확인
2일	104~107쪽	월 일	확인
3일	108~111쪽	월 일	확인
4일	112~115쪽	월 일	확인
5일	116~119쪽	월 일	확인
평가	120~123쪽	월 일	확인

Chunjae
Makes
Chunjae

기획총괄	박금옥
편집개발	윤경옥, 박초아, 김연정, 김수정, 조은영 임희정, 이혜지, 최민주, 한인숙
디자인총괄	김희정
표지디자인	윤순미, 김지현, 심지현
내지디자인	박희춘, 우혜림
제작	황성진, 조규영

발행일	2023년 5월 15일 초판 2023년 5월 15일 1쇄
발행인	(주)천재교육
주소	서울시 금천구 가산로9길 54
신고번호	제2001-000018호
고객센터	1577-0902

※ 정답 분실 시에는 천재교육 교재 홈페이지에서 내려받으세요.
※ KC 마크는 이 제품이 공통안전기준에 적합하였음을 의미합니다.
※ 주의
책 모서리에 다칠 수 있으니 주의하시기 바랍니다.
부주의로 인한 사고의 경우 책임지지 않습니다.
8세 미만의 어린이는 부모님의 관리가 필요합니다.

6-B 문장제 수학편

주별 Contents

요즘 학생들은 책보다 스마트폰에 빠져 있고 모르는 어휘도 많아서 글을 읽고 이해하는 능력, 즉 문해력이 부족한 경우가 많아요.

수학 문제도 3줄이 넘어가면 아이들이 읽기 힘들어 하고 무슨 뜻인지 이해하지 못하는 경우가 많지요. 그래서 수학 문제를 푸는 데에도 문해력이 필요해요!

<초등문해력 독해가 힘이다 문장제 수학편>은
읽고 이해하여 문제해결력을 강화하는 수학 문해력 훈련서입니다.

매일 4쪽씩, 28일 학습으로
자기 주도 학습이 가능 해요.

수학 문해력을 기르는 준비 학습

준비 학습 **문해력** 기초 다지기 (문장제에 적용하기)

연산 문제가 어떻게 문장제가 되는지 알아봅니다.

1 $\frac{4}{5} \div \frac{1}{5} = \square$ » $\frac{4}{5}$를 $\frac{1}{5}$로 나눈 몫은 얼마인가요?

식 ______ 답 ______

2 $\frac{6}{7} \div \frac{2}{7} = \square$ » $\frac{6}{7}$에는 $\frac{2}{7}$가 몇 번 들어가나요?

식 ______ 답 ______ 번

3 $\frac{5}{8} \div \frac{3}{8} = \square$ » 수영이가 마신 물은 $\frac{5}{8}$ L이고, 경진이가 마신 물은 $\frac{3}{8}$ L입니다. 수영이가 마신 물은 경진이가 마신 물의 몇 배인가요?

식 ______ 답 ______ 배

문장제에 적용하기

연산, 기초 문제가 어떻게 문장제가 되는지 알아봐요.

준비 학습 **문해력** 기초 다지기 (문장 읽고 문제 풀기)

간단한 문장제를 풀어 봅니다.

1 주아는 사과주스 $\frac{3}{4}$ L를 친구들과 나누어 마시려고 한 컵에 $\frac{1}{4}$ L씩 나누어 담았습니다. 나누어 담은 사과주스는 모두 몇 컵인가요?

출처: ©Nataliya Schmidt /shutterstock

식 ______ 답 ______

2 간장 $\frac{8}{9}$ L를 통에 나누어 담으려고 합니다. 간장을 한 통에 $\frac{4}{9}$ L씩 나누어 담는다면 몇 통에 나누어 담을 수 있나요?

식 ______ 답 ______

3 새롬이가 신는 부츠 한 켤레의 무게는 $\frac{9}{11}$ kg이고, 운동화 한 켤레의 무게는 $\frac{4}{11}$ kg입니다. 부츠 한 켤레의 무게는 운동화 한 켤레의 무게의 몇 배인가요?

식 ______ 답 ______

문장 읽고 문제 풀기

이번 주에 풀 문장제 유형의 가장 단순한 문장제를 풀면서 기초를 다져요.

수학 문해력을 기르는

1일~4일 학습

문제 속 핵심 키워드 찾기 → 해결 전략 세우기 → 전략에 따라 문제 풀기 → 문해력 레벨업 으로 이어지는 학습법

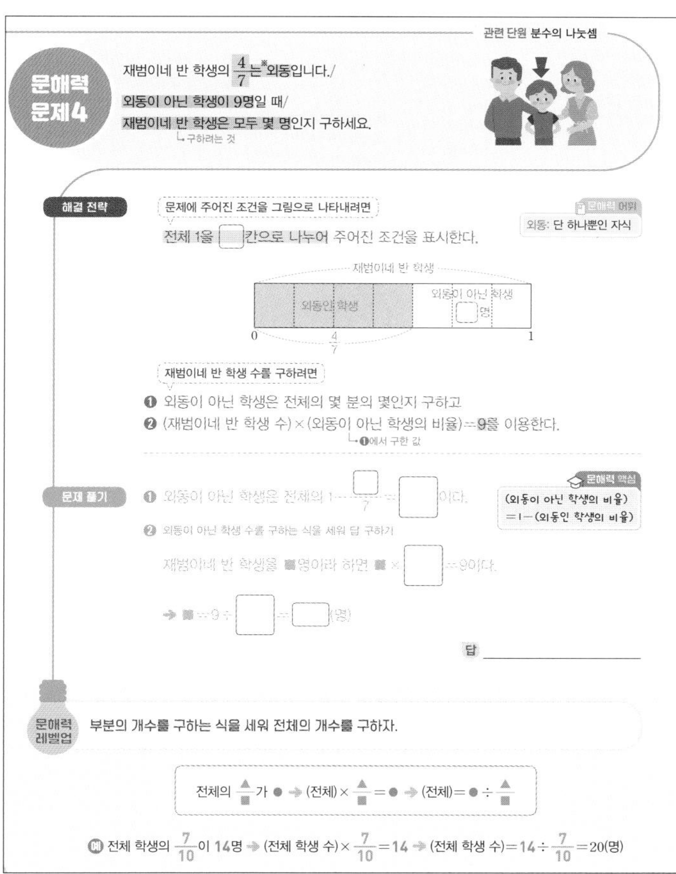

문제 속 핵심 키워드 찾기

문제를 끊어 읽으면서 핵심이 되는 말인 주어진 조건과 구하려는 것을 찾아 표시해요.

해결 전략 세우기

찾은 핵심 키워드를 수학적으로 어떻게 바꾸어 적용해서 문제를 풀지 전략을 세워요.

전략에 따라 문제 풀기

세운 해결 전략 ❶ → ❷ → ❸의 순서에 따라 문제를 풀어요.

문해력 레벨업

수학 문해력을 한 단계 올려주는 비법 전략을 알려줘요.

문해력 문제의 풀이를 따라

쌍둥이 문제 → 문해력 레벨 1 → 문해력 레벨 2 를

차례로 풀며 수준을 높여가며 훈련해요.

수학 문해력을 기르는

5일 학습

HME 경시 기출 유형, 수능대비 창의·융합형 문제를 풀면서 수학 문해력 완성하기

분수의 나눗셈

이전에 우리는 (자연수)÷(자연수), (분수)÷(자연수)로 나타낼 수 있는 상황에서 분수의 나눗셈을 배워 보았어요.
이번에는 실생활에서 (분수)÷(분수)로 나타낼 수 있는 경우를 통해 분수의 나눗셈을 이해하고 식을 세워 문제를 해결해 봐요.

이번 주에 나오는 어휘 & 지식백과

11쪽 발효 식품 (醱 술 괼 발, 酵 삭힐 효, 食 먹을 식, 品 물건 품)
젖산균이나 효모 등 미생물의 발효 작용을 이용하여 만든 식품으로 미생물의 종류와 식품 재료에 따라 종류가 다양하며 각기 독특한 맛을 지닌다.

15쪽 우진각지붕 (隅 모퉁이 우, 진, 閣 집 각 + 지붕)
지붕은 한옥 건물의 인상을 결정하는 가장 큰 요소이다. 이 중 우진각지붕은 네 면에 모두 지붕면이 있고, 앞에서 보면 사다리꼴 모양, 옆에서 보면 삼각형 모양이다. 초가집 대부분이 우진각지붕이며, 조선 시대 숭례문과 흥인지문, 수원 화성의 장안문과 팔달문 등의 성곽에서 이 지붕 모양을 찾아볼 수 있다.

20쪽 손톱미용사 (손톱 + 美 아름다울 미, 容 얼굴 용, 師 스승 사)
네일아티스트(nail artist)라고 하며 손톱이나 발톱을 정리하고 꾸미는 사람을 말한다.

21쪽 인쇄 (印 도장 인, 刷 인쇄할 쇄)
글, 그림, 사진 따위를 주로 잉크를 사용하여 종이나 천 등의 면에 옮겨 찍어내는 것

22쪽 지하수 (地 땅 지, 下 아래 하, 水 물 수)
땅속의 흙이나 모래, 암석 따위의 빈틈을 채우고 있거나 흐르는 물로 빗물이 땅속에 스며들어 고인 것이다.

23쪽 간이 정수기 (簡 간략할 간, 易 쉬울 이, 淨 깨끗할 정, 水 물 수, 器 그릇 기)
쉽고 간편하게 설치하여 물을 깨끗하게 하는 기구

29쪽 중력 (重 무거울 중, 力 힘 력)
지구 위의 물체가 지구로부터 받는 힘 또는 모든 물체가 서로 잡아당기는 힘

문해력 기초 다지기

문장제에 적용하기

연산 문제가 어떻게 문장제가 되는지 알아봅니다.

1 $\frac{4}{5} \div \frac{1}{5} = \square$

» $\frac{4}{5}$를 $\frac{1}{5}$로 **나눈 몫**은 얼마인가요?

식 $\frac{4}{5} \div \frac{1}{5} = \square$

답

2 $\frac{6}{7} \div \frac{2}{7} = \square$

» $\frac{6}{7}$에는 $\frac{2}{7}$**가 몇 번** 들어가나요?

식

꼭! 단위까지 따라 쓰세요.

답 번

3 $\frac{5}{8} \div \frac{3}{8} = \square$

» 수영이가 마신 물은 $\frac{5}{8}$ L이고,

경진이가 마신 물은 $\frac{3}{8}$ L입니다.

수영이가 마신 물은 경진이가 마신 물의 몇 배인가요?

식

답 배

4 $\frac{3}{5} \div \frac{3}{10} = \square$

» $\frac{3}{5}$은 $\frac{3}{10}$의 **몇 배**인가요?

식 $\frac{3}{5} \div \frac{3}{10} = \square$

꼭! 단위까지 따라 쓰세요.

답 배

5 $8 \div \frac{2}{3} = \square$

» 거리가 $8\ \mathrm{km}$인 등산로를 한 시간에 $\frac{2}{3}\ \mathrm{km}$씩 걸어 올라간다면 모두 **몇 시간**이 걸리나요?

식

답 시간

6 $\frac{5}{6} \div \frac{3}{8} = \square$

» 굵기가 일정한 고무관 $\frac{3}{8}\ \mathrm{m}$의 무게가 $\frac{5}{6}\ \mathrm{kg}$입니다. **고무관 $1\ \mathrm{m}$의 무게는 몇 kg**인가요?

식

답 kg

7 $1\frac{3}{5} \div \frac{4}{9} = \square$

» 넓이가 $1\frac{3}{5}\ \mathrm{m}^2$인 직사각형의 세로는 $\frac{4}{9}\ \mathrm{m}$입니다. 이 직사각형의 **가로는 몇 m**인가요?

식

답 m

공부한 날 월 일

문해력 기초 다지기

문장 읽고 문제 풀기

간단한 문장제를 풀어 봅니다.

출처: ⓒNataliya Schmidt /shutterstock

1 주아는 사과주스 $\frac{3}{4}$ L를 친구들과 나누어 마시려고 **한 컵에 $\frac{1}{4}$ L씩** 나누어 담았습니다.
나누어 담은 사과주스는 모두 **몇 컵**인가요?

 식 ______________________  답 ______________

2 간장 $\frac{8}{9}$ L를 통에 나누어 담으려고 합니다.
간장을 **한 통에 $\frac{4}{9}$ L씩** 나누어 담는다면 **몇 통**에 나누어 담을 수 있나요?

식 ______________________  답 ______________

3 새롬이가 신는 부츠 한 켤레의 무게는 $\frac{9}{11}$ kg이고, 운동화 한 켤레의 무게는 $\frac{4}{11}$ kg입니다.
부츠 한 켤레의 무게는 운동화 한 켤레의 무게의 몇 배인가요?

식 ______________________ 답 ______________

4 텃밭에 고추를 심은 넓이는 $\frac{2}{3}$ m^2이고,

상추를 심은 넓이는 $\frac{3}{4}$ m^2입니다.

고추를 심은 넓이는 상추를 심은 넓이의 몇 배인가요?

5 길이가 12 m인 리본을 $\frac{6}{7}$ m씩 잘랐습니다.

자른 리본은 모두 **몇 도막**인가요?

식 ____________________

6 연준이는 페트병을 재활용하여 화분을 만들려고 합니다.

흙을 화분의 $\frac{2}{3}$만큼 담아 무게를 재어 보니 $\frac{6}{5}$ kg이었습니다.

흙을 화분에 가득 담았을 때의 무게는 **몇 kg**인가요?

(단, 페트병의 무게는 생각하지 않습니다.)

출처: ⓒ18042011/shutterstock

식 ____________________

7 어느 고속열차가 일정한 빠르기로 $2\frac{1}{7}$ km를 가는 데 $\frac{3}{5}$분이 걸렸습니다.

이 고속열차는 **1분 동안 몇 km**를 갈 수 있나요?

식 ____________________ 답 ____________________

1일 수학 문해력 기르기

관련 단원 분수의 나눗셈

문해력 문제 1

쌀 $4\frac{3}{8}$ kg을/ 봉지 5개에 똑같이 나누어 담았습니다./

그중 봉지 1개에 담은 쌀을/ 한 번에 $\frac{1}{8}$ kg씩 나누어 사용한다면/

몇 번을 사용할 수 있는지 구하세요.

└ 구하려는 것

해결 전략

봉지 1개에 담은 쌀의 양을 구하려면

❶ (쌀의 무게) $\div$ (봉지 수)를 구하고

봉지 1개에 담은 쌀을 몇 번 사용할 수 있는지 구하려면

❷ (봉지 1개에 담은 쌀의 양) ◯ (한 번에 사용하는 쌀의 양)을 구한다.

└ ❶에서 구한 수 └ $+, -, \times, \div$ 중 알맞은 것 쓰기

문제 풀기

❶ (봉지 1개에 담은 쌀의 양) $= 4\frac{3}{8} \div 5 =$ ☐ (kg)

❷ (봉지 1개에 담은 쌀을 사용할 수 있는 횟수) $=$ ☐ $\div \frac{1}{8} =$ ☐ (번)

답 ____________

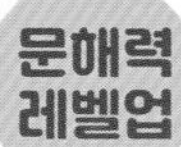

문해력 레벨업 문장 속에서 나누어지는 수와 나누는 수를 찾아 나눗셈식을 세우고 문제를 해결하자.

예

고구마 **12** kg을	상자 **3**개에 똑같이 나누어 담으면 →	상자 1개에 **12÷3**=4 (kg)씩 들어간다.
	한 사람에게 **3** kg씩 나누어 주면 →	**12÷3**=4(명)에게 나누어 줄 수 있다.

• 정답과 해설 2쪽

복습책 1쪽에 유사, 심화문제 제공

쌍둥이 문제

1-1 기름 $7\frac{1}{2}$ L를/ 통 3개에 똑같이 나누어 담았습니다./ 그중 통 1개에 담은 기름을/ 한 번에 $\frac{5}{8}$ L씩 나누어 사용한다면/ 몇 번을 사용할 수 있나요?

따라 풀기 ①

②

답 ____________

문해력 레벨 1

1-2 고추장 $9\frac{4}{5}$ kg을/ 항아리 7개에 똑같이 나누어 담았습니다./ 그중 항아리 1개에 담은 고추장을/ 한 사람에게 $\frac{7}{10}$ kg씩 모두 나누어 준다면/ 몇 명에게 나누어 줄 수 있나요?

스스로 풀기 ①

②

답 ____________

문해력 레벨 2

1-3 청국장은 콩을 이용하여 만든 대표적인 ※발효 식품입니다./ 청국장 $8\frac{1}{10}$ kg을/ 그릇 9개에 똑같이 나누어 담았습니다./ 그중 그릇 1개에 담은 청국장을/ $\frac{3}{20}$ kg씩 나누어 포장하였습니다./ 포장한 청국장을 1개당 3000원씩 받고 모두 팔았다면/ 청국장을 판매한 값은 얼마인가요?

스스로 풀기 ① 그릇 1개에 담은 청국장의 양을 구하자.

② 포장한 청국장의 개수를 구하자.

③ 위 ②에서 포장한 청국장을 모두 판매한 값을 구하자.

답 ____________

문해력 백과

발효 식품: 미생물의 발효 작용을 이용하여 만든 식품. 미생물의 종류와 식품 재료에 따라 종류가 다양하며 각기 독특한 맛을 지닌다.

공부한 날 월 일

수학 문해력 기르기

관련 단원 분수의 나눗셈

문해력 문제 2

길이가 $7\frac{1}{5}$ m인 통나무를/ $\frac{4}{5}$ m씩 잘랐습니다./
한 도막을 자르는 데 7분이 걸렸다면/
통나무를 모두 자를 때까지 걸린 시간은 몇 분인지 구하세요./ (단, 중간에 쉬지 않습니다.)
└ 구하려는 것

해결 전략

자른 도막 수를 구하려면
❶ (전체 통나무의 길이)÷(한 도막의 길이)를 구하고

통나무를 자른 횟수를 구하려면
❷ (자른 도막 수)−□을/를 구한 후
└ ❶에서 구한 수

통나무를 모두 자를 때까지 걸린 시간을 구하려면
❸ (한 도막을 자르는 데 걸린 시간) ○ (통나무를 자른 횟수)를 구한다.
+, −, ×, ÷ 중 알맞은 것 쓰기 / └ ❷에서 구한 수

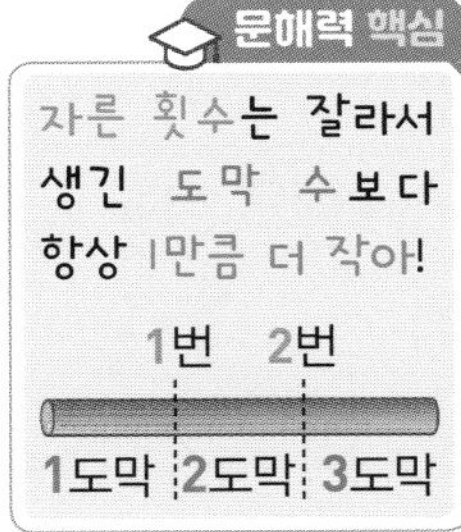

문해력 핵심
자른 횟수는 잘라서 생긴 도막 수보다 항상 1만큼 더 작아!
1번 2번
1도막 2도막 3도막

문제 풀기

❶ (자른 도막 수)$=7\frac{1}{5}\div\frac{4}{5}=\frac{\square}{5}\div\frac{4}{5}=\square\div4=\square$(도막)

❷ (통나무를 자른 횟수)$=\square-1=\square$(번)

❸ (통나무를 모두 자를 때까지 걸린 시간)$=7\times\square=\square$(분)

답 ____________

문해력 레벨업 일정한 길이로 자른 도막 수를 구하여 자른 횟수를 구하자.

예 길이가 8 m인 통나무를 2 m씩 잘랐을 때 자른 횟수 구하기

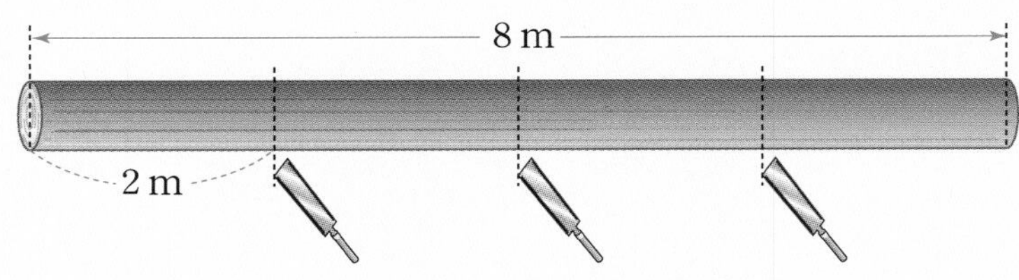

- (자른 도막 수)=(전체 길이)÷(한 도막의 길이) ➜ $8\div2=4$(도막)
- (자른 횟수)=(자른 도막 수)−1 ➜ $4-1=3$(번)

쌍둥이 문제

2-1 길이가 $8\frac{3}{4}$ m인 고무관을/ $1\frac{3}{4}$ m씩 잘랐습니다./ 한 도막을 자르는 데 6분이 걸렸다면/ 고무관을 모두 자를 때까지 걸린 시간은 몇 분인가요?/ (단, 중간에 쉬지 않습니다.)

따라 풀기 ❶

❷

❸

답 ________________

문해력 레벨 1

2-2 소현이는 밀가루 반죽 180 g을/ $5\frac{5}{11}$ g씩 떼어 넣어※수제비를 만들었습니다./ 밀가루 반죽 한 조각을 떼어 넣는 데 2초가 걸렸다면/ 밀가루 반죽을 모두 떼어 넣을 때까지 걸린 시간은 몇 분 몇 초인가요?/ (단, 중간에 쉬지 않습니다.)

스스로 풀기 ❶

문해력 어휘

수제비: 밀가루를 반죽하여 맑은 국에 적당한 크기로 떼어 넣어 익힌 음식

❷

❸

답 ________________

문해력 레벨 2

2-3 길이가 $6\frac{2}{3}$ m인※가래떡을/ $\frac{5}{24}$ m씩 자르려고 합니다./ 중간에 쉬지 않고 2분 35초 안에 가래떡을 모두 자르려면/ 한 도막을 몇 초 안에 잘라야 하는지 구하세요.

스스로 풀기 ❶ 가래떡을 자른 도막 수를 구하자.

문해력 백과

가래떡: 가늘고 길게 둥글려 뽑아 일정한 길이로 자른 흰 떡으로 얇게 썰어 떡국을 끓여 먹는다.

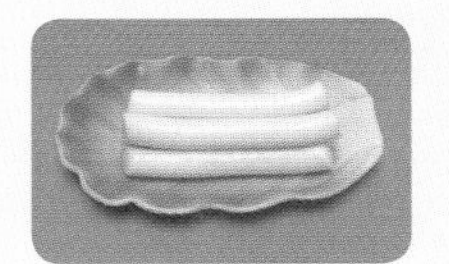

❷ 가래떡을 자르는 횟수를 구하자.

❸ 가래떡을 모두 자르는 데 걸리는 시간이 2분 35초보다 작게 되도록 하자.

답 ________________

일 수학 문해력 기르기

관련 단원 분수의 나눗셈

문해력 문제 3

넓이가 $\frac{6}{7}$ m^2인 평행사변형이 있습니다./

이 평행사변형의 높이가 $\frac{2}{3}$ m일 때/

밑변의 길이는 몇 m인지 구하세요.

└ 구하려는 것

해결 전략

❶ (밑변의 길이)×(높이)=(평행사변형의 넓이)의 식을 세우고

밑변의 길이를 구하려면

❷ 위 ❶에서 구한 식을 거꾸로 계산하여 구한다.

문제 풀기

❶ 평행사변형의 넓이 구하는 식 세우기

평행사변형의 밑변의 길이를 ■ m라 하면 ■ × $\frac{2}{3}$ = □

❷ ■ = □ ÷ $\frac{2}{3}$ = □ × $\frac{□}{2}$ = $\frac{□}{7}$ = □

→ 평행사변형의 밑변의 길이는 □ m이다.

문해력 레벨업 도형의 넓이 구하는 식을 이용하여 모르는 변의 길이를 구하자.

- (평행사변형의 넓이)=(밑변의 길이)×(높이)
- (삼각형의 넓이)=(밑변의 길이)×(높이)÷2
- (사다리꼴의 넓이)=(윗변의 길이+아랫변의 길이)×(높이)÷2

쌍둥이 문제

3-1 넓이가 $5\frac{2}{5}$ m^2인 평행사변형이 있습니다./ 이 평행사변형의 밑변의 길이가 $1\frac{4}{5}$ m일 때/ 높이는 몇 m인가요?

따라 풀기 ❶

❷

답 ______________

문해력 레벨 1

3-2 넓이가 $\frac{7}{8}$ cm^2인 삼각형이 있습니다./ 이 삼각형의 높이가 $\frac{7}{9}$ cm일 때/ 밑변의 길이는 몇 cm인가요?

스스로 풀기 ❶

❷

답 ______________

문해력 레벨 2

3-3 한옥 건물의 지붕 중 ※우진각지붕은 앞에서 보았을 때 사다리꼴 모양입니다./ 흥인지문의 모양을 보고 그린 사다리꼴 모양 지붕의 넓이가 $2\frac{17}{20}$ cm^2라면/ 높이는 몇 cm인가요?

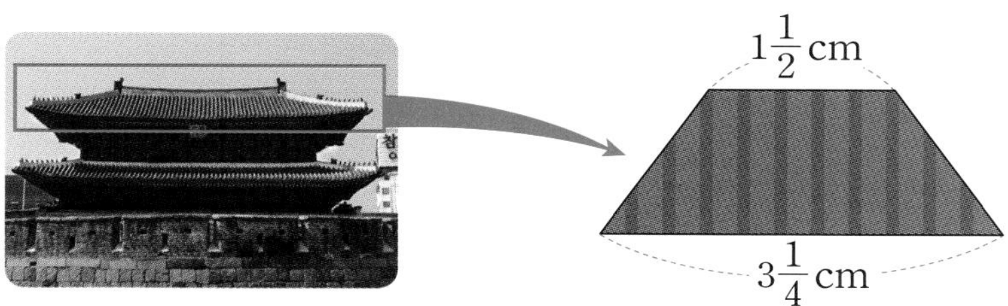

스스로 풀기 ❶ 사다리꼴의 넓이 구하는 식을 세우자.

문해력 백과
우진각지붕: 네 면에 모두 지붕면이 있고, 앞에서 보면 사다리꼴, 옆에서 보면 삼각형 모양이다.

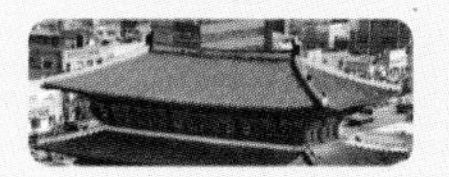

❷ 위 ❶의 식을 거꾸로 계산하여 사다리꼴의 높이를 구하자.

답 ______________

2일 수학 문해력 기르기

관련 단원 분수의 나눗셈

문해력 문제 4

재범이네 반 학생의 $\frac{4}{7}$는 ※외동입니다./
외동이 아닌 학생이 9명일 때/
재범이네 반 학생은 모두 몇 명인지 구하세요.
└ 구하려는 것

해결 전략

문제에 주어진 조건을 그림으로 나타내려면

전체 1을 □칸으로 나누어 주어진 조건을 표시한다.

문해력 어휘
외동: 단 하나뿐인 자식

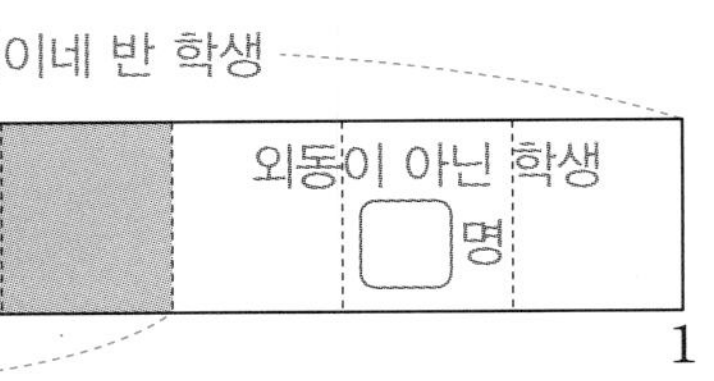

재범이네 반 학생 수를 구하려면

❶ 외동이 아닌 학생은 전체의 몇 분의 몇인지 구하고
❷ (재범이네 반 학생 수)×(외동이 아닌 학생의 비율)=9를 이용한다.
└ ❶에서 구한 값

문제 풀기

❶ 외동이 아닌 학생은 전체의 $1-\frac{\square}{7}=\square$이다.

❷ 외동이 아닌 학생 수를 구하는 식을 세워 답 구하기

재범이네 반 학생을 ■명이라 하면 ■×□=9이다.

➔ ■=9÷□=□(명)

문해력 핵심
(외동이 아닌 학생의 비율)
=1−(외동인 학생의 비율)

답 ______

문해력 레벨업 부분의 개수를 구하는 식을 세워 전체의 개수를 구하자.

전체의 $\frac{▲}{■}$가 ● ➔ (전체)×$\frac{▲}{■}$=● ➔ (전체)=●÷$\frac{▲}{■}$

예 전체 학생의 $\frac{7}{10}$이 14명 ➔ (전체 학생 수)×$\frac{7}{10}$=14 ➔ (전체 학생 수)=14÷$\frac{7}{10}$=20(명)

쌍둥이 문제

4-1 주원이네 학교 6학년 학생의 $\frac{3}{8}$은 안경을 썼습니다./ 안경을 쓰지 않은 학생이 125명일 때/ 주원이네 학교 6학년 학생은 모두 몇 명인가요?

그림 그리기

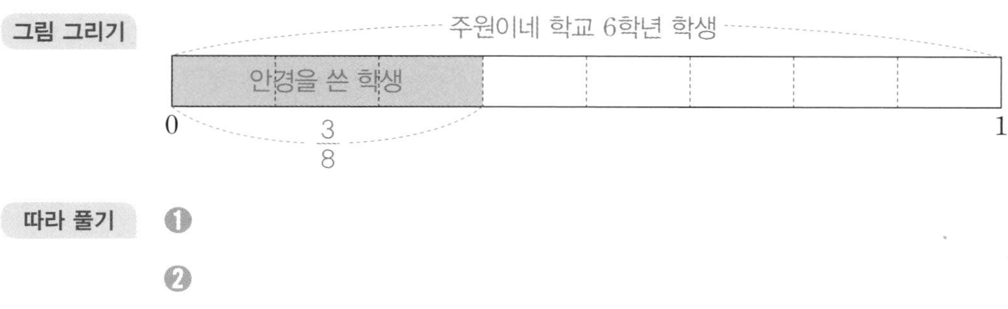

따라 풀기 ❶

❷

답 ____________

문해력 레벨 1

4-2 승주는 어제까지 전체 소설책의 $\frac{5}{9}$를 읽고,/ 오늘은 전체 소설책의 $\frac{2}{9}$를 읽었습니다./ 남은 소설책이 16쪽일 때/ 전체 소설책은 모두 몇 쪽인가요?

그림 그리기

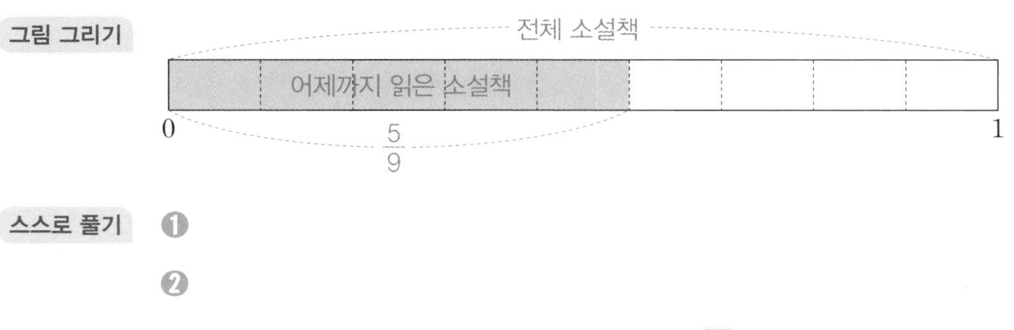

스스로 풀기 ❶

❷

답 ____________

문해력 레벨 2

4-3 효미네 밭의 $\frac{6}{11}$에는 옥수수를 심고,/ 남은 밭의 $\frac{2}{5}$에는 토마토를 심었습니다./ 아무것도 심지 않은 밭의 넓이가 39 m^2일 때/ 효미네 밭의 전체 넓이는 몇 m^2인가요?

그림 그리기

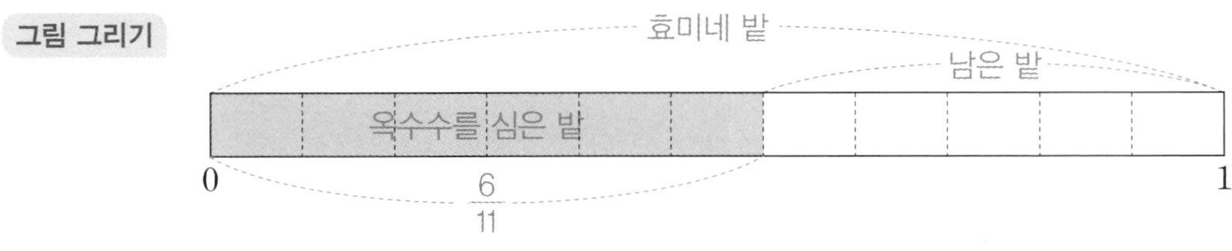

스스로 풀기 ❶ 아무것도 심지 않은 밭은 전체의 몇 분의 몇인지 구하자.

❷ 아무것도 심지 않은 밭의 넓이를 구하는 식을 세워 전체 밭의 넓이를 구하자.

답 ____________

일

수학 문해력 기르기

관련 단원 분수의 나눗셈

문해력 문제 5

가로가 12 m이고 세로가 $1\frac{5}{6}$ m인 직사각형 모양의 벽을 칠하는 데/

페인트 $2\frac{1}{5}$ L를 사용했습니다./

페인트 1 L로 칠한 벽의 넓이는 몇 m^2인지 구하세요.

└ 구하려는 것

해결 전략

직사각형 모양 벽의 넓이를 구하려면

❶ (가로)×(세로)를 구한다.

페인트 1 L로 칠한 벽의 넓이를 구하려면

❷ (벽의 넓이) ◯ (사용한 페인트 양)을 구한다.

└ ❶에서 구한 값　└ +, −, ×, ÷ 중 알맞은 것 쓰기

문제 풀기

❶ (벽의 넓이) $=12\times1\frac{5}{6}=\overset{2}{\cancel{12}}\times\frac{\square}{\underset{1}{\cancel{6}}}=\square\ (m^2)$

❷ (페인트 1 L로 칠한 벽의 넓이)

$=\square\div2\frac{1}{5}=\overset{2}{\cancel{22}}\times\frac{\square}{\underset{1}{\cancel{11}}}=\square\ (m^2)$

답 ______________

문해력 레벨업 페인트로 칠한 넓이와 사용한 페인트 양을 구하는 방법을 비교해 알아보자.

페인트 1 L로 칠한 넓이	1 m^2를 칠하는 데 사용한 페인트 양
(페인트를 칠한 넓이)÷(사용한 페인트 양) └ L 단위	(사용한 페인트 양)÷(페인트를 칠한 넓이) └ m^2 단위

예 벽 6 m^2를 칠하는 데 페인트 2 L를 사용했습니다.

➔ (페인트 1 L로 칠한 벽의 넓이)
$=6\div2=3\ (m^2)$

➔ (벽 1 m^2를 칠하는 데 사용한 페인트 양)
$=2\div6=\frac{1}{3}$ (L)

쌍둥이 문제

5-1 가로가 10 m이고 세로가 $2\frac{4}{5}$ m인 직사각형 모양의 벽을 칠하는 데/ 페인트 $3\frac{1}{2}$ L를 사용했습니다./ 페인트 1 L로 칠한 벽의 넓이는 몇 m^2인가요?

따라 풀기 ❶

❷

답 ____________

문해력 레벨 1

5-2 가로가 14 m이고 세로가 $1\frac{1}{2}$ m인 직사각형 모양의 벽을/ 4칸으로 똑같이 나누어 그중 1칸을 칠하는 데/ 페인트 $1\frac{1}{4}$ L를 사용했습니다./ 벽 1 m^2를 칠하는 데 사용한 페인트는 몇 L인가요?

스스로 풀기 ❶

❷

답 ____________

문해력 레벨 2

5-3 한 모서리의 길이가 $2\frac{1}{2}$ cm인 정육면체가 6개 있습니다. 이 정육면체 6개의 모든 면을 빨간색으로 칠하는 데/ 페인트 $40\frac{5}{8}$ mL를 사용했습니다./ 페인트 1 mL로 칠한 면의 넓이는 몇 cm^2인가요?

스스로 풀기 ❶ 정육면체의 한 면의 넓이를 구하자.

정육면체는 정사각형 6개로 둘러싸인 도형이야.

❷ 칠한 면의 넓이를 구하자.

❸ 페인트 1 mL로 칠한 면의 넓이를 구하자.

답 ____________

공부한 날 월 일

3일

3일 수학 문해력 기르기

관련 단원 분수의 나눗셈

문해력 문제 6

어느※손톱미용사는 한 명의 손톱을 꾸미는 데 $1\frac{2}{3}$시간이 걸립니다./
하루에 5시간씩 쉬지 않고 일한다면/
6일 동안 몇 명의 손톱을 꾸며줄 수 있는지 구하세요.
└ 구하려는 것

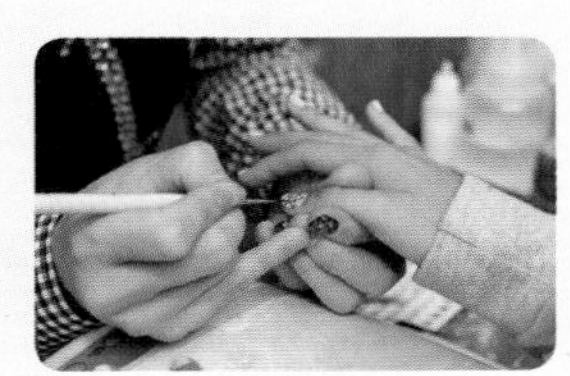

해결 전략

하루에 손톱을 꾸며줄 수 있는 사람 수를 구하려면

❶ (하루에 일하는 시간) ◯ (한 명의 손톱을 꾸미는 데 걸리는 시간)을 구하고
└ +, −, ×, ÷ 중 알맞은 것 쓰기

6일 동안 몇 명의 손톱을 꾸며줄 수 있는지 구하려면

❷ (하루에 손톱을 꾸며줄 수 있는 사람 수) ◯ (날수)를 구한다.
└ ❶에서 구한 값

문해력 어휘
손톱미용사: 손톱이나 발톱을 정리하고 꾸미는 사람

문제 풀기

❶ (하루에 손톱을 꾸며줄 수 있는 사람 수)

$=\square\div1\frac{2}{3}=\square\div\frac{\square}{3}=\overset{1}{\cancel{5}}\times\frac{\square}{\underset{1}{\cancel{5}}}=\square$(명)

❷ (6일 동안 손톱을 꾸며줄 수 있는 사람 수)$=\square\times6=\square$(명)

답 ______________

문해력 레벨업 일정한 빠르기로 일을 할 때 하루에 할 수 있는 일의 양을 구하자.

예

하루에 일하는 시간(6시간)

1시간	1시간	1시간	1시간	1시간	1시간

인형 한 개를 만드는 데 걸리는 시간(2시간)

인형 한 개를 만드는 데 2시간이 걸리고
하루에 6시간씩 쉬지 않고 만들 때
➔ (하루에 만들 수 있는 인형 수)
$=6\div2=3$(개)

복습책 6쪽에 유사, 심화문제 제공

쌍둥이 문제

6-1 어느 인쇄소에서 책 한 권을※인쇄하는 데 $\frac{2}{5}$시간이 걸립니다./ 하루에 8시간씩 쉬지 않고 기계를 돌려 인쇄한다면/ 일주일 동안 인쇄할 수 있는 책은 몇 권인가요?

따라 풀기 

❷

문해력 어휘
인쇄: 글, 그림, 사진 따위를 주로 잉크를 사용하여 종이나 천 등의 면에 옮겨 찍어내는 것

답 ____________

문해력 레벨 1

6-2 어느 세탁소에서 옷 한 벌을 세탁하는 데/ A 기계로는 $\frac{5}{12}$시간,/ B 기계로는 $\frac{8}{15}$시간이 걸립니다./ 중간에 쉬지 않고 40시간 동안 기계를 돌린다면/ A 기계는 B 기계보다 옷을 몇 벌 더 세탁할 수 있나요?

스스로 풀기 ❶ A 기계와 B 기계로 각각 40시간 동안 세탁할 수 있는 옷의 수를 구하자.

❷ A 기계는 B 기계보다 옷을 몇 벌 더 세탁할 수 있는지 구하자.

답 ____________

문해력 레벨 2

6-3 어느 가게의 직원은 컴퓨터 한 대를 조립하는 데 $2\frac{1}{4}$시간이 걸립니다./ 매일 오전 9시부터 오후 4시까지 1시간마다 10분씩 쉬면서 조립을 한다면/ 3일 동안 조립할 수 있는 컴퓨터는 몇 대인가요?/ (단, 하루에 끝내지 못한 일은 다음 날 이어서 합니다.)

스스로 풀기 ❶ 하루에 조립하는 시간을 구하자.

오전 9시부터 오후 4시까지 쉬는 시간은 모두 몇 번일까?

❷ 가게 직원이 하루에 조립할 수 있는 컴퓨터 수를 구하자.

❸ 3일 동안 조립할 수 있는 컴퓨터 수를 구하자.

답 ____________

수학 문해력 기르기

관련 단원 분수의 나눗셈

문해력 문제 7

20초 동안 $\frac{5}{6}$ L의※지하수를 일정하게 퍼 올리는 기계가 있습니다./
이 기계로 1 L의 지하수를 퍼 올리는 데 걸리는 시간은 몇 분인지 구하세요.
└ 구하려는 것

해결 전략

구하는 값의 단위가 분이므로 초를 분 단위로 바꾸면

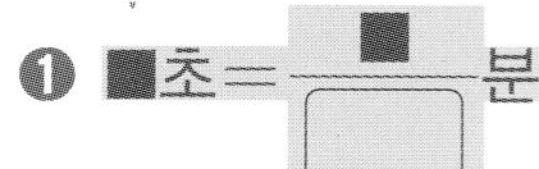

❶ ■초 $=\frac{■}{\square}$ 분

1 L의 지하수를 퍼 올리는 데 걸리는 시간을 구하려면

❷ (지하수를 퍼 올리는 시간)÷(퍼 올린 지하수의 양)을 구한다.
└ ❶에서 구한 수

문해력 어휘
지하수: 땅 속의 흙이나 모래, 암석 따위의 빈틈을 채우고 있거나 흐르는 물

문해력 핵심
1분 $=$ 60초
➔ 1초 $=\frac{1}{60}$ 분

문제 풀기

❶ 초를 분 단위로 바꾸기

20초 $=\frac{20}{\square}$ 분 $=\frac{1}{\square}$ 분

❷ (1 L의 지하수를 퍼 올리는 데 걸리는 시간)

$=\frac{1}{\square}\div\frac{5}{6}=\frac{1}{\cancel{3}_1}\times\frac{\cancel{6}^2}{\square}=\square$ (분)

주어진 조건과 구하려는 것의 단위를 통일해서 계산해.

답 ____________

문해력 레벨업 1 L의 물이 나오는 데 걸리는 시간과 1분 동안 나오는 물의 양을 구분하여 구하자.

예 어느 수도에서 3분 동안 4 L의 물이 일정하게 나올 때

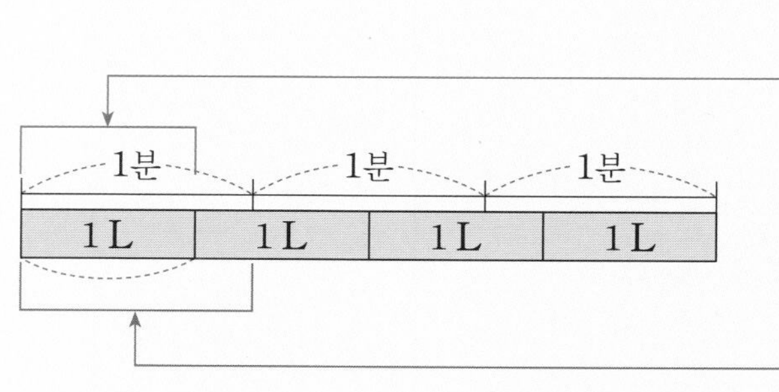

(1 L의 물이 나오는 데 걸리는 시간)
$=$(물이 나오는 시간)÷(나오는 물의 양)
└ "분"단위 └ "L"단위
$=3\div4=\frac{3}{4}$ (분)

(1분 동안 나오는 물의 양) "L"단위
$=$(나오는 물의 양)÷(물이 나오는 시간)
└ "분"단위
$=4\div3=\frac{4}{3}=1\frac{1}{3}$ (L)

• 정답과 해설 5쪽
복습책 7쪽에 유사, 심화문제 제공

쌍둥이 문제

7-1 55초 동안 $3\frac{2}{3}$ L의 물이 일정하게 나오는 수도가 있습니다./ 이 수도에서 1 L의 물이 나오는 데 걸리는 시간은 몇 분인가요?

따라 풀기 ❶

❷

답 ______________

문해력 레벨 1

7-2 90초 동안 $3\frac{3}{4}$ L의 물이 일정하게 나오는 수도가 있습니다./ 이 수도에서 1분 동안 나오는 물은 몇 L인가요?

스스로 풀기 ❶

❷

답 ______________

문해력 레벨 2

7-3 세희가 만든 ※간이 정수기는 12분 동안 $1\frac{1}{5}$ L의 물이 일정하게 정수됩니다./ 이 정수기로 1시간 30분 동안 정수할 수 있는 물은 모두 몇 L인가요?

스스로 풀기 ❶ 분을 시간 단위로 바꾸자.

문해력 어휘
간이 정수기: 쉽고 간편하게 설치하여 물을 깨끗하게 하는 기구

❷ 1시간 동안 정수할 수 있는 물의 양을 구하자.

1시간=60분이니까 1분=$\frac{1}{60}$시간이야.

❸ 1시간 30분 동안 정수할 수 있는 물의 양을 구하자.

답 ______________

공부한 날 월 일

4일

4일 수학 문해력 기르기

관련 단원 분수의 나눗셈

문해력 문제 8

들이가 10 L인 물통에 물이 $2\frac{2}{3}$ L 들어 있습니다./

이 물통에 물을 가득 채우려면/

들이가 $1\frac{5}{6}$ L인 그릇으로/ 적어도 몇 번 부어야 하는지 구하세요.

└ 구하려는 것

해결 전략

가득 채우기 위해 더 부어야 하는 물의 양을 구하려면

❶ (물통의 들이)−(물통에 들어 있는 물의 양)을 구하고

물을 적어도 몇 번 부어야 하는지 구하려면

❷ (더 부어야 하는 물의 양) ◯ (물을 붓는 그릇의 들이)를 구한다.

└ ❶에서 구한 값 └ +, −, ×, ÷ 중 알맞은 것 쓰기

문제 풀기

❶ (더 부어야 하는 물의 양) $=10-2\frac{2}{3}=$ □ (L)

❷ □ $\div 1\frac{5}{6}=\frac{□}{3}\div\frac{11}{6}=$ □

➜ 들이가 $1\frac{5}{6}$ L인 그릇으로 적어도 □번 부어야 한다.

답 ____________

문해력 레벨업 문장 속에 숨겨진 조건을 이해하여 문제에 알맞은 식을 세워 해결하자.

예

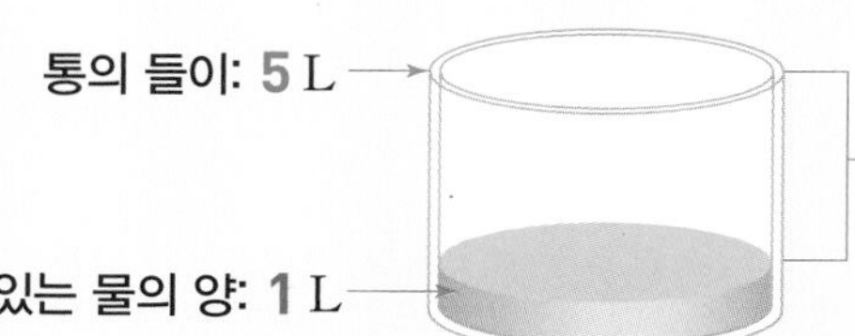

• 통에 물을 가득 채우려면 들이가 $\frac{1}{2}$ L인 그릇으로 $4\div\frac{1}{2}=8$ ➜ 적어도 **8번** 부어야 한다.

붓는 횟수는 자연수이다.

• 통에 물을 가득 채우려면 들이가 $\frac{3}{4}$ L인 그릇으로 $4\div\frac{3}{4}=5\frac{1}{3}$ ➜ 적어도 **6번** 부어야 한다.

쌍둥이 문제

8-1 들이가 35 L인 어항에 물이 $4\frac{1}{4}$ L 들어 있습니다./ 이 어항에 물을 가득 채우려면/ 들이가 $5\frac{1}{8}$ L인 통으로/ 적어도 몇 번 부어야 하나요?

따라 풀기 ❶

❷

답 ________________

문해력 레벨 1

8-2 자동차를 타고 집에서부터 거리가 40 km인 할머니 댁까지 가려고 합니다./ 현재 $6\frac{3}{4}$ km 만큼 갔다면/ 1분에 $\frac{7}{8}$ km를 가는 빠르기로/ 적어도 몇 분 더 가야 하나요?

스스로 풀기 ❶

❷

답 ________________

문해력 레벨 2

8-3 들이가 18 L인 통에 ※감식초가 $5\frac{2}{5}$ L 들어 있습니다./ 이 통에 도준이는 들이가 $\frac{3}{10}$ L인 그릇으로,/ 영기는 들이가 $\frac{8}{15}$ L인 그릇으로 각각 감식초를 가득 채우려고 합니다./ 영기는 도준이보다 몇 번 더 적게 부어서 채울 수 있나요?

스스로 풀기 ❶ 더 부어야 하는 감식초의 양을 구하자.

문해력 어휘

감식초: 감을 발효시켜 만든 식초

❷ 도준이와 영기가 각자의 그릇으로 적어도 몇 번을 부어야 가득 채울 수 있는지 구하자.

❸ 영기는 도준이보다 몇 번 더 적게 부어서 채울 수 있는지 구하자.

답 ________________

수학 문해력 완성하기

관련 단원 분수의 나눗셈

기출 1 길이의 차가 88 cm인 막대 두 개를/ 바닥이 평평한 연못에 수직으로 바닥에 닿도록 넣었습니다./ 이때 짧은 막대는 전체 길이의 $\frac{4}{5}$만큼 물에 잠겼고,/ 긴 막대는 전체 길이의 $\frac{5}{9}$만큼 물에 잠겼습니다./ 긴 막대의 길이는 몇 cm인지 구하세요.

해결 전략

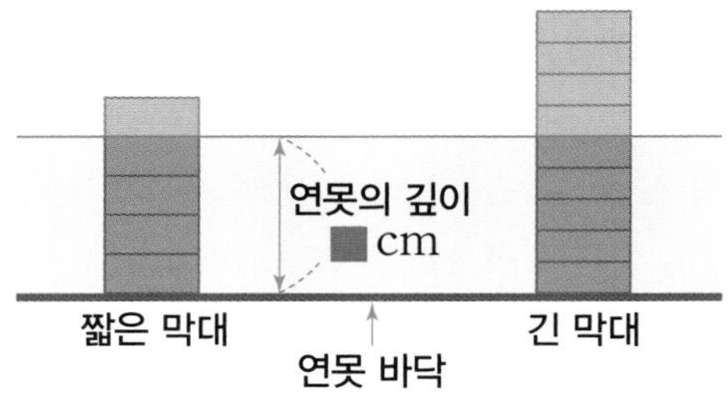

연못의 깊이를 ■ cm라 하여 짧은 막대의 길이와 긴 막대의 길이를 ■를 사용한 식으로 나타내자.

※16년 하반기 22번 기출 유형

문제 풀기

❶ 연못의 깊이를 ■ cm라 놓고 짧은 막대와 긴 막대의 길이를 ■를 사용한 식으로 나타내기

• (짧은 막대의 길이) × $\frac{4}{5}$ = ■ → (짧은 막대의 길이) = ■ ÷ $\frac{4}{5}$ = ■ × $\frac{\square}{4}$

• (긴 막대의 길이) × □ = ■ → (긴 막대의 길이) = ■ ÷ □ = ■ × □

❷ 두 막대의 길이의 차를 이용하여 ■의 값 구하기

(긴 막대의 길이) − (짧은 막대의 길이) = □이므로 ■ × □ − ■ × $\frac{\square}{4}$ = 88,

■ × $\frac{\square}{20}$ − ■ × $\frac{\square}{20}$ = 88, ■ × $\frac{11}{20}$ = 88, ■ = 88 ÷ $\frac{11}{20}$ = □이다.

❸ 긴 막대의 길이 구하기

답 ______

관련 단원 분수의 나눗셈

기출 2 수영장에 A와 B 수도가 설치되어 있습니다./ A 수도만 틀면 6시간 만에, B 수도만 틀면 5시간 만에 수영장에 물이 가득 찹니다./ B 수도만 틀어서 수영장에 물을 가득 채울 때 걸리는 시간은/ A와 B 수도를 동시에 틀어서 수영장에 물을 가득 채울 때 걸리는 시간의 몇 배인지 구하세요./ (단, A와 B 수도에서 나오는 물의 양은 각각 일정합니다.)

해결 전략

예

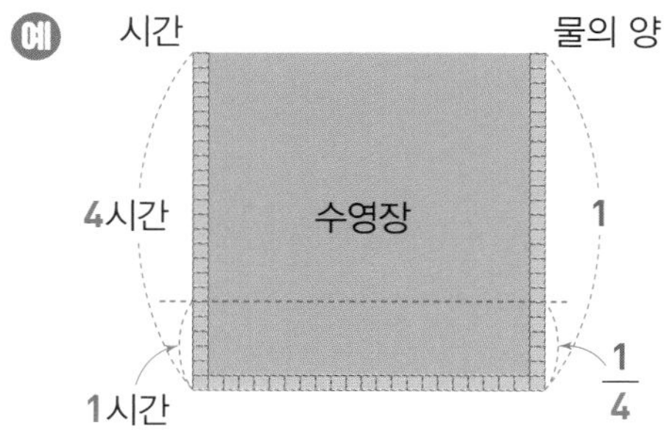

수도를 틀었을 때 수영장에 물이 가득 차는 시간을 4시간이라 하면 1시간 동안 채울 수 있는 물의 양은 수영장 전체의 $\frac{1}{4}$이다.

※20년 하반기 21번 기출 유형

문제 풀기

❶ 수도를 1시간 동안 틀었을 때 수영장에 채울 수 있는 물의 양 구하기

• A 수도만 틀었을 때: 수영장 전체의 $\frac{\square}{6}$ • B 수도만 틀었을 때: 수영장 전체의 $\frac{1}{\square}$

• A와 B 수도를 동시에 틀었을 때: 수영장 전체의 $\frac{\square}{6}+\frac{1}{\square}=\frac{\square}{30}$

❷ A와 B 수도를 동시에 틀어서 수영장에 물을 가득 채울 때 걸리는 시간 구하기

수영장에 물을 가득 채울 때 걸리는 시간을 ★시간이라 하면 $\frac{\square}{30}\times★=1$이므로

★$=\square$이다. ➔ A와 B 수도를 동시에 틀면 $\square$시간 만에 수영장에 물이 가득 찬다.

❸ B 수도만 틀어서 수영장에 물을 가득 채울 때 걸리는 시간은 A와 B 수도를 동시에 틀어서 수영장에 물을 가득 채울 때 걸리는 시간의 몇 배인지 구하기

답

수학 문해력 완성하기

관련 단원 분수의 나눗셈

창의 3 세현이는 가지고 있던 돈의 $\frac{5}{8}$로 3000원짜리 머리핀을 샀고,/ 지민이는 가지고 있던 돈의 $\frac{7}{9}$로 7000원짜리 곰인형을 샀습니다./ 남은 돈이 더 많은 사람은 누구인가요?

해결 전략

예 가지고 있던 돈의 $\frac{2}{5}$로 **색연필을 샀습니다.**

(가지고 있던 돈)$\times\frac{2}{5}$=(**색연필의 가격**)

➔ (남은 돈)
=(가지고 있던 돈)−(**색연필의 가격**)

문제 풀기

❶ 세현이가 가지고 있던 돈 구하기

세현이가 가지고 있던 돈을 ●원이라 하면 ●$\times\frac{5}{8}$=☐,

❷ 지민이가 가지고 있던 돈 구하기

지민이가 가지고 있던 돈을 ■원이라 하면

❸ 머리핀과 곰인형을 사고 남은 돈을 구하여 비교하기

답 ______

관련 단원 **분수의 나눗셈**

융합 4 무게는 물체를 잡아당기는 힘인※중력과 관련이 있습니다./ 따라서 똑같은 물질의 양이더라도 행성이 가지고 있는 중력의 크기에 따라 무게가 달라지게 됩니다./
다음 표는 지구에서 측정한 무게(49 kg)를 기준으로/ 각 행성에서의 무게를 나타낸 것입니다.

행성	수성	금성	지구	달
무게(kg)	$49\times\frac{1}{3}$	$49\times\frac{9}{10}$	49	$49\times\frac{1}{6}$

서준이와 은우 중 지구에서의 몸무게가 더 무거운 사람은/ 수성에서의 몸무게가 몇 kg인지 구하세요.

나는 달에서의 몸무게가 $5\frac{1}{15}$ kg이야.

서준

나는 금성에서의 몸무게가 $28\frac{7}{20}$ kg이야.

은우

문해력 백과
중력: 지구 위의 물체가 지구로부터 받는 힘 또는 모든 물체가 서로 잡아당기는 힘

해결 전략

지구에서의 몸무게를 ■ kg이라 하여 각 행성에서의 몸무게를 구하는 식을 세우고, 세운 **식을 거꾸로 풀어** 지구에서의 몸무게를 구한다.

문제 풀기

1 서준이의 지구에서의 몸무게 구하기

지구에서의 몸무게를 ● kg이라 하면 $● \times \frac{1}{6} = 5\frac{1}{15}$ → ● =

2 은우의 지구에서의 몸무게 구하기

지구에서의 몸무게를 ■ kg이라 하면

3 지구에서의 몸무게가 더 무거운 사람을 찾아 수성에서의 몸무게 구하기

답

수학 문해력 평가하기

문제를 읽고 조건을 표시하면서 풀어 봅니다.

10쪽 문해력 1

1 미숫가루 $6\frac{1}{8}$ kg을 봉지 7개에 똑같이 나누어 담았습니다. 그중 봉지 1개에 담은 미숫가루를 한 번에 $\frac{7}{16}$ kg씩 나누어 먹는다면 몇 번을 먹을 수 있나요?

풀이

답 ______________

14쪽 문해력 3

2 넓이가 10 m^2인 평행사변형이 있습니다. 이 평행사변형의 높이가 $2\frac{1}{7}$ m일 때 밑변의 길이는 몇 m인가요?

풀이

답 ______________

18쪽 문해력 5

3 가로가 15 m이고 세로가 $2\frac{2}{3}$ m인 직사각형 모양의 벽을 칠하는 데 페인트 $4\frac{4}{5}$ L를 사용했습니다. 페인트 1 L로 칠한 벽의 넓이는 몇 m^2인가요?

풀이

답 ______________

• 정답과 해설 6쪽

22쪽 문해력 7

4 70초 동안 $2\frac{3}{4}$ L의 물이 일정하게 나오는 수도가 있습니다. 이 수도에서 1분 동안 나오는 물은 몇 L인가요?

풀이

답 ______________

12쪽 문해력 2

5 길이가 $9\frac{1}{6}$ m인 철근을 $1\frac{5}{6}$ m씩 잘랐습니다. 한 도막을 자르는 데 3분이 걸렸다면 철근을 모두 자를 때까지 걸린 시간은 몇 분인가요? (단, 중간에 쉬지 않습니다.)

풀이

답 ______________

24쪽 문해력 8

6 들이가 20 L인 통에 물이 $5\frac{7}{10}$ L 들어 있습니다. 이 통에 물을 가득 채우려면 들이가 $1\frac{3}{10}$ L인 그릇으로 적어도 몇 번 부어야 하나요?

풀이

답 ______________

공부한 날 월 일

수학 문해력 평가하기

16쪽 문해력 4

7 석진이네 학교 전체 학생의 $\frac{5}{6}$는 결석을 한 번도 하지 않았습니다. 결석을 한 번이라도 한 학생이 90명일 때 석진이네 학교 전체 학생은 모두 몇 명인가요?

20쪽 문해력 6

8 종이접기를 하여 동백꽃이 핀 나무를 만들려고 합니다. 연우는 동백꽃 하나를 접는 데 $3\frac{1}{2}$분이 걸립니다. 하루에 35분씩 쉬지 않고 종이를 접었다면 4일 동안 접을 수 있는 동백꽃은 모두 몇 개인가요?

풀이

답

• 정답과 해설 6쪽

14쪽 문해력 3

9 넓이가 $4\frac{4}{11}$ cm^2인 직각삼각형이 있습니다. 이 직각삼각형의 밑변의 길이가 $2\frac{5}{11}$ cm일 때 높이는 몇 cm인가요?

풀이

답 ______________

16쪽 문해력 4

10 희라는 선생님께서 숙제로 내주신 연산 문제를 풀고 있습니다. 오전에 전체 문제의 $\frac{7}{13}$을 풀고, 오후에는 전체 문제의 $\frac{2}{13}$를 풀었습니다. 남은 문제가 20문제일 때 전체 연산 문제는 모두 몇 개인가요?

그림 그리기

풀이

답 ______________

소수의 나눗셈

1학기 때 소수를 자연수로 나누는 방법을 배웠어요.
이번에는 나누는 수가 소수인 나눗셈을 배우게 돼요.
길이, 무게, 부피 등 실생활에서 나누는 수가 소수인 상황을 이해하고
다양한 문제를 해결해 봐요.

이번 주에 나오는 어휘 & 지식백과

41쪽 콘크리트 (concrete)
시멘트에 모래와 자갈 등을 섞어 물에 반죽한 혼합물

42쪽 발아 현미 (發 필 발, 芽 싹 아, 玄 검을 현, 米 쌀 미)
현미에 알맞은 온도와 수분, 산소를 공급해 싹을 틔운 것

43쪽 피칸 (pecan)
호두의 일종으로 호두보다 길쭉하고 겉껍데기가 얇다. 맛은 호두와 비슷하지만 쓴맛이 없고 일반적으로 파이와 같은 디저트를 만들 때 넣어서 먹는다.

45쪽 고령토 (高 높을 고, 嶺 고개 령, 土 흙 토)
바위 속의 화강암의 주성분이 풍화 작용을 받아 이루어진 흰색 또는 회색의 진흙으로 도자기나 시멘트 따위의 원료로 쓴다.

46쪽 퀼트 (quilt)
두 겹의 천 사이에 솜을 넣고 줄이 생기게 바느질을 하여 무늬를 두드러지게 하는 방법으로 이불, 침대보, 겨울철 겉옷 따위에 쓰인다.

49쪽 망태기 (網 그물 망 + 태기)
새끼(짚으로 꼬아 줄처럼 만든 것) 등으로 꼬아 그물처럼 생기게 만든 주머니로 물건을 담아 들거나 어깨에 메고 다닐 수 있다.

50쪽 솟대
민속신앙에서 새해의 풍년을 기원하며 세우거나 마을 수호신의 상징으로 마을 입구에 세운 장대

문해력 기초 다지기

문장제에 적용하기

연산 문제가 어떻게 문장제가 되는지 알아봅니다.

1 **33.6÷2.8**

2.8)33.6

>> **33.6**을 **2.8**로 나눈 **몫**은 얼마인가요?

식 33.6÷2.8=☐

답

2 **7.41÷0.57**

>> 종이띠 **7.41 m**를 **0.57 m**씩 자르려고 합니다.
자른 종이띠는 몇 도막이 되나요?

식

꼭! 단위까지 따라 쓰세요.

답 도막

3 **8.05÷3.5**

>> 수박의 무게는 **8.05 kg**이고
멜론의 무게는 **3.5 kg**입니다.
수박의 무게는 멜론의 무게의 몇 배인가요?

식

답 배

4 **24.48÷7.2**

넓이가 **24.48 cm^2**인 직사각형이 있습니다.
이 직사각형의 **가로가 7.2 cm**일 때
세로는 몇 cm인가요?

식 ______ 꼭! 단위까지 따라 쓰세요.

답 ______ cm

5 **36÷2.25**

완두콩 **36 kg**을 한 봉지에 **2.25 kg**씩
나누어 담으려고 합니다.
완두콩을 **몇 봉지에 나누어 담을 수** 있나요?

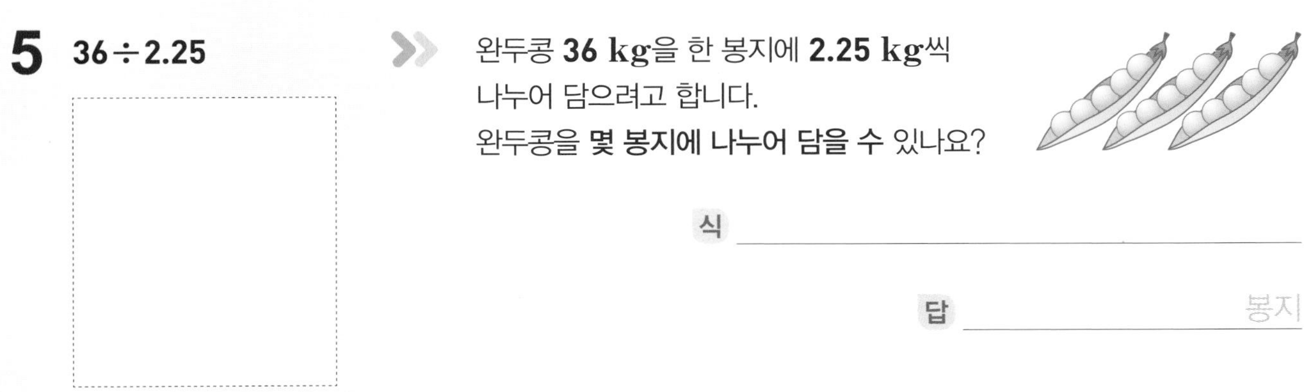

식 ______

답 ______ 봉지

6 **32.5÷7의 몫을 자연수 부분까지 구하기**

옷감 **32.5 m**를 한 사람에게 **7 m**씩 나누어 주려고 합니다.
나누어 줄 수 있는 사람은 몇 명이고,
남는 옷감은 몇 m인지 구하세요.

식 ______

답 ______ 명, ______ m

몫: ☐, 나머지: ☐

공부한 날 월 일

준비 학습

문해력 기초 다지기

문장 읽고 문제 풀기

간단한 문장제를 풀어 봅니다.

1 뜨개질을 하기 위해 털실 **94.8 m**를
한 사람에게 **15.8 m**씩 나누어 주려고 합니다.
나누어 줄 수 있는 사람은 몇 명인가요?

식 ______________________ 답 ______________

2 은우는 찹쌀떡 **13.75 kg**을 상자에 담아 포장하려고 합니다.
찹쌀떡을 **한 상자에 1.25 kg씩** 나누어 포장하려고 할 때
포장할 수 있는 상자는 몇 상자인가요?

식 ______________________ 답 ______________

3 집에서 야구장까지의 거리는 **3.22 km**이고
집에서 수영장까지의 거리는 **1.4 km**입니다.
집에서 야구장까지의 거리는 집에서 수영장까지의 거리의 몇 배인가요?

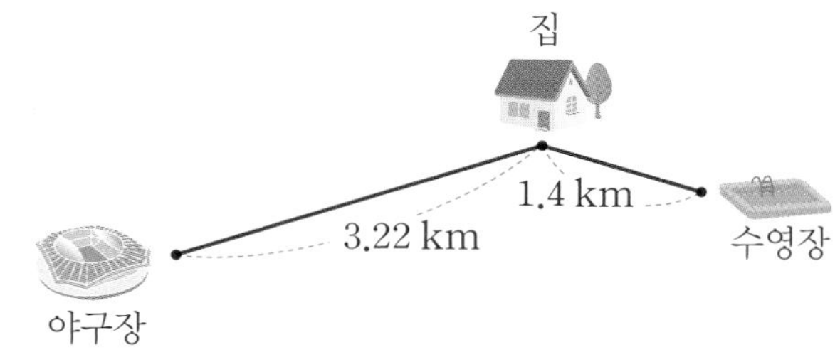

식 ______________________ 답 ______________

• 정답과 해설 8쪽

4 넓이가 **23.56** $\mathbf{cm^2}$인 평행사변형이 있습니다.
이 평행사변형의 **높이가 6.2 cm**일 때
밑변의 길이는 몇 cm인가요?

식 ______________________ 답 ______________

5 어느 카페에서는 코코아 한 잔을 만드는 데
코코아 가루를 **23.5 g** 사용합니다.
이 카페에서 코코아 가루 **376 g**으로 만들 수 있는 **코코아는 몇 잔**인가요?

식 ______________________ 답 ______________

6 재현이는 **둘레가 34 cm인 정다각형**을 그렸습니다.
정다각형의 한 변의 길이가 **4.25 cm**일 때
재현이가 그린 **정다각형의 변의 수는 몇 개**인가요?

식 ______________________ 답 ______________

7 칼국수 한 그릇을 만드는 데 바지락이 **0.4 kg** 필요합니다.
바지락 **10.7 kg**으로 칼국수를 **몇 그릇까지** 만들 수 있고,
남는 바지락의 양은 몇 kg인지 구하세요.

식 ______________________ 답 ____________, ____________

수학 문해력 기르기

관련 단원 소수의 나눗셈

문해력 문제 1

굵기가 일정한 통나무 0.5 m의 무게가 2.7 kg입니다./
같은 굵기의 통나무의 무게가 48.6 kg일 때/
이 통나무의 길이는 몇 m인지 구하세요.
└ 구하려는 것

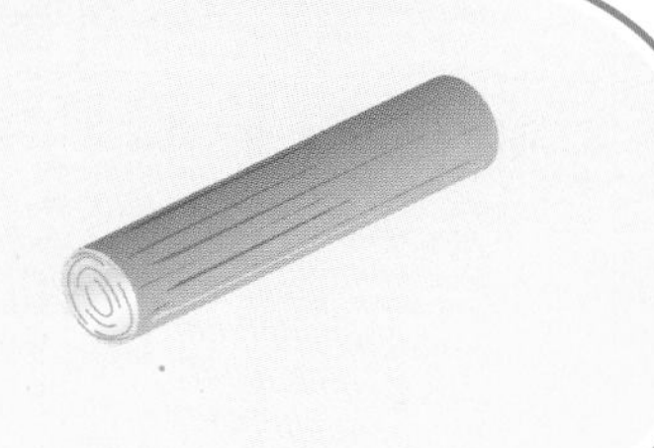

해결 전략

통나무 1 m의 무게를 구하려면

❶ (통나무 0.5 m의 무게) ÷ ☐을/를 구하고

무게가 48.6 kg인 통나무의 길이를 구하려면

❷ 48.6 ÷ (통나무 1 m의 무게)를 구한다.
└ ❶에서 구한 무게

문제 풀기

❶ (통나무 1 m의 무게) = 2.7 ÷ 0.5 = ☐ (kg)

❷ (무게가 48.6 kg인 통나무의 길이) = 48.6 ÷ ☐ = ☐ (m)

답 ____________

문해력 레벨업 단위의 양을 구한 후 문제를 해결하자.

예 굵기가 일정한 통나무 2 m의 무게가 4 kg일 때

무게를 구하는 경우

- 2 m → **4** kg
- 1 m → (**4** ÷ **2**) kg
- 3 m → (**4** ÷ **2** × **3**) kg

길이를 구하는 경우

- 4 kg → **2** m
- 1 kg → (**2** ÷ **4**) m
- 6 kg → (**2** ÷ **4** × **6**) m

쌍둥이 문제

1-1 철근은※콘크리트 속에 묻어서/ 콘크리트를 보강하기 위하여 쓰는 막대 모양의 철재입니다./ 굵기가 일정한 철근 1.4 m의 무게가 4.62 kg입니다./ 같은 굵기의 철근의 무게가 39.6 kg일 때/ 이 철근의 길이는 몇 m인지 구하세요.

따라 풀기 ①

문해력 어휘
콘크리트: 시멘트에 모래와 자갈 등을 섞어 물에 반죽한 혼합물

②

답 ____________

문해력 레벨 1

1-2 굵기가 일정한 막대 2.4 m의 무게가 6.24 kg일 때/ 이 막대 8 m의 무게는 몇 kg인지 구하세요.

스스로 풀기 ①

구하려는 것은 막대의 길이가 아니라 막대의 무게야.

②

답 ____________

문해력 레벨 2

1-3 휘발유 1.5 L로/ 19.8 km를 갈 수 있는 자동차가 있습니다./ 휘발유 1 L의 가격이 1650원일 때/ 이 자동차로 462 km를 가는 데/ 필요한 휘발유의 값을 구하세요.

스스로 풀기 ① 휘발유 1 L로 갈 수 있는 거리를 구하자.

② 462 km를 가는 데 필요한 휘발유의 양을 구하자.

③ 462 km를 가는 데 필요한 휘발유의 값을 구하자.

답 ____________

공부한 날 월 일

1일 수학 문해력 기르기

관련 단원 소수의 나눗셈

문해력 문제 2

※발아 현미 88.6 kg을/ 한 자루에 5.8 kg씩 남김없이 담으려고 합니다./
모든 자루에 5.8 kg씩 담으려면/
발아 현미는 적어도 몇 kg 더 필요한지 구하세요.
└ 구하려는 것

해결 전략

발아 현미를 담을 자루 수와 남은 발아 현미의 양을 구하려면

❶ (전체 발아 현미의 무게)÷(한 자루에 담을 발아 현미의 무게)의 몫과 ☐을/를 구한 후

문해력 어휘
발아 현미: 싹을 틔운 현미

더 필요한 발아 현미의 양을 구하려면

❷ (한 자루에 담을 발아 현미의 무게) ◯ (위 ❶에서 구한 나머지)를 구한다.
└ +, −, ×, ÷ 중 알맞은 것 쓰기

문제 풀기

❶ (전체 발아 현미의 무게)÷(한 자루에 담을 발아 현미의 무게)
=88.6÷5.8=☐···☐
➜ ☐자루에 담을 수 있고, 발아 현미 ☐ kg이 남는다.

❷ 남은 발아 현미 ☐ kg으로 한 자루를 더 만들려면
적어도 5.8−☐=☐ (kg) 더 필요하다.

답 ____________

문해력 레벨업 몫이 나누어떨어지는 수가 되도록 만들자.

몫을 자연수 부분까지 구한 후 나머지가 없도록 만들려면 더 필요한 양이 얼마만큼인지 구한다.

예

$$\begin{array}{r} 4 \\ 6\overline{)\,28.6} \\ 24 \\ \hline 4.6 \end{array}$$

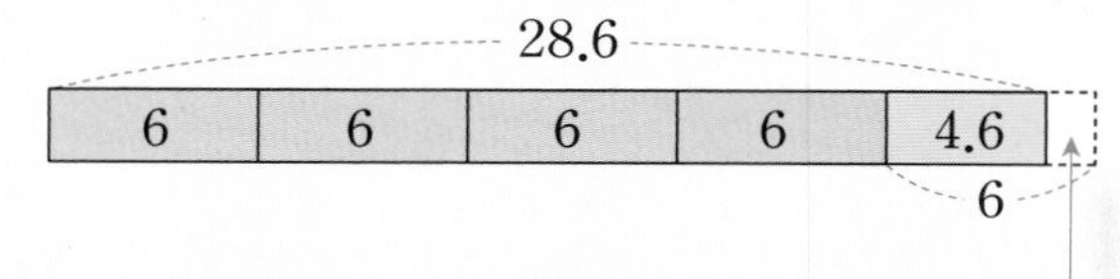

6이 되려면 **6−4.6=1.4**만큼 더 필요하다.

• 정답과 해설 9쪽
복습책 12쪽에 유사, 심화문제 제공

쌍둥이 문제

2-1 농장에서 우유 82 L를/ 한 통에 1.2 L씩 담아 판매하려고 합니다./ 이 우유를 통에 담아 남김없이 모두 판매하려면/ 우유는 적어도 몇 L 더 필요한지 구하세요.

따라 풀기 ①

②

답 ______________

문해력 레벨 1

2-2 쿠키 한 개를 만드는 데/ 밀가루 12.5 g이 필요합니다./ 은채는 밀가루 0.52 kg으로 쿠키를 만들려고 합니다./ 밀가루를 남김없이 사용하여 쿠키를 만들려면/ 밀가루는 적어도 몇 g 더 필요한지 구하세요.

스스로 풀기 ① 단위를 같게 하자.

②

③

답 ______________

문해력 레벨 2

2-3 어느 마트에서 ※피칸 500 kg을/ 한 자루에 15 kg씩 28자루에 담고,/ 남은 피칸은 한 봉지에 2.4 kg씩 남김없이 담으려고 합니다./ 모든 봉지에 2.4 kg씩 담으려면/ 피칸은 적어도 몇 kg 더 필요한지 구하세요.

스스로 풀기 ① 자루에 담고 남은 피칸의 무게를 구하자.

문해력 백과
피칸: 미국산 호두 열매로 불포화지방산, 칼슘, 비타민 B군의 함량이 높아 영양적으로 우수한 견과류이다.

② 피칸을 담을 봉지 수와 남은 피칸의 무게를 구하자.

③ 남은 피칸으로 한 봉지를 더 만들려면 적어도 몇 kg의 피칸이 더 필요한지 구하자.

답 ______________

일 수학 문해력 기르기

관련 단원 소수의 나눗셈

문해력 문제 3

유미네 집에서는 일주일 동안/ 컴퓨터 사용 시간을 일정하게 줄여/ ※이산화 탄소 배출량을 0.42 kg 줄였다고 합니다./ 이산화 탄소 배출량을 5.7 kg 줄이려면/ 몇 주일이 걸리는지 반올림하여 일의 자리까지 나타내 보세요.

└ 구하려는 것

해결 전략

몇 주일이 걸리는지 구하려면

❶ (줄이려는 이산화 탄소 배출량) ÷(일주일 동안 줄인 이산화 탄소 배출량)을 구하고

몫을 반올림하여 일의 자리까지 나타내려면

❷ 위 ❶에서 구한 몫을 소수 □째 자리에서 반올림한다.

문해력 백과

이산화 탄소 배출량을 줄이는 방법에는 일회 용품 사용 줄이기, 전기와 물 아껴 쓰기, 가까운 거리는 걸어 다니기 등이 있다.

문제 풀기

❶ (줄이려는 이산화 탄소 배출량)÷(일주일 동안 줄인 이산화 탄소 배출량)

=5.7÷□=□.□…

└ 몫을 소수 첫째 자리까지 구하기

❷ 몫을 반올림하여 일의 자리까지 나타내면 □이므로

이산화 탄소 배출량을 5.7 kg 줄이려면 □주일이 걸린다.

답 ____________

문해력 레벨업 몫을 반올림하여 나타낼 때 구하려는 자리의 바로 아래 자리까지 구한 후 반올림하자.

예 12÷7의 몫을 반올림하여 나타내기

```
     1.7 1
  7)1 2
     7
     5 0
     4 9
       1 0
         7
         3
```

일의 자리까지 나타내기

1.7 → 2

소수 첫째 자리까지 나타내기

1.71 → 1.7

구하려는 자리 바로 아래 자리의 숫자가 0, 1, 2, 3, 4이면 버리고 5, 6, 7, 8, 9이면 올리자.

쌍둥이 문제

3-1 어느 공원에 있는 단풍나무 키는 8.6 m이고/ 소나무 키는 14.4 m입니다./ 소나무 키는 단풍나무 키의 몇 배인지/ 반올림하여 소수 첫째 자리까지 나타내 보세요.

따라 풀기 ①

답 ______

문해력 레벨 1

3-2 진호는 자전거를 타고 일정한 빠르기로/ 1시간 30분 동안 21.5 km를 갔습니다./ 진호가 한 시간 동안 간 거리는 몇 km인지/ 반올림하여 소수 첫째 자리까지 나타내 보세요.

스스로 풀기 ① 1시간 30분을 소수로 나타내자.

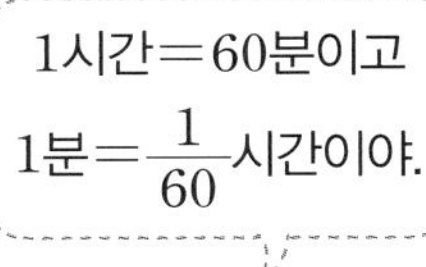

1시간=60분이고
1분=$\frac{1}{60}$시간이야.

③

문해력 레벨 2

3-3 도자기 체험 학습에서 소희는 ※고령토 7.2 kg을 똑같이 나누어/ 그릇 6개를 만들었고,/ 영채는 고령토 8.4 kg을 똑같이 나누어/ 그릇 12개를 만들었습니다./ 소희가 그릇 한 개를 만드는 데 사용한 고령토 양은/ 영채가 그릇 한 개를 만드는 데 사용한 고령토 양의 몇 배인지/ 반올림하여 소수 둘째 자리까지 나타내 보세요.

스스로 풀기 ① 소희가 그릇 한 개를 만드는 데 사용한 고령토 양을 구하자.

문해력 백과

고령토: 바위 속의 화강암의 주성분이 풍화 작용을 받아 이루어진 흰색 또는 회색의 진흙으로 도자기나 시멘트 따위의 원료로 쓴다.

② 영채가 그릇 한 개를 만드는 데 사용한 고령토 양을 구하자.

③ ①÷②의 몫을 반올림하여 소수 둘째 자리까지 나타내자.

답 ______

수학 문해력 기르기

관련 단원 소수의 나눗셈

문해력 문제 4

가로가 123 cm, 세로가 59.4 cm인 직사각형 모양의 천에/
가로가 8.2 cm, 세로가 6.6 cm인 직사각형 모양※ 퀼트 조각을/
겹치지 않게 빈틈없이 붙이려고 합니다./
퀼트 조각은 몇 장 필요한지 구하세요.
└ 구하려는 것

해결 전략

가로로 붙일 퀼트 조각의 수를 구하려면

❶ (천의 가로)÷(퀼트 조각의 가로)를 구하고

세로로 붙일 퀼트 조각의 수를 구하려면

❷ (천의 세로)÷(퀼트 조각의 세로)를 구한다.

필요한 퀼트 조각의 수를 구하려면

❸ (위 ❶에서 구한 수) ◯ (위 ❷에서 구한 수)를 계산한다.
└ +, −, ×, ÷ 중 알맞은 것 쓰기

문해력 어휘

퀼트: 두 겹의 천 사이에 솜을 넣고 줄이 생기게 바느질을 하여 무늬를 두드러지게 하는 방법으로 이불, 침대보, 겨울철 겉옷 따위에 쓰인다.

문제 풀기

❶ (가로로 붙일 퀼트 조각의 수)=123÷8.2=☐(장)

❷ (세로로 붙일 퀼트 조각의 수)=59.4÷☐=☐(장)

❸ (필요한 퀼트 조각의 수)=☐×☐=☐(장)

답 ____________

문해력 레벨업 가로와 세로에 놓을 수 있는 조각의 수를 먼저 구하자.

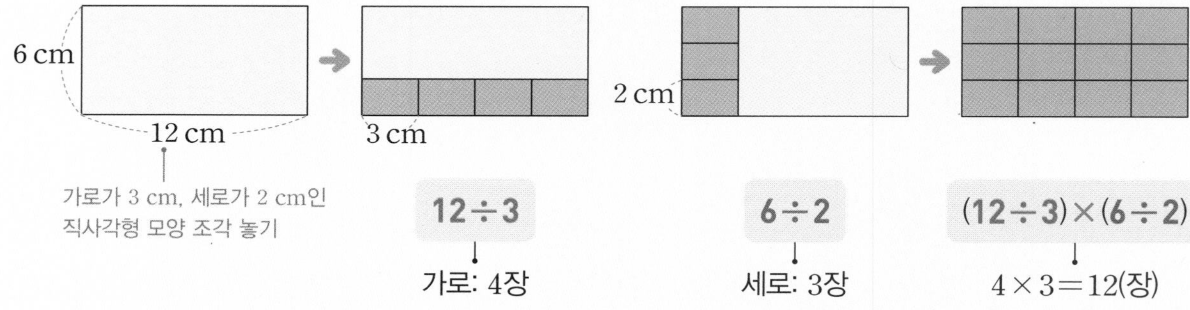

• 정답과 해설 10쪽

복습책 14쪽에 유사, 심화문제 제공

쌍둥이 문제

4-1 가로가 7 m, 세로가 8.4 m인 직사각형 모양의 바닥에/ 가로가 0.25 m, 세로가 0.35 m인 직사각형 모양 타일을/ 겹치지 않게 빈틈없이 붙이려고 합니다./ 타일은 몇 장 필요한지 구하세요.

따라 풀기 ❶

❷

❸

답 ______________

문해력 레벨 1

4-2 가로가 72 cm, 세로가 40.5 cm인 직사각형 모양의 종이를/ 한 변의 길이가 4.5 cm인 정사각형 모양으로/ 남는 부분이 없게 잘랐습니다./ 자른 정사각형 모양은 몇 장인지 구하세요.

스스로 풀기 ❶

❷

❸

답 ______________

문해력 레벨 2

4-3 오른쪽 정육면체 모양 상자의 모든 면에/ 가로가 3.6 cm, 세로가 7.2 cm인 직사각형 모양 색종이를/ 겹치지 않게 빈틈없이 붙이려고 합니다./ 색종이는 몇 장 필요한지 구하세요.

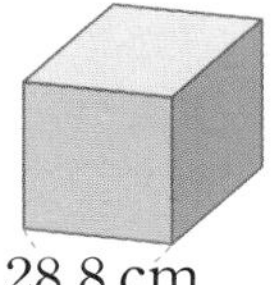

스스로 풀기 ❶ 상자의 한 면에 가로와 세로로 붙일 색종이의 수를 각각 구하자.

정육면체의 면 6개의 크기는 모두 같아.

❷ 상자의 한 면에 붙일 때 필요한 색종이의 수를 구하자.

❸ 상자의 모든 면에 붙일 때 필요한 색종이의 수를 구하자.

답 ______________

수학 문해력 기르기

관련 단원 소수의 나눗셈

문해력 문제 5

한 개의 무게가 5.8 g인/ 구슬 몇 개가 들어 있는 상자의 무게를 재어 보니/ 90.6 g이었습니다./
빈 상자의 무게가 15.2 g이라면/
상자에 들어 있는 구슬은 몇 개인지 구하세요.
└ 구하려는 것

해결 전략

구슬만의 무게를 구하려면

❶ (구슬이 들어 있는 상자의 무게)−(빈 상자의 무게)를 구하고

상자에 들어 있는 구슬 수를 구하려면

❷ (위 ❶에서 구한 수) ◯ (구슬 1개의 무게)를 구한다.
└ +, −, ×, ÷ 중 알맞은 것 쓰기

문제 풀기

❶ (구슬만의 무게)=90.6−☐=☐(g)

❷ (상자에 들어 있는 구슬 수)=☐÷5.8=☐(개)

답 ____________

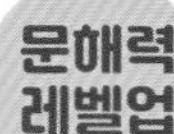

문해력 레벨업 (물건의 무게)+(상자의 무게)=(물건이 들어 있는 상자의 무게)임을 이용하자.

예 구슬 한 개의 무게가 110 g일 때

① 빈 상자의 무게 구하기

760 g − (구슬 6개) = (빈 상자)

(빈 상자의 무게)
=760−(110×6)
=**100** (g)

② 상자에 들어 있는 구슬 수 구하기

구슬 ■개 980 g − 100 g = 구슬 ■개 880 g

(구슬 수)
=880÷110
=**8**(개)

쌍둥이 문제

5-1 한 개의 무게가 8.2 g인/ 밤 몇 개가 들어 있는 ※망태기의 무게를 재어 보니/ 206.3 g이었습니다./ 빈 망태기의 무게가 9.5 g이라면/ 망태기에 들어 있는 밤은 몇 개인지 구하세요.

따라 풀기 ❶

❷

문해력 어휘
망태기: 새끼 등으로 꼬아 그물처럼 생기게 만든 주머니로 물건을 담아 들거나 어깨에 메고 다닐 수 있다.

답 ____________

문해력 레벨 1

5-2 한 개의 무게가 9.5 g인 빨간색 공 5개와/ 한 개의 무게가 8.3 g인 노란색 공 몇 개가 들어 있는/ 상자의 무게를 재어 보니 167.9 g이었습니다./ 빈 상자의 무게가 12.5 g이라면/ 상자에 들어 있는 노란색 공은 몇 개인지 구하세요.

스스로 풀기 ❶ 빨간색 공 5개의 무게를 구하자.

❷ 노란색 공만의 무게를 구하자.

❸ 노란색 공의 수를 구하자.

답 ____________

문해력 레벨 2

5-3 우유 5 L가 들어 있는 통의 무게는 5.89 kg입니다./ 이 통에서 우유 2.6 L를 덜어 내고/ 무게를 다시 재어 보니 3.16 kg이었습니다./ 빈 통의 무게는 몇 kg인지 구하세요.

스스로 풀기 ❶ 우유 2.6 L의 무게를 구하자.

❷ 우유 1 L의 무게를 구하자.

❸ 우유 5 L의 무게를 구하자.

❹ 빈 통의 무게를 구하자.

답 ____________

수학 문해력 기르기

관련 단원 소수의 나눗셈

문해력 문제 6

길이가 0.231 km인 직선 도로의 한쪽에/
5.5 m 간격으로※솟대를 세우려고 합니다./
도로의 시작 지점과 끝 지점에도 솟대를 세운다면/
솟대는 모두 몇 개 필요한지 구하세요./ (단, 솟대의 두께는 생각하지 않습니다.)
└ 구하려는 것

해결 전략

❶ 0.231 km를 m 단위로 나타낸다.

필요한 솟대의 수를 구하려면

❷ (도로의 길이)÷(간격)으로 솟대 사이의 간격 수를 구한 후

❸ (솟대 사이의 간격 수)+ ☐ 을/를 구한다.
└ ❷에서 구한 수

문해력 백과

솟대: 민속신앙에서 새해의 풍년을 기원하며 세우거나 마을 수호신의 상징으로 마을 입구에 세운 장대

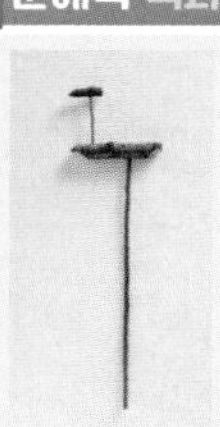

문제 풀기

❶ 0.231 km= ☐ m

❷ (솟대 사이의 간격 수)= ☐ ÷5.5= ☐ (군데)

❸ (필요한 솟대의 수)= ☐ +1= ☐ (개)

답 ______________

문해력 레벨업 물건 사이의 간격과 두께를 이용하여 간격 수를 구하자.

예 길이가 9 m인 도로의 시작 지점부터 끝 지점까지 3 m 간격으로 가로등을 놓을 때

가로등의 두께를 생각하지 않는 경우

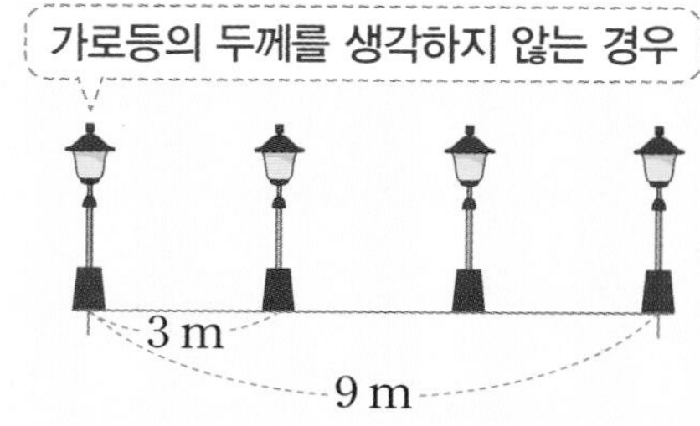

(간격 수)=9÷3=3(군데)

예 길이가 9.5 m인 도로의 시작 지점부터 끝 지점까지 2.5 m 간격으로 가로등을 놓을 때

가로등의 두께(0.5 m)를 생각하는 경우

첫 번째 가로등의 끝부분부터 도로 끝까지의 길이

(간격 수)=(9.5−0.5)÷(2.5+0.5)
=9÷3=3(군데)

(가로등을 놓은 간격)+(가로등의 두께)

• 정답과 해설 11쪽

복습책 16쪽에 유사, 심화문제 제공

쌍둥이 문제

6-1 길이가 0.208 km인 직선 도로의 한쪽에/ 3.2 m 간격으로 깃발을 세우려고 합니다./ 도로의 시작 지점과 끝 지점에도 깃발을 세운다면/ 깃발은 모두 몇 개 필요한지 구하세요./ (단, 깃발의 두께는 생각하지 않습니다.)

따라 풀기 ❶

❷

❸

답

문해력 레벨 1

6-2 둘레가 0.351 km인 원 모양의 연못에/ 둘레를 따라 오른쪽 그림과 같이 3.3 m 간격으로/ 길이가 1.2 m인 의자를 놓으려고 합니다./ 필요한 의자는 모두 몇 개인지 구하세요.

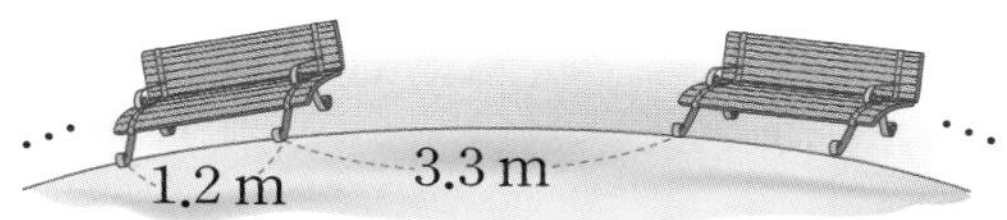

스스로 풀기 ❶

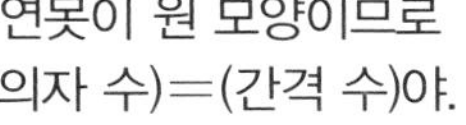

연못이 원 모양이므로
(의자 수)=(간격 수)야.

❷ 앞 의자의 왼쪽 부분부터 바로 옆에 있는 의자의 왼쪽 부분까지의 거리를 구하자.

❸ 필요한 의자 수를 구하자.

답

문해력 레벨 2

6-3 길이가 519.5 m인 직선 산책로의 한쪽에/ 13.3 m 간격으로 길이가 1.5 m인 재활용 수거함을 설치하려고 합니다./ 산책로의 처음과 끝에도 재활용 수거함을 설치한다면/ 필요한 재활용 수거함은 모두 몇 개인지 구하세요.

스스로 풀기 ❶ 첫 번째 재활용 수거함의 끝 부분부터 산책로 끝까지의 길이를 구하자.

❷ (재활용 수거함을 설치한 간격)+(재활용 수거함의 길이)를 구하자.

❸ 재활용 수거함 사이의 간격 수를 구하여 필요한 재활용 수거함 수를 구하자.

답

4일 수학 문해력 기르기

관련 단원 소수의 나눗셈

문해력 문제 7

재준이는 어떤 수를 1.6으로 나누어야 할 것을/ 잘못하여 1.6을 곱하였더니/ 4.32가 되었습니다./ 바르게 계산했을 때의 몫을/ 반올림하여 소수 첫째 자리까지 나타내 보세요.

└• 구하려는 것

해결 전략

잘못 계산한 식을 쓰려면

❶ '어떤 수에 1.6을 곱하였더니 ☐이/가 되었습니다.'를 곱셈식으로 쓰고

어떤 수를 구하려면

❷ 위 ❶에서 쓴 식을 나눗셈식으로 나타내어 구한다.

바르게 계산했을 때의 몫을 반올림하여 소수 첫째 자리까지 나타내려면

❸ (위 ❷에서 구한 수)÷(원래 나누어야 하는 수)의 몫을 소수 둘째 자리까지 구하여 반올림한다.

문제 풀기

❶ 잘못 계산한 식 쓰기

어떤 수를 ■라 하면 잘못 계산한 식은 ■×1.6=☐이다.

❷ 어떤 수 구하기

■=☐÷1.6=☐ ➔ (어떤 수)=☐

❸ 바르게 계산하면 ☐÷1.6=☐.☐☐…이므로 몫을 반올림하여 소수 첫째 자리까지 나타내면 ☐이다.

└• 몫을 소수 둘째 자리까지 구하기

답 ____________

문해력 레벨업 먼저 잘못 계산한 식을 세워 어떤 수를 구하자.

예 어떤 수를 1.2로 나누어야 하는데 잘못하여 1.2를 곱하였더니 6이 되었습니다.

☐ ×1.2 =6

곱셈과 나눗셈의 관계를 이용하여 어떤 수를 구하자.

☐ × 1.2 = 6

☐ = 6 ÷ 1.2, ☐=5

• 정답과 해설 11쪽
복습책 17쪽에 유사, 심화문제 제공

쌍둥이 문제

7-1 어떤 수를 2.3으로 나누어야 할 것을/ 잘못하여 2.3을 곱하였더니/ 7.13이 되었습니다./ 바르게 계산했을 때의 몫을/ 반올림하여 소수 첫째 자리까지 나타내 보세요.

따라 풀기 ❶

❷

❸

답 ______________

문해력 레벨 1

7-2 어떤 수를 15.3으로 나누어야 할 것을/ 잘못하여 15.3을 어떤 수로 나누었더니/ 3이 되었습니다./ 바르게 계산했을 때의 몫을/ 반올림하여 소수 둘째 자리까지 나타내 보세요.

스스로 풀기 ❶

❷

❸

답 ______________

문해력 레벨 2

7-3 어떤 수에 2.8을 곱한 후/ 1.7로 나누어야 할 것을/ 잘못하여 어떤 수를 2.8로 나눈 후/ 1.7을 곱하였더니/ 13.6이 되었습니다./ 바르게 계산했을 때의 몫을/ 반올림하여 소수 첫째 자리까지 나타내 보세요.

스스로 풀기 ❶ 어떤 수를 □라 하여 잘못 계산한 식을 세우자.

❷ 어떤 수를 구하자.

❸ 바르게 계산했을 때의 몫을 반올림하여 소수 첫째 자리까지 나타내자.

답 ______________

공부한 날 월 일

4 일

수학 문해력 기르기

관련 단원 소수의 나눗셈

문해력 문제 8

1시간에 35.4 km의 빠르기로 가는 배가 있습니다./
1시간 36분 동안 16.48 km를 흐르는 강을/
이 배가 강물이 흐르는 방향으로 가고 있습니다./
배가 228.5 km를 가는 데/ 걸리는 시간은 몇 시간인지 구하세요.
└ 구하려는 것

해결 전략

강물이 1시간 동안 흐르는 거리를 구하려면

❶ 1시간 36분을 소수로 나타낸 후

❷ (강물이 1시간 36분 동안 흐르는 거리) ÷ (위 ❶에서 구한 시간)을 구한다.

배가 강물이 흐르는 방향으로 1시간 동안 가는 거리를 구하려면

❸ (배가 1시간에 가는 거리) ◯ (강물이 1시간 동안 흐르는 거리)를 구하고
(◯: +, −, ×, ÷ 중 알맞은 것 쓰기 / 강물이 1시간 동안 흐르는 거리: ❷에서 구한 거리)

배가 228.5 km를 가는 데 걸리는 시간을 구하려면

❹ 228.5 ÷ (위 ❸에서 구한 거리)를 계산한다.

문제 풀기

❶ 1시간 36분 $=1\frac{36}{60}$시간 $=1\frac{\square}{10}$시간 $=\square$시간

❷ (강물이 1시간 동안 흐르는 거리) $=16.48\div\square=\square$ (km)

❸ (배가 강물이 흐르는 방향으로 1시간 동안 가는 거리)
$=35.4+\square=\square$ (km)

❹ (배가 228.5 km를 가는 데 걸리는 시간) $=228.5\div\square=\square$(시간)

답 ______

문해력 레벨업 배가 가는 방향에 따라 알맞은 식을 세워 구하자.

예 1시간에 40 km의 빠르기로 가는 배가 1시간 동안 5 km를 흐르는 강을 지날 때

(배가 강물이 흐르는 방향과 같은 방향으로 1시간 동안 가는 거리)
$=(40+5)$ km
$=45$ km

(배가 강물이 흐르는 방향과 반대 방향으로 1시간 동안 가는 거리)
$=(40-5)$ km
$=35$ km

• 정답과 해설 12쪽
복습책 18쪽에 유사, 심화문제 제공

쌍둥이 문제

8-1 1시간에 42.8 km의 빠르기로 가는 배가 있습니다./ 1시간 12분 동안 14.88 km를 흐르는 강을/ 이 배가 강물이 흐르는 방향으로 가고 있습니다./ 배가 165.6 km를 가는 데/ 걸리는 시간은 몇 시간인지 구하세요.

따라 풀기 ❶

❷

❸

❹

답 ________________

문해력 레벨 1

8-2 1시간에 38.2 km의 빠르기로 가는 배가/ 강물이 흐르는 방향과 반대 방향으로 거슬러 가고 있습니다./ 강물이 1시간 30분 동안 21 km를 흘러 간다면/ 배가 96.8 km를 가는 데/ 걸리는 시간은 몇 시간인지 구하세요.

스스로 풀기 ❶

❷

❸

답 ________________

수학 문해력 완성하기

관련 단원 소수의 나눗셈

기출 1 나눗셈의 몫을/ 반올림하여 일의 자리까지 나타내면 9입니다./ ㉠에 알맞은 수를 구하세요.

㉠.97÷0.7

해결 전략

- 반올림하여 일의 자리까지 나타내면 9가 되는 수의 범위를 구한 후 곱셈과 나눗셈의 관계를 이용하여 ㉠의 값을 구한다.

  예 반올림하여 5가 되는 수의 범위 구하기

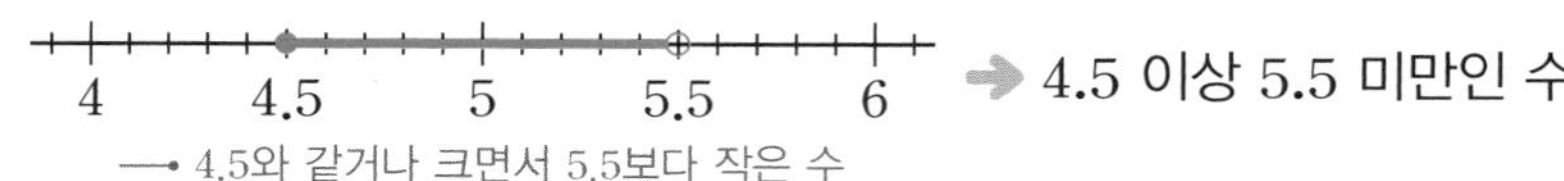

➔ 4.5 이상 5.5 미만인 수

→ 4.5와 같거나 크면서 5.5보다 작은 수

※20년 하반기 19번 기출 유형

문제 풀기

❶ 반올림하여 일의 자리까지 나타내면 9가 되는 몫의 범위: ☐ 이상 ☐ 미만인 수

❷ 나누어지는 수 ㉠.97의 범위 구하기

㉠.97÷0.7의 몫의 범위가 ☐ 이상 ☐ 미만이므로 ㉠.97은

0.7×☐=☐ 이상 0.7×☐=☐ 미만인 수이다.

❸ ㉠에 알맞은 수 구하기

답 ____________

관련 단원 소수의 나눗셈

기출 2 오른쪽 사다리꼴 ㄱㄴㄷㄹ의 넓이는 $89.68\ \text{cm}^2$이고,/ 선분 ㄴㅁ과 선분 ㅁㄹ의 길이가 같습니다./ 삼각형 ㄱㄷㅁ의 넓이는 몇 cm^2인지 구하세요.

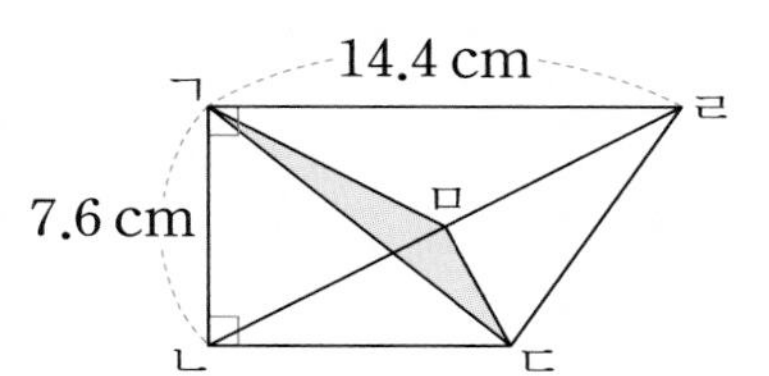

해결 전략

- (사다리꼴의 넓이)=(윗변의 길이+아랫변의 길이)×(높이)÷2
- 두 삼각형에서 밑변의 길이와 높이가 각각 같으면 모양이 달라도 넓이가 같다.

※21년 하반기 20번 기출 유형

문제 풀기

❶ 변 ㄴㄷ의 길이 구하기

변 ㄴㄷ의 길이를 ■ cm라 하면 사다리꼴 ㄱㄴㄷㄹ의 넓이가 $89.68\ \text{cm}^2$이므로

(14.4+■)×7.6÷☐=89.68, (14.4+■)×7.6=☐, 14.4+■=☐,

■=☐ ➔ (변 ㄴㄷ)=☐ cm

❷ 넓이가 같은 삼각형 찾기

선분 ㄴㅁ과 선분 ㅁㄹ의 길이가 같으므로 각각의 선분을 밑변으로 하는

삼각형 ㄱㄴㅁ과 삼각형 ☐의 넓이가 같고,

삼각형 ㄴㄷㅁ과 삼각형 ☐의 넓이가 같다.

❸ 삼각형 ㄱㄷㅁ의 넓이 구하기

(사각형 ㄱㄴㄷㅁ의 넓이)=(사다리꼴 ㄱㄴㄷㄹ의 넓이)÷2=89.68÷2=☐ (cm^2)

(삼각형 ㄱㄴㄷ의 넓이)=

➔ (삼각형 ㄱㄷㅁ의 넓이)=

답 ________

공부한 날 월 일

일 수학 문해력 완성하기

관련 단원 소수의 나눗셈

창의 3 나눗셈의 몫을/ 소수 40째 자리까지 나타내었을 때,/ 나타낸 몫의 각 자리 숫자의 합을 구하세요.

$13 \div 27$

해결 전략

- 나눗셈을 하고 몫에서 반복되는 숫자의 규칙을 찾아 합을 구하자.

예 몫 0.121212 ⋯를 소수 11째 자리까지 나타내었을 때, 각 자리 숫자의 합 구하기
└ 몫의 소수점 아래에서 숫자 1, 2가 반복된다.

$11 \div 2 = 5 \cdots 1$에서 1, 2가 5번 반복되고 소수 11째 자리 숫자는 1이다.
└ 반복되는 숫자의 개수

➔ (각 자리 숫자의 합)$=(1+2)\times 5+1=16$

문제 풀기

❶ $13 \div 27$의 몫 구하기

$13 \div 27 = 0.4$ □□□□□ ⋯이므로 몫의 소수점 아래에서 숫자 4, □, □이/가 반복된다.

❷ 위 ❶에서 구한 몫에서 반복되는 숫자의 규칙 찾기

몫을 소수 40째 자리까지 나타낼 때 몫에서 반복되는 숫자가 3개이므로 □(으)로 나누어 몫과 나머지를 구한다.

$40 \div$ □ $=$ □ ⋯ □이므로 몫의 소수점 아래 숫자는 4, □, □이/가 □번 반복되고 소수 40째 자리 숫자는 □이다.

❸ 몫의 각 자리 숫자의 합 구하기

답 ______

관련 단원 소수의 나눗셈

융합 4

태양과 행성 사이의 거리는 매우 멀지만/ 빛은 우주에서 속도가 가장 빨라/ 태양의 빛이 지구까지 도달하는 데 걸리는 시간은/ 약 8.3분이라고 합니다./ 다음은 태양과 지구 사이의 거리를 1※AU로 보았을 때,/ 태양의 빛이 각 행성에 도달하는 데 걸리는 시간을 나타낸 것입니다./ 표에서 ㉠+㉡+㉢의 값을 구하세요./

(단, 나누어떨어지지 않는 경우/ 몫을 반올림하여 소수 첫째 자리까지 나타냅니다.)

출처: ©ibreakstock/shutterstock

행성	태양의 빛이 각 행성에 도달하는 데 걸리는 시간(분)	태양과의 거리(AU)
금성	5.8	㉠
지구	8.3	1
토성	㉡	9.5
천왕성	159.36	㉢

문해력 백과

AU: 지구에서 태양까지의 평균 거리로 1 AU는 약 1억 4960만 km이다.

해결 전략

태양과 지구 사이의 거리를 1 AU로 보았으므로
(각 행성과 태양과의 거리)=(태양의 빛이 각 행성에 도달하는 데 걸리는 시간)÷8.3을 이용한다.

문제 풀기

❶ 금성과 태양과의 거리 구하기

㉠ (금성과 태양과의 거리)=☐÷8.3=☐··· → ☐(AU)

❷ 태양의 빛이 토성에 도달하는 데 걸리는 시간 구하기

㉡ (태양의 빛이 토성에 도달하는 데 걸리는 시간)=☐×8.3=☐(분)

❸ 천왕성과 태양과의 거리 구하기

㉢ (천왕성과 태양과의 거리)=☐÷☐=☐(AU)

❹ ㉠+㉡+㉢의 값 구하기

답 ________

수학 문해력 평가하기

문제를 읽고 조건을 표시하면서 풀어 봅니다.

40쪽 문해력 1

1 굵기가 일정한 철근 1.8 m의 무게가 7.74 kg입니다. 같은 굵기의 철근의 무게가 34.4 kg일 때 이 철근의 길이는 몇 m인지 구하세요.

풀이

답 ____________

44쪽 문해력 3

2 동물원에 있는 기린의 몸길이는 2.7 m이고 코알라의 몸길이는 0.65 m입니다. 기린의 몸길이는 코알라의 몸길이의 몇 배인지 반올림하여 소수 첫째 자리까지 나타내 보세요.

풀이

답 ____________

48쪽 문해력 5

3 한 개의 무게가 25.2 g인 손 세정제 몇 개가 들어 있는 상자의 무게를 재어 보니 390.5 g이었습니다. 빈 상자의 무게가 12.5 g이라면 상자에 들어 있는 손 세정제는 몇 개인지 구하세요.

풀이

답 ____________

• 정답과 해설 13쪽

42쪽 문해력 2

4 생선 가게에서 새우 67 kg을 한 통에 1.6 kg씩 담아 판매하려고 합니다. 이 새우를 통에 담아 남김없이 모두 판매하려면 새우는 적어도 몇 kg 더 필요한지 구하세요.

풀이

답 ______________

50쪽 문해력 6

5 길이가 0.36 km인 직선 도로의 한쪽에 4.8 m 간격으로 나무를 심으려고 합니다. 도로의 시작 지점과 끝 지점에도 나무를 심는다면 나무는 모두 몇 그루 필요한지 구하세요. (단, 나무의 두께는 생각하지 않습니다.)

풀이

답 ______________

46쪽 문해력 4

6 가로가 4.16 m, 세로가 5.4 m인 직사각형 모양의 벽에 가로가 0.52 m, 세로가 0.36 m인 직사각형 모양 타일을 겹치지 않게 빈틈없이 붙이려고 합니다. 타일은 몇 장 필요한지 구하세요.

풀이

답 ______________

공부한 날 월 일

수학 문해력 평가하기

52쪽 문해력 7

7 어떤 수를 3.6으로 나누어야 할 것을 잘못하여 3.6을 곱하였더니 15.12가 되었습니다. 바르게 계산했을 때의 몫을 반올림하여 소수 첫째 자리까지 나타내 보세요.

44쪽 문해력 3

8 진호는 겨울 방학 때 한라산 등반을 했습니다. 일정한 빠르기로 3.2 km를 등반하는 데 1시간 48분이 걸렸습니다. 진호가 한 시간 동안 등반한 거리는 몇 km인지 반올림하여 소수 둘째 자리까지 나타내 보세요.

풀이

답

• 정답과 해설 13쪽

50쪽 문해력 6

9 둘레가 0.493 km인 원 모양의 호수에 둘레를 따라 4.3 m 간격으로 길이가 1.5 m인 조형물을 놓으려고 합니다. 필요한 조형물은 모두 몇 개인지 구하세요.

풀이

답 ____________

54쪽 문해력 8

10 1시간에 47.4 km의 빠르기로 가는 배가 있습니다. 1시간 24분 동안 19.6 km를 흐르는 강을 이 배가 강물이 흐르는 방향으로 가고 있습니다. 배가 245.6 km를 가는 데 걸리는 시간은 몇 시간인지 구하세요.

풀이

답 ____________

원의 넓이
원기둥, 원뿔, 구

우리는 주변에서 원으로 된 물건을 많이 볼 수 있어요.
원주율을 이용하여 여러 가지 원의 둘레와 넓이를 구할 수 있어요.
또 입체도형인 원기둥, 원뿔, 구의 특징과 차이를 이해하여
다양한 문장제 문제를 해결해 봐요.

이번 주에 나오는 어휘 & 지식백과

71쪽 바퀴 자

바퀴를 굴려 바퀴가 굴러간 만큼 움직인 거리를 잴 수 있는 자

74쪽 러그 (rug)

마루나 방바닥에 까는 거칠게 짠 직물 제품 또는 무릎 담요 등을 말한다.

75쪽 컬링 (curling)

얼음판에서 둥글고 납작한 돌을 미끄러뜨려 과녁에 넣음으로써 득점을 얻는 경기로 스코틀랜드에서 유래되었으며, 1998년 제18회 동계 올림픽 경기 대회에서 정식 종목으로 채택되었다.

79쪽 정어리

청어과의 바닷물고기로 몸의 길이는 20~25 cm이며, 등은 어두운 파란색이고 옆구리와 배는 은빛을 띤 백색이다.

84쪽 폼롤러 (foam roller)

운동할 때 사용하는 도구로 뭉친 근육을 풀어주거나 통증을 완화하기 위해 사용한다.

85쪽 잔디 롤러 (잔디 + roller)

잔디를 조성하고 잔디와 흙 사이를 밀착하는 데 사용한다.

88쪽 태극(문양) (太 클 태, 極 극진할 극)

태극의 개념과 가치가 내포된 한국의 문양으로 음(파랑)과 양(빨강)의 조화를 상징한다.

문해력 기초 다지기

문장제에 적용하기

기초 문제가 어떻게 문장제가 되는지 알아봅니다.

1

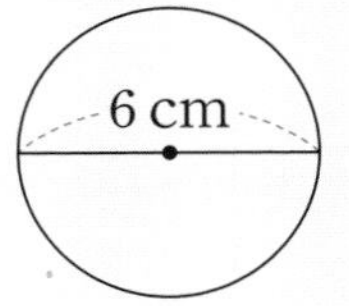

(원주율: **3.1**)

(원주)=**6**×☐

=☐(cm)

≫ 지름이 **6 cm**인 원의 **원주는** 몇 **cm**인가요? (원주율: **3.1**)

식 $6\times3.1=$☐

꼭! 단위까지 따라 쓰세요.

답 ______ cm

2

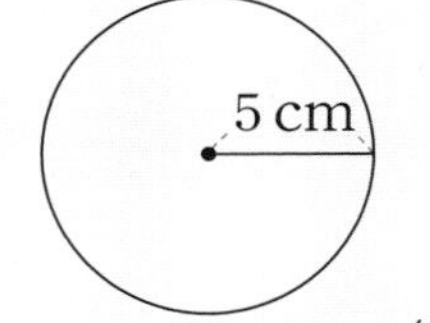

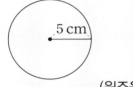

(원주율: **3.14**)

(원주)=**5**×☐×**3.14**

=☐(cm)

≫ 반지름이 **5 cm**인 원 모양의 접시가 있습니다.
이 **접시의 원주는** 몇 **cm**인가요? (원주율: **3.14**)

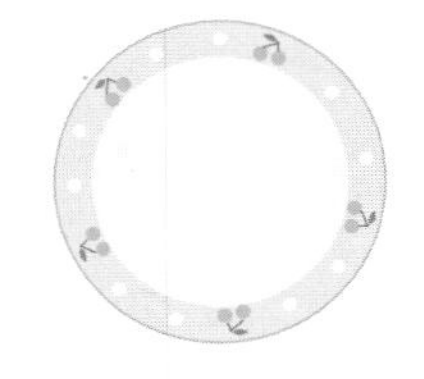

식 ______

답 ______ cm

3

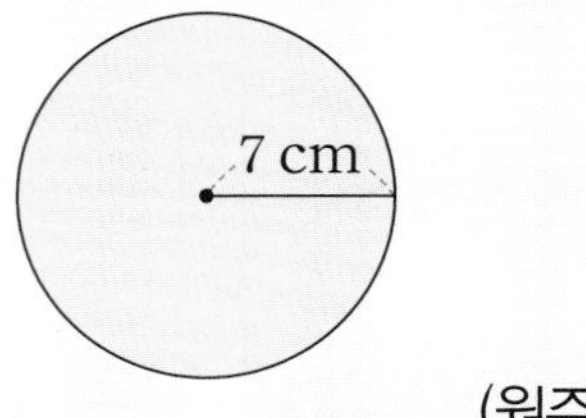

(원주율: **3**)

(원의 넓이)=**7**×☐×**3**

=☐(cm^2)

≫ 반지름이 **7 cm**인 원 모양의 와플이 있습니다.
이 **와플의 넓이는** 몇 cm^2인가요? (원주율: **3**)

식 ______

답 ______ cm^2

4

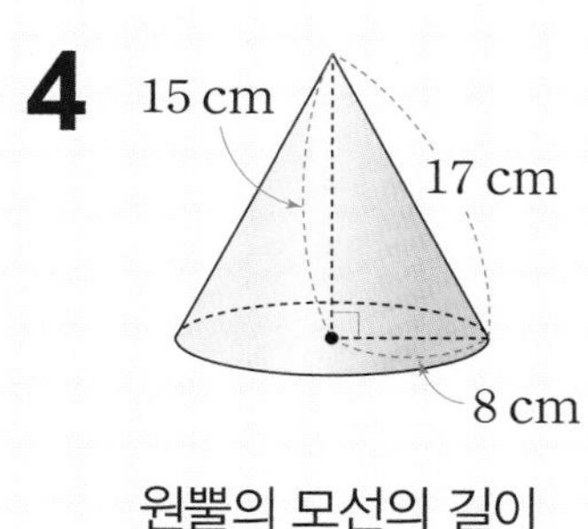

원뿔의 모선의 길이

: ☐ cm

소희가 만든 **원뿔** 모양의 고깔 모자입니다.
모선의 길이는 몇 cm인가요?

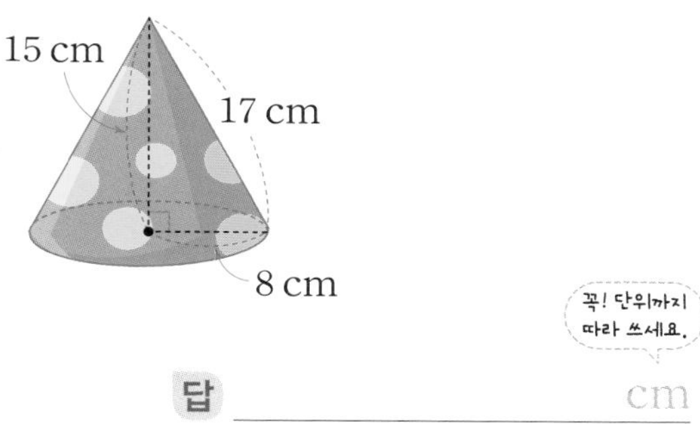

꼭! 단위까지 따라 쓰세요.

답 ________ cm

5

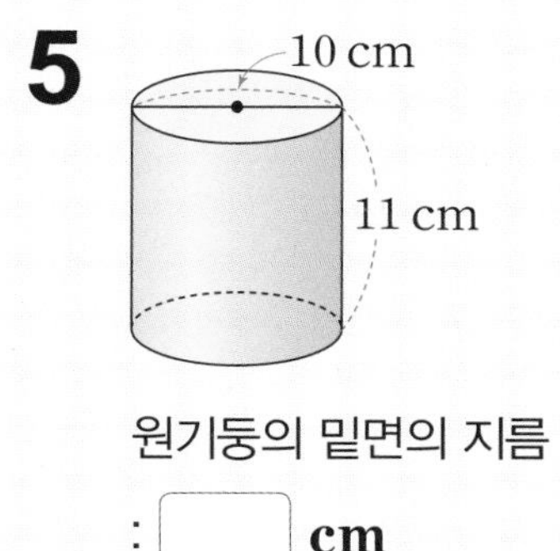

원기둥의 밑면의 지름

: ☐ cm

오른쪽과 같이 **직사각형** 모양의 종이를
한 변을 기준으로 한 바퀴 돌려 만든
입체도형의 **밑면의 지름은 몇 cm**인가요?

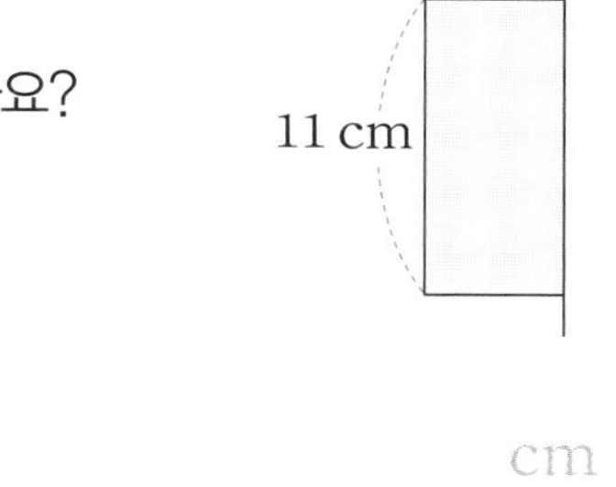

답 ________ cm

6

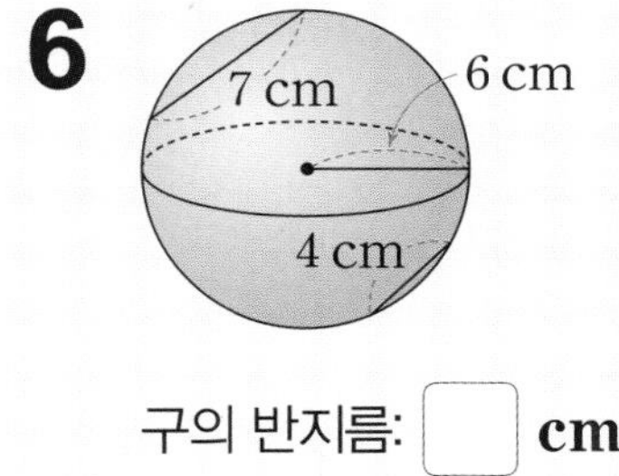

구의 반지름: ☐ cm

오른쪽과 같이 **반원** 모양의 종이를
지름을 기준으로 한 바퀴 돌려 만든
입체도형의 **반지름은 몇 cm**인가요?

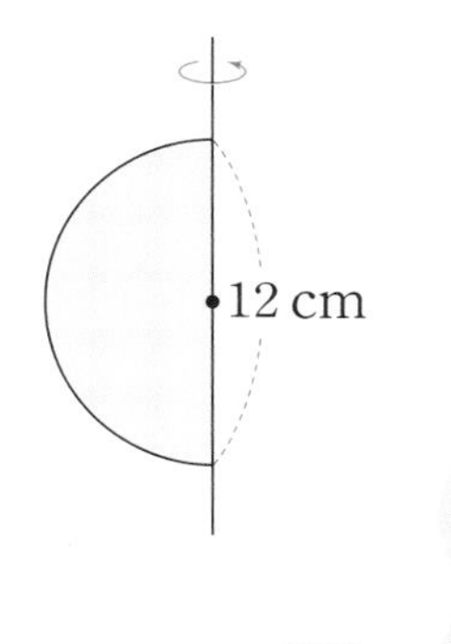

답 ________ cm

공부한 날 월 일

준비 학습

문해력 기초 다지기

문장 읽고 문제 풀기

간단한 문장제를 풀어 봅니다.

1 재희는 공책에 **지름이 18 cm**인 원을 그렸습니다.
재희가 그린 **원의 원주는 몇 cm**인가요? (원주율: **3.1**)

식 ____________________ 답 ____________

2 은서는 만두를 빚기 위해 원 모양의 만두피를 만들었습니다.
반지름이 4 cm인 만두피를 만들었다면
만두피의 넓이는 몇 cm^2인지 구하세요. (원주율: **3.14**)

식 ____________________ 답 ____________

3 교통 안전 표지판에는 자동차의 속도를 제한하는 원 모양의 표시가 있습니다.
오른쪽 원 모양의※교통 안전 표지판의 **지름이 32 cm**일 때
넓이는 몇 cm^2인지 구하세요. (원주율: **3**)

식 ____________________ 답 ____________

문해력 백과
해당 표지판은 최고 속도를 시간당 50 km 이하로 제한한다는 의미이다.

• 정답과 해설 14쪽

4 베트남의 전통 모자인 논라는 **원뿔** 모양이며
야자나무 잎사귀로 만듭니다.
오른쪽 논라에서 **밑면의 지름과 모선의 길이의 합은**
몇 cm인가요?

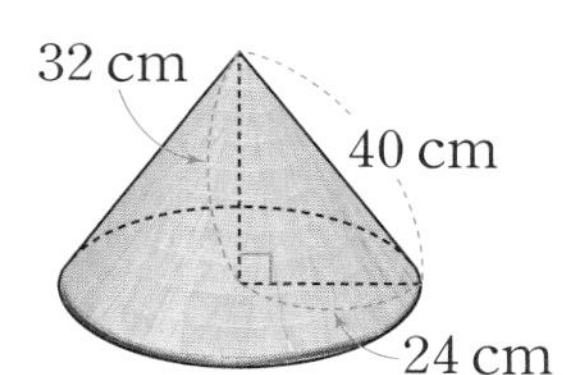

답 ______________

5 오른쪽 원기둥을 앞에서 본 모양은
가로가 12 cm, 세로가 14 cm인 직사각형입니다.
원기둥의 **밑면의 반지름과 높이는 각각 몇 cm**인가요?

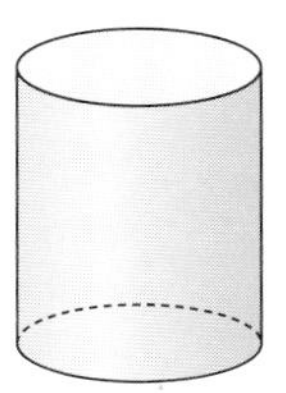

답 밑면의 반지름: ______________, 높이: ______________

6 지구의는 지구를 본떠 만든 모형입니다.
오른쪽 지구의를 **위에서 본 모양의 넓이는 몇 cm^2**인가요?
(원주율: **3**)

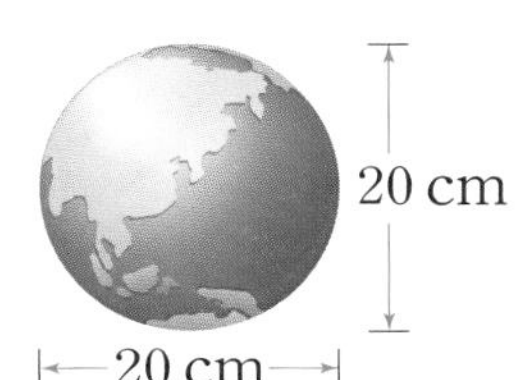

답 ______________

7 오른쪽과 같이 원기둥을 펼쳐 전개도를 만들었습니다.
옆면의 가로와 세로는 각각 몇 cm인가요?
(원주율: **3.1**)

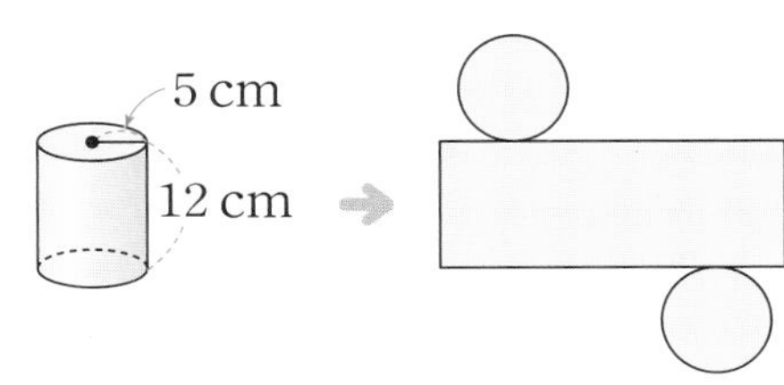

답 가로: ______________, 세로: ______________

수학 문해력 기르기

관련 단원 원의 넓이

문해력 문제 1

민아는 지름이 50 cm인 원 모양의 굴렁쇠를/
2바퀴 반 굴렸습니다./
이 굴렁쇠가 굴러간 거리는 몇 cm인지 구하세요./ (원주율: 3.1)
└• 구하려는 것

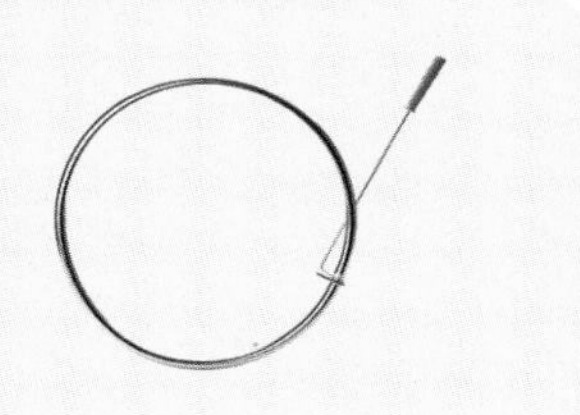

해결 전략

굴렁쇠가 한 바퀴 굴러간 거리는 굴렁쇠의 원주이므로

❶ (굴렁쇠의 원주)=(지름)×(원주율)로 구하고

굴렁쇠가 2바퀴 반 굴러간 거리를 구하려면

❷ (2바퀴 반)=☐바퀴이므로
(위 ❶에서 구한 거리)×☐을/를 구한다.

문해력 핵심
(반 바퀴)=($\frac{1}{2}$바퀴)
=(0.5바퀴)임을 이용해.

문제 풀기

❶ (굴렁쇠의 원주)=50×☐=☐(cm)

❷ (굴렁쇠가 2바퀴 반 굴러간 거리)=☐×2.5
=☐(cm)

답 ______________

문해력 레벨업 원을 한 바퀴 굴리면 원주만큼 움직임을 이용하자.

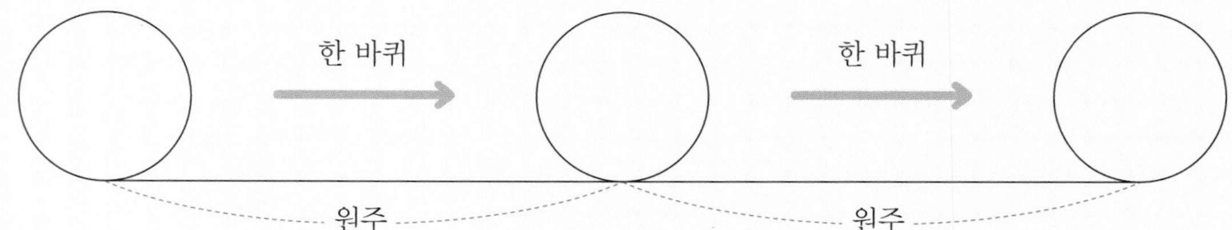

(굴러간 거리)=(원주)×(굴린 바퀴 수)
→ (굴린 바퀴 수)=(굴러간 거리)÷(원주)

원이 ●바퀴 굴러간 거리는 원주의 ●배와 같아.

• 정답과 해설 14쪽
복습책 21쪽에 유사, 심화문제 제공

쌍둥이 문제

1-1 유진이는 지름이 45 cm인 원 모양의 쟁반을/ 3바퀴 반 굴렸습니다./ 이 쟁반이 굴러간 거리는 몇 cm인지 구하세요./ (원주율: 3.14)

따라 풀기 ❶

❷

답 ____________

문해력 레벨 1

1-2 세연이가 지름이 60 cm인 원 모양의 훌라후프를/ 몇 바퀴 굴렸더니 1116 cm만큼 굴러갔습니다./ 훌라후프를 몇 바퀴 굴린 것인지 구하세요./ (원주율: 3.1)

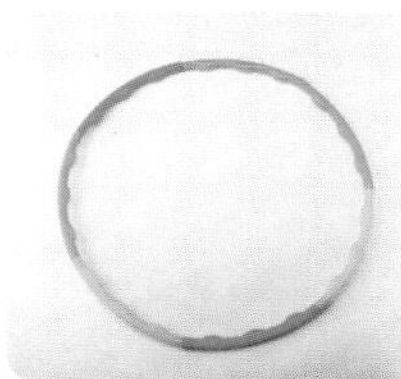

스스로 풀기 ❶

굴러간 거리를 훌라후프의 원주로 나누면 굴린 바퀴 수를 구할 수 있어.

❷

답 ____________

문해력 레벨 2

1-3 지윤이는 지름이 30 cm인 ※바퀴 자를 5바퀴 굴리고/ 이어서 지름이 25 cm인 바퀴 자를 몇 바퀴 굴렸더니/ 두 바퀴 자가 굴러간 거리의 합이 1050 cm였습니다./ 지름이 25 cm인 바퀴 자를/ 몇 바퀴 굴린 것인지 구하세요./ (원주율: 3)

스스로 풀기 ❶ 지름이 30 cm인 바퀴 자가 굴러간 거리를 구하자.

문해력 어휘
바퀴 자: 바퀴를 굴려 바퀴가 굴러간 만큼 움직인 거리를 잴 수 있는 자

❷ 지름이 25 cm인 바퀴 자가 굴러간 거리를 구하자.

❸ 지름이 25 cm인 바퀴 자를 굴린 횟수를 구하자.

답 ____________

공부한 날 월 일

1일

수학 문해력 기르기

관련 단원 원의 넓이

문해력 문제 2

지수는 길이가 74.4 cm인 노끈을 겹치지 않게 남김없이 사용하여/ 원을 한 개 만들고/ 은주는 길이가 58.9 cm인 노끈을 겹치지 않게 남김없이 사용하여/ 원을 한 개 만들었습니다./
두 사람이 만든 원의 지름의 합은 몇 cm인지 구하세요./ (원주율: 3.1)
└ 구하려는 것

해결 전략

두 사람이 만든 원의 지름을 구하려면

❶ (만든 원의 원주)=(노끈의 길이)이므로
(원의 지름)=(원주)÷(원주율)을 이용하여 구하고

두 사람이 만든 원의 지름의 합을 구하려면

❷ (지수가 만든 원의 지름)+(은주가 만든 원의 지름)을 구한다.

문제 풀기

❶ (지수가 만든 원의 지름)=74.4÷3.1=☐ (cm)
(은주가 만든 원의 지름)=58.9÷☐=☐ (cm)

❷ (두 사람이 만든 원의 지름의 합)=☐+☐=☐ (cm)

답 ______________

문해력 레벨업 지름과 원주의 관계를 이용하자.

① 만든 원의 원주는 끈의 길이와 같다.

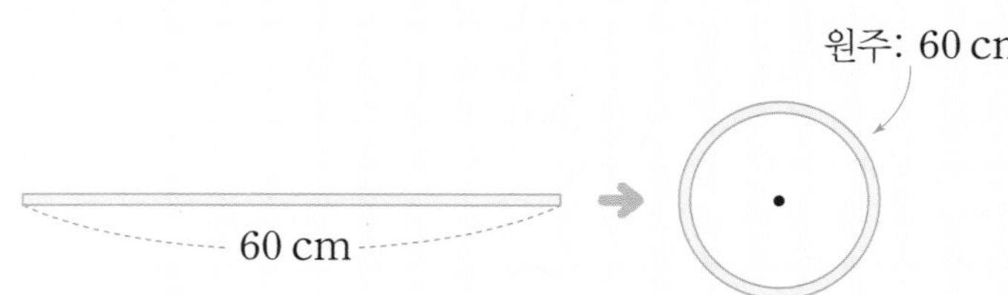

끈을 겹치지 않게 남김없이 사용하여 만든 원이니까 끈의 길이와 원주는 같아.

② 원주를 알 때 지름 구하기

(원주)=(지름)×(원주율)
➔ (지름)=(원주)÷(원주율)

예 원주가 60 cm일 때 지름 구하기 (원주율: 3)
60 = (지름) × 3 (원주율)
➔ **(지름)=60÷3=20** (cm)

복습책 22쪽에 유사, 심화문제 제공

쌍둥이 문제

2-1 피자 만들기 체험에서 원 모양의 피자를 만들었습니다./ 민아는 원주가 78.5 cm인 피자를 만들고/ 재윤이는 원주가 87.92 cm인 피자를 만들었습니다./ 두 사람이 만든 피자의 지름의 합은 몇 cm인지 구하세요./

(원주율: 3.14)

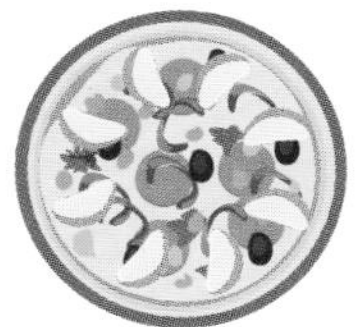

따라 풀기 ❶

❷

답 ______________

문해력 레벨 1

2-2 지수는 철사 72 cm를 겹치지 않게 남김없이 사용하여/ 원을 한 개 만들었습니다./ 형주는 철사로 지수가 만든 원보다/ 반지름이 1 cm 더 긴 원을 만들었습니다./ 형주가 만든 원의 원주는 몇 cm인지 구하세요./ (원주율: 3)

스스로 풀기 ❶

❷

답 ______________

문해력 레벨 2

2-3 오른쪽 과녁의 가장 큰 원의 원주는 558 cm이고/ 안으로 갈수록 지름이 일정하게 짧아집니다./ 가장 큰 원의 지름이 가장 작은 원의 지름의 5배일 때/ 7점 바깥쪽의 원의 원주는 몇 cm인지 구하세요./ (원주율: 3.1)

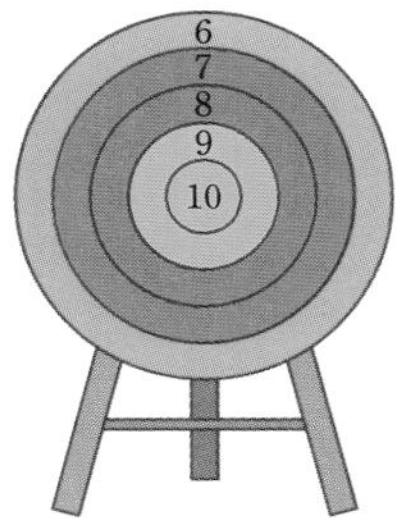

스스로 풀기

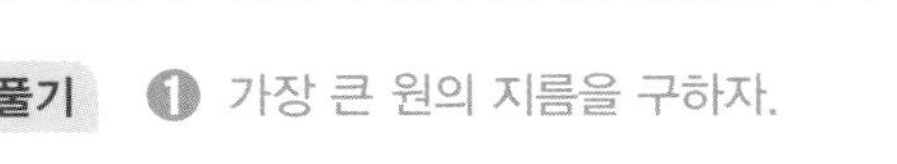

❶ 가장 큰 원의 지름을 구하자.

❷ 가장 작은 원의 지름을 구하자.

❸ 7점 바깥쪽의 원의 지름을 구하여 원주를 구하자.

답 ______________

수학 문해력 기르기

관련 단원 원의 넓이

문해력 문제 3

지아네 방에는 넓이가 $2790\ cm^2$인/
원 모양의※러그를 깔았습니다./
이 러그의 둘레는 몇 cm인지 구하세요./ (원주율: 3.1)
└ 구하려는 것

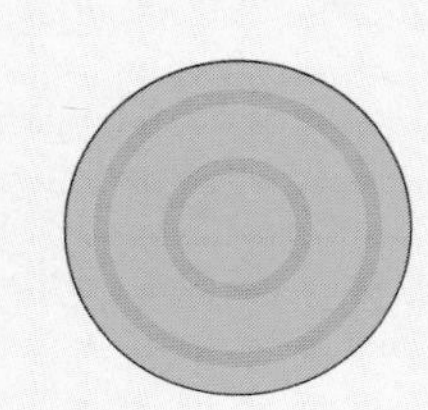

해결 전략

러그의 반지름을 구하려면

❶ (원의 넓이)=(반지름) ◯ (반지름) ◯ (원주율)을 이용하고
└ +, −, ×, ÷ 중 알맞은 것 쓰기

러그의 둘레(원주)를 구하려면

❷ (원주)=(반지름)×☐×(원주율)로 구한다.
(지름)

문해력 어휘
러그: 마루나 방바닥에 까는 거칠게 짠 직물 제품 또는 무릎 담요 등을 말한다.

문제 풀기

❶ 러그의 반지름을 ■ cm라 하면 ■×■×3.1=2790,
■×■=2790÷3.1, ■×■=☐, ■=☐이다.

❷ (러그의 둘레)=☐×2×3.1=☐ (cm)

답 ____________

문해력 레벨업 원주와 반지름, 원의 넓이와 반지름의 관계를 이용하자.

(원주)=(지름)×(원주율)
(지름) → (반지름)×2

원주를 알 때 반지름 구하기

예 원주가 18 cm일 때 반지름 구하기 (원주율: 3)
반지름을 ☐ cm라 하면
☐×2×3=18, ☐×6=18
➔ ☐=3

(원의 넓이)=(반지름)×(반지름)×(원주율)

원의 넓이를 알 때 반지름 구하기

예 원의 넓이가 $27\ cm^2$일 때 반지름 구하기 (원주율: 3)
반지름을 ☐ cm라 하면
☐×☐×3=27, ☐×☐=9
➔ ☐=3

• 정답과 해설 15쪽
복습책 23쪽에 유사, 심화문제 제공

쌍둥이 문제

3-1 학교 앞에 있는 원 모양의/※맨홀 뚜껑의 넓이가 1875 cm^2입니다./ 이 맨홀 뚜껑의 둘레는 몇 cm인지 구하세요./ (원주율: 3)

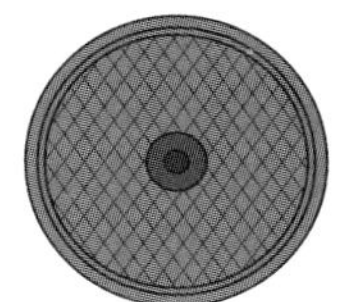

따라 풀기 ①

문해력 어휘
맨홀 뚜껑: 지하 공간의 입구를 닫는 데 쓰는 뚜껑으로 대부분 원 모양이다.

②

답 ______

문해력 레벨 1

3-2 윤서는 오른쪽과 같이 크기가 다른 두 원을 그렸습니다./ 큰 원의 원주가 43.96 cm일 때/ 작은 원의 넓이는 몇 cm^2인지 구하세요./ (원주율: 3.14)

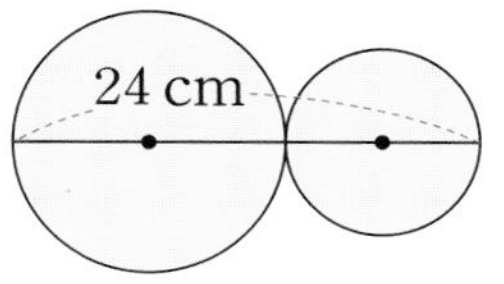

스스로 풀기 ① 큰 원의 지름을 구하자.

② 작은 원의 지름을 구하여 작은 원의 넓이를 구하자.

답 ______

문해력 레벨 2

3-3 ※컬링 경기의 과녁은/ 4개의 원으로 그려져 있습니다./ 가장 큰 원의 원주가 1098 cm일 때/ 파란색 부분의 넓이는 몇 cm^2인지 구하세요./ (원주율: 3)

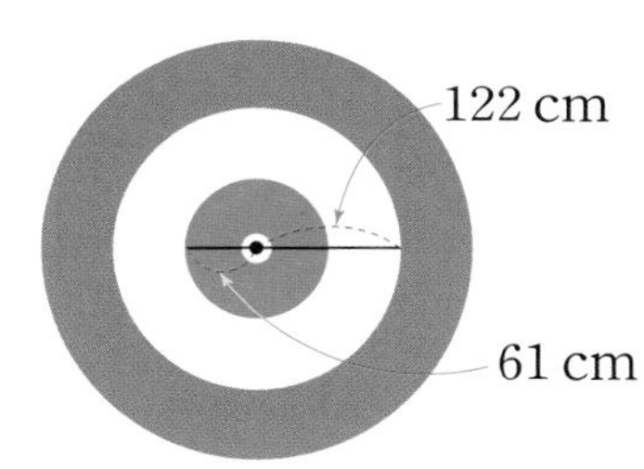

스스로 풀기 ① 가장 큰 원의 지름을 구하여 가장 큰 원의 넓이를 구하자.

문해력 백과
컬링: 얼음판에서 둥글고 납작한 돌을 미끄러뜨려 과녁에 넣음으로써 득점을 얻는 경기

② 파란색 부분을 제외한 부분의 넓이를 구하자.

③ 파란색 부분의 넓이를 구하자.

답 ______

수학 문해력 기르기

관련 단원 원의 넓이

문해력 문제 4

오른쪽과 같이 밑면의 모양이 원이고/ 반지름이 6 cm인 통조림 캔 3개를/ 끈으로 한 바퀴 둘렀습니다./ 사용한 끈은 몇 cm인지 구하세요./
└ 구하려는 것

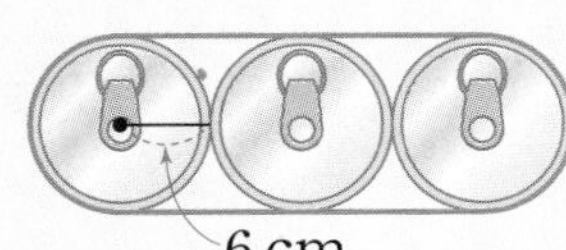

(단, 원주율은 3.14이고/ 매듭의 길이는 생각하지 않습니다.)

해결 전략

곡선 부분의 길이의 합을 구하려면

❶ 반지름이 ☐ cm인 원의 원주를 구하고

직선 부분의 길이의 합을 구하려면

❷ (반지름)×(반지름의 개수)를 구한다.

사용한 끈의 길이를 구하려면

❸ (위 ❶에서 구한 길이)+(위 ❷에서 구한 길이)를 구한다.

문해력 핵심

반원 2개를 합하면 원 1개가 됨을 이용하자.

문제 풀기

❶ (곡선 부분의 길이의 합)=6×☐×3.14=☐(cm)

❷ 직선 부분의 길이의 합은 반지름의 ☐배와 같으므로 6×☐=☐(cm)이다.
(6: 반지름)

❸ (사용한 끈의 길이)=☐+☐=☐(cm)

답 ______________

문해력 레벨업 곡선 부분과 직선 부분으로 나누어 길이를 구하자.

5 cm → 곡선 부분의 길이 5 cm + 직선 부분의 길이 5 cm, 5 cm

반지름이 **5 cm**인 원의 원주

5 cm인 반지름 **4**개

• 정답과 해설 16쪽
복습책 24쪽에 유사, 심화문제 제공

쌍둥이 문제

4-1 오른쪽과 같이 반지름이 8 cm인 원 모양의 회전판 2개를/ 끈으로 한 바퀴 둘렀습니다./ 사용한 끈은 몇 cm인지 구하세요./
(단, 원주율은 3.1이고/ 매듭의 길이는 생각하지 않습니다.)

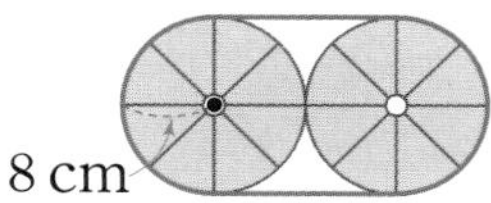

따라 풀기 ❶

❷

❸

답 ________________

문해력 레벨 1

4-2 오른쪽과 같이 한 개의 넓이가 147 cm^2인 원 모양의 컵받침 4개를/ 끈으로 한 바퀴 둘렀습니다./ 사용한 끈은 몇 cm인지 구하세요./
(단, 원주율은 3이고/ 매듭의 길이는 생각하지 않습니다.)

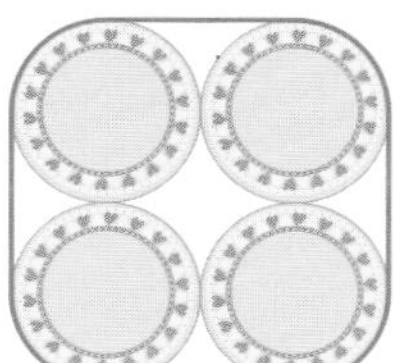

스스로 풀기 ❶

❷

❸

답 ________________

문해력 레벨 2

4-3 오른쪽과 같이 밑면의 모양이 원이고/ 지름이 9 cm인 통조림 캔 3개를/ 실로 한 바퀴 둘러 묶었습니다./ 매듭을 짓는 데 사용한 실의 길이가 12 cm일 때/ 통조림 캔을 묶는 데 사용한 실은 몇 cm인지 구하세요./ (원주율: 3.14)

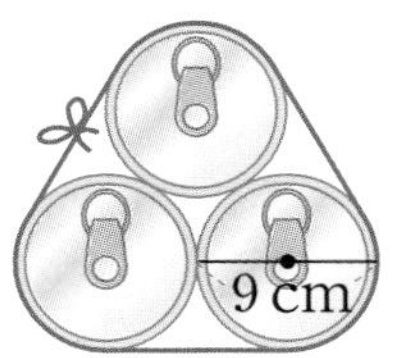

스스로 풀기 ❶ 곡선 부분의 길이의 합을 구하자.

❷ 직선 부분의 길이의 합을 구하자.

❸ 매듭의 길이를 생각하여 사용한 실의 길이를 구하자.

답 ________________

일 수학 문해력 기르기

관련 단원 원기둥, 원뿔, 구

문해력 문제 5

우진이는 오른쪽과 같이 밑면의 지름이 30 cm, 높이가 7 cm인/ 원기둥 모양의※로봇 청소기를 샀습니다./ 이 로봇 청소기의 옆면의 넓이는 몇 cm^2인지 구하세요./
└ 구하려는 것
(원주율: 3.14)

30 cm
7 cm

해결 전략

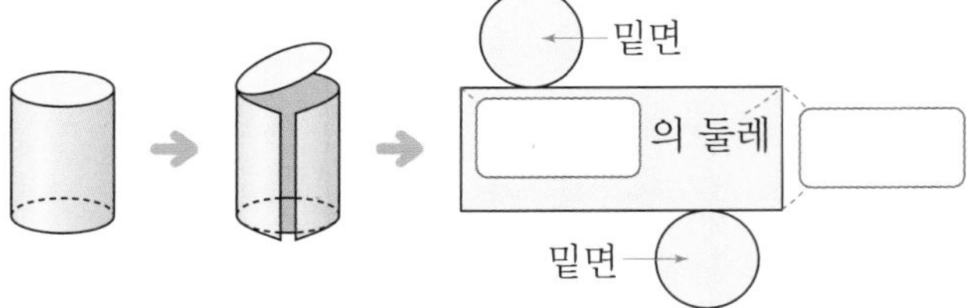

전개도에서 옆면의 가로와 세로를 구하려면

❶ (옆면의 가로)=(　　　의 둘레),

(옆면의 세로)=(원기둥의 　　　)임을 이용한다.

원기둥의 옆면의 넓이를 구하려면

❷ (옆면의 가로)×(옆면의 세로)를 구한다.

문해력 백과

로봇 청소기: 작동 및 상태를 자동적으로 조절하는 장치에 의해 청소를 하는 기계

문제 풀기

❶ (옆면의 가로)=30×　　=　　(cm)

(옆면의 세로)=　　cm

❷ (옆면의 넓이)=　　×7=　　(cm^2)

답 ____________

문해력 레벨업 원기둥의 전개도에서 길이가 같은 부분을 찾자.

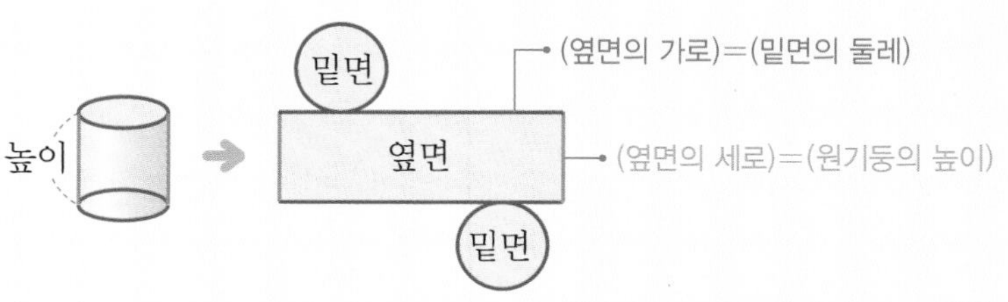

원기둥의 전개도에서 옆면은 직사각형 모양이고, 밑면은 원 모양이야.

(옆면의 넓이)=(옆면의 가로)×(옆면의 세로)

• 정답과 해설 16쪽
복습책 25쪽에 유사, 심화문제 제공

쌍둥이 문제

5-1 민지는 오른쪽과 같이 밑면의 반지름이 5 cm, 높이가 8 cm인/ 원기둥 모양의 저금통을 샀습니다./ 이 저금통의 옆면의 넓이는 몇 cm^2 인지 구하세요./ (원주율: 3.1)

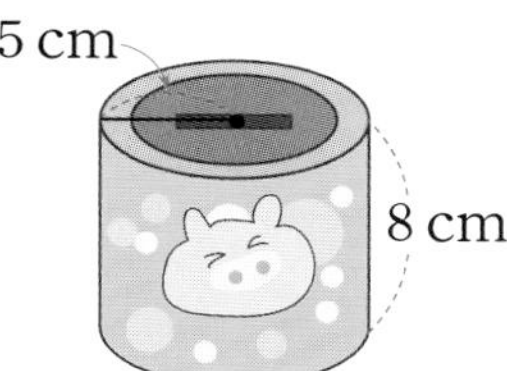

따라 풀기 ❶

❷

답 ____________

문해력 레벨 1

5-2 오른쪽 원기둥 모양의 ※정어리 캔의/ 옆면의 넓이는 188.4 cm^2입니다./ 이 정어리 캔의 한 밑면의 넓이는 몇 cm^2인지 구하세요./ (원주율: 3.14)

스스로 풀기 ❶ 정어리 캔의 밑면의 지름을 구하자.

문해력 백과
정어리: 청어과의 바닷물고기로 등은 어두운 파란색이고, 옆구리와 배는 은빛을 띤 백색이다.

❷ 정어리 캔의 한 밑면의 넓이를 구하자.

답 ____________

문해력 레벨 2

5-3 지호는 지구의를 보관하기 위하여/ 오른쪽과 같이 지구의가 꼭 맞게 들어갈 원기둥을 만들었습니다./ 지구의의 반지름이 12 cm일 때/ 원기둥의 전개도의 넓이는 몇 cm^2인지 구하세요./ (원주율: 3)

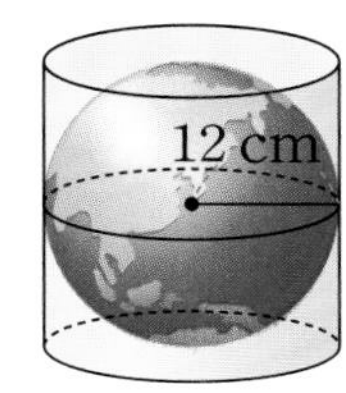

스스로 풀기 ❶ 원기둥의 한 밑면의 넓이를 구하자.

(원기둥의 밑면의 반지름)
=(구의 반지름)이고
(원기둥의 높이)
=(구의 지름)이야.

❷ 원기둥의 전개도에서 옆면의 넓이를 구하자.

❸ 원기둥의 전개도의 넓이를 구하자.

답 ____________

공부한 날 월 일

3일

일 수학 문해력 기르기

관련 단원 원기둥, 원뿔, 구

문해력 문제 6

오른쪽과 같이 원뿔에/ 빨간색 끈을 겹치지 않게 붙였습니다./
사용한 빨간색 끈의 길이가 38 cm일 때/
원뿔의 밑면의 지름은 몇 cm인지 구하세요./ (원주율: 3)
└ 구하려는 것

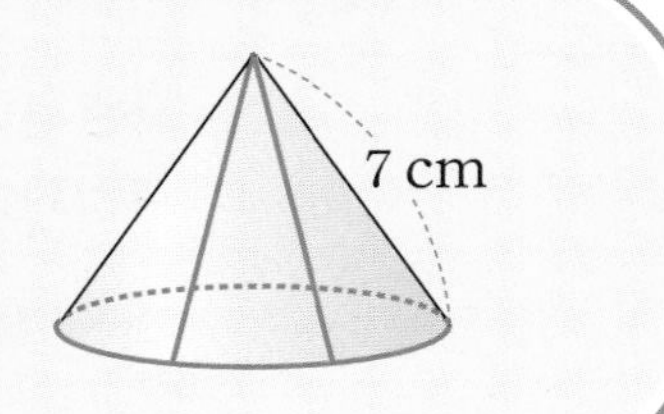

해결 전략

옆면에 붙인 빨간색 끈의 길이의 합을 구하려면

❶ (모선의 길이)×(빨간색 끈의 개수)를 구하고

밑면에 사용된 빨간색 끈의 길이를 구하려면

❷ (사용한 빨간색 끈의 길이)−(옆면에 붙인 빨간색 끈의 길이의 합)을 구한다.
└ ❶에서 구한 길이

밑면의 지름을 구하려면

❸ (밑면의 지름)×(원주율)=(밑면의 둘레)를 이용한다.
└ ❷에서 구한 길이

문해력 핵심
밑면에 사용된 빨간색 끈의 길이는 밑면의 둘레와 같아.

문제 풀기

❶ (옆면에 붙인 빨간색 끈의 길이의 합)=7×☐=☐ (cm)

❷ (밑면의 둘레)=38−☐=☐ (cm)

❸ 밑면의 지름을 ■ cm라 하면 ■×3=☐, ■=☐이다.

따라서 밑면의 지름은 ☐ cm이다.

답 ____________

문해력 레벨업 입체도형의 구성 요소의 특징을 알고 문제를 해결하자.

예 원기둥과 원뿔의 비교

입체도형	원기둥	원뿔
밑면의 수	2개	1개
꼭짓점	없음	있음
앞에서 본 모양	직사각형	삼각형

원기둥의 두 밑면은 서로 평행하고 합동이야.

한 원뿔에서 모선의 길이는 모두 같아.

쌍둥이 문제

6-1 오른쪽과 같이 원뿔에/ 초록색 끈을 겹치지 않게 붙였습니다./ 사용한 초록색 끈의 길이가 61.4 cm일 때/ 원뿔의 밑면의 지름은 몇 cm인지 구하세요./ (원주율: 3.14)

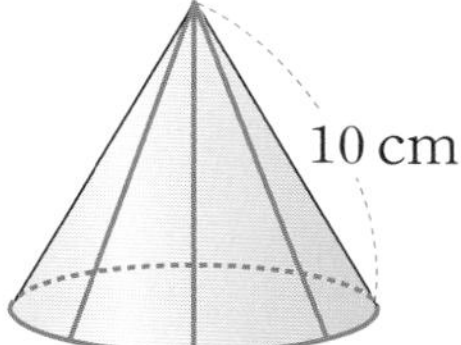

따라 풀기 ❶

❷

❸

답 ______________

문해력 레벨 1

6-2 오른쪽과 같이 철사를 사용하여/ 원기둥 모양의 전등갓을 만들었습니다./ 사용한 철사의 길이가 77.2 cm일 때/ 원기둥의 밑면의 지름은 몇 cm인지 구하세요./ (단, 원주율은 3.1이고/ 연결한 부분은 생각하지 않습니다.)

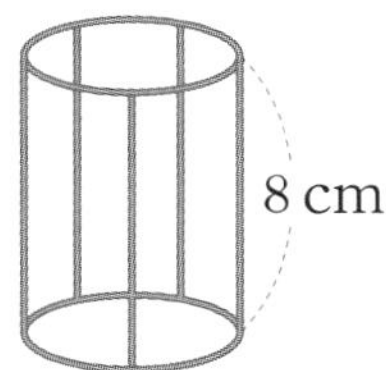

스스로 풀기 ❶

전등갓은 둘레가 같은 원 모양의 철사 2개와 길이가 8 cm인 철사 5개로 만들었어.

❷

❸

답 ______________

문해력 레벨 2

6-3 오른쪽과 같이 원뿔에/ 주황색 끈을 겹치지 않게 붙였습니다./ 사용한 주황색 끈의 길이가 91.96 cm일 때/ 원뿔의 밑면의 넓이는 몇 cm^2인지 구하세요./ (원주율: 3.14)

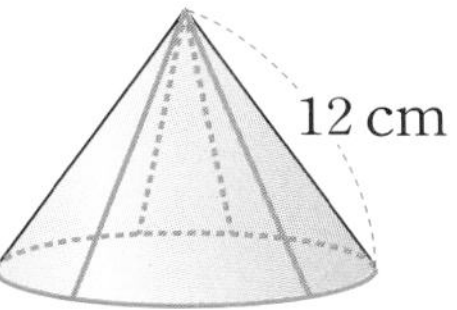

스스로 풀기 ❶ 옆면에 붙인 주황색 끈의 길이의 합을 구하자.

❷ 밑면의 둘레를 구하자.

❸ 밑면의 반지름을 구하여 밑면의 넓이를 구하자.

답 ______________

수학 문해력 기르기

관련 단원 원기둥, 원뿔, 구

문해력 문제 7

어떤 평면도형을 한 변을 기준으로 하여/
한 바퀴 돌렸더니 밑면의 지름이 26 cm, 높이가 14 cm인/
원기둥이 되었습니다./
돌리기 전의 평면도형의 넓이는 몇 cm^2인지 구하세요./
└ 구하려는 것

해결 전략

❶ 한 변을 기준으로 한 바퀴 돌렸을 때 원기둥을 만들 수 있는 평면도형은
(직사각형 , 직각삼각형)이다.
└ 알맞은 말에 ○표 하기

한 바퀴 돌리기 전의 평면도형의 넓이를 구하려면

❷ 위 ❶에서 찾은 도형의 (가로)×(　　　)을/를 구한다.

문제 풀기

❶ 돌리기 전의 평면도형의 모양 그리기

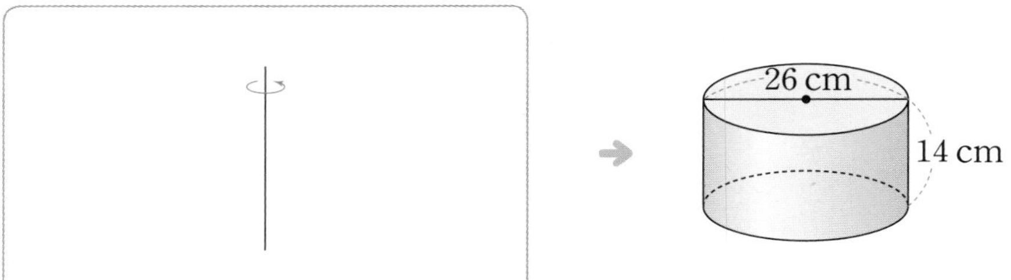

❷ (돌리기 전의 평면도형의 넓이)=　　×　　=　　 (cm^2)

답 ________________

문해력 레벨업 돌리기 전의 평면도형의 모양을 생각하자.

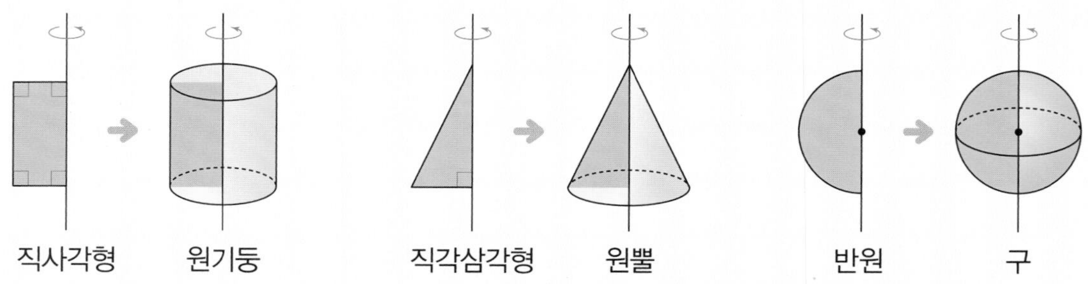

• 정답과 해설 17쪽
복습책 27쪽에 유사, 심화문제 제공

쌍둥이 문제

7-1 오른쪽 원기둥은 어떤 평면도형을 한 변을 기준으로 하여/ 한 바퀴 돌려 만든 것입니다./ 돌리기 전의 평면도형의 넓이는 몇 cm^2인지 구하세요./

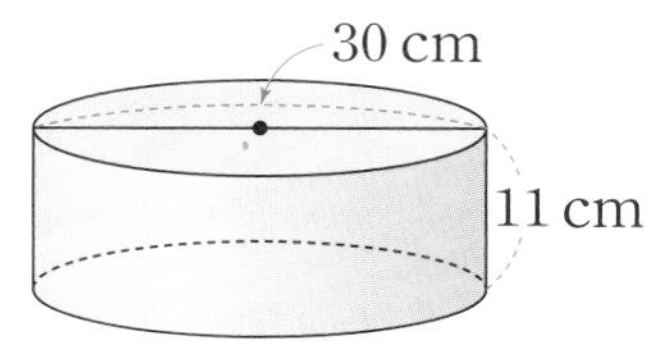

따라 풀기 ❶ 돌리기 전의 평면도형의 모양을 그리자.

❷ 돌리기 전의 평면도형의 넓이를 구하자.

답 

문해력 레벨 1

7-2 오른쪽 원뿔은 어떤 평면도형을 한 변을 기준으로 하여/ 한 바퀴 돌려 만든 것입니다./ 돌리기 전의 평면도형의 넓이는 몇 cm^2인지 구하세요.

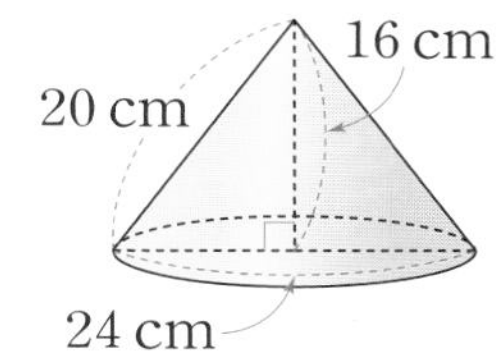

스스로 풀기 ❶ 돌리기 전의 평면도형의 모양을 그리자.

❷ 돌리기 전의 평면도형의 넓이를 구하자.

답

문해력 레벨 2

7-3 오른쪽은 어떤 평면도형을 한 변을 기준으로 하여/ 한 바퀴 돌려 만든 것입니다./ 돌리기 전의 평면도형의 넓이는 몇 cm^2인지 구하세요./ (원주율: 3.1)

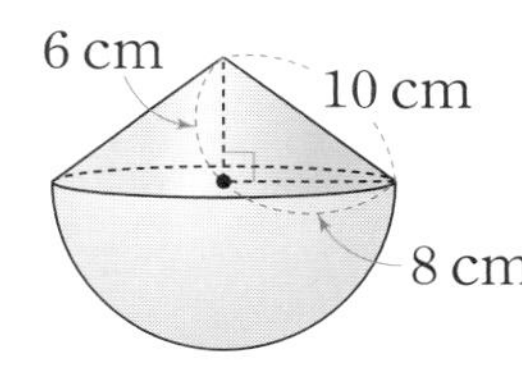

스스로 풀기 ❶ 돌리기 전의 평면도형의 모양을 그리자.

❷ 돌리기 전의 평면도형의 넓이를 구하자.

답

공부한 날 월 일

4일

4일 수학 문해력 기르기

관련 단원 원기둥, 원뿔, 구

문해력 문제 8

오른쪽과 같은 원기둥 모양의※폼롤러에/ 페인트를 묻혀 몇 바퀴 굴렸더니/ 페인트가 칠해진 부분의 넓이가 5400 cm^2였습니다./ 폼롤러를 몇 바퀴 굴렸는지 구하세요./ (원주율: 3)
└ 구하려는 것

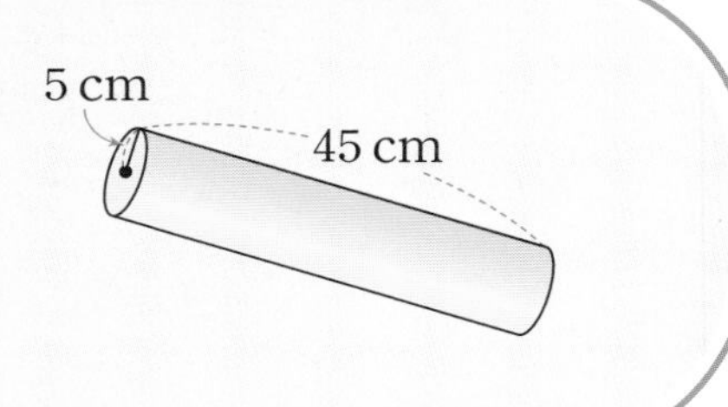

해결 전략

폼롤러를 한 바퀴 굴렸을 때 페인트가 칠해진 부분의 넓이는

❶ 폼롤러의 옆면의 넓이와 같으므로

폼롤러를 몇 바퀴 굴렸는지 구하려면

❷ (페인트가 칠해진 부분의 넓이) ◯ (폼롤러의 옆면의 넓이)를 구한다.
└ +, −, ×, ÷ 중 알맞은 것 쓰기

문해력 백과

폼롤러: 운동할 때 사용하는 도구로 뭉친 근육을 풀어주거나 통증을 완화하기 위해 사용한다.

문제 풀기

❶ 폼롤러의 옆면을 펼치면 가로가 45 cm, 세로가 ☐×2×3=☐ (cm)인 직사각형이 된다.

➔ (폼롤러의 옆면의 넓이)=45×☐=☐ (cm^2)

❷ (폼롤러를 굴린 횟수)=5400÷☐=☐(바퀴)

답 ____________

문해력 레벨업

롤러를 한 바퀴 굴렸을 때 칠해진 부분의 넓이는 옆면의 넓이와 같다.

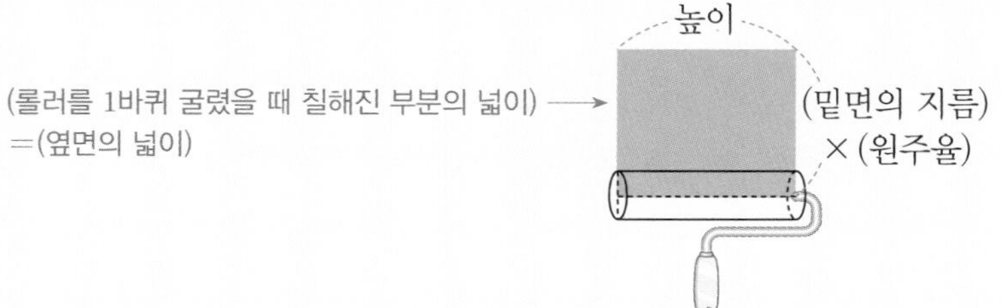

롤러가 원기둥 모양이므로 롤러의 옆면을 펼치면 직사각형이 돼.

(칠해진 부분의 넓이)=(옆면의 넓이)×(롤러를 굴린 바퀴 수)

(롤러를 굴린 바퀴 수)=(칠해진 부분의 넓이)÷(옆면의 넓이)

• 정답과 해설 18쪽
복습책 28쪽에 유사, 심화문제 제공

쌍둥이 문제

8-1

오른쪽과 같은 원기둥 모양의 롤러에/ 페인트를 묻혀 몇 바퀴 굴렸더니/ 페인트가 칠해진 부분의 넓이가 1256 cm^2였습니다./ 롤러를 몇 바퀴 굴렸는지 구하세요./ (원주율: 3.14)

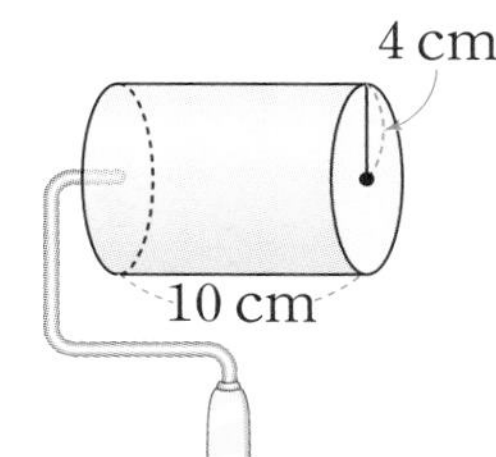

따라 풀기 ❶

❷

답 ______________

문해력 레벨 1

8-2

오른쪽과 같은 높이가 60 cm인 원기둥 모양의 ※잔디 롤러를 3바퀴 굴렸더니/ 잔디 롤러가 지나간 부분의 넓이가 6696 cm^2였습니다./ 잔디 롤러의 밑면의 지름은 몇 cm인지 구하세요./ (원주율: 3.1)

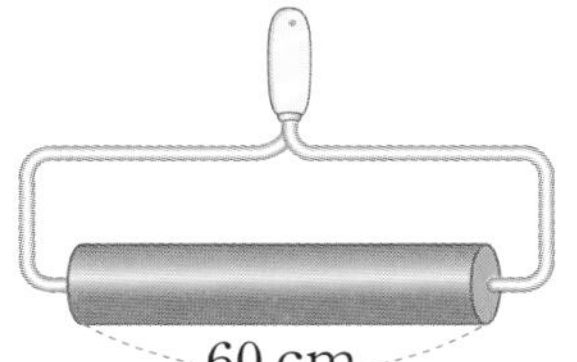

스스로 풀기 ❶ 잔디 롤러의 옆면의 넓이를 구하자.

문해력 백과

잔디 롤러: 잔디를 조성하고 잔디와 흙 사이를 밀착하는 데 사용한다.

❷ 잔디 롤러의 한 밑면의 둘레를 구하자.

❸ 잔디 롤러의 밑면의 지름을 구하자.

답 ______________

문해력 레벨 2

8-3

높이가 20 cm인 원기둥 모양의 양초를 한 바퀴 굴렸더니/ 양초가 지나간 부분의 넓이가 1004.8 cm^2였습니다./ 이 양초와 똑같은 크기의 원기둥의 전개도를 그렸을 때/ 전개도의 둘레는 몇 cm인지 구하세요./ (원주율: 3.14)

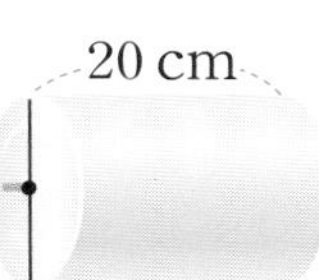

스스로 풀기 ❶ 원기둥의 한 밑면의 둘레를 구하자.

문해력 핵심

(원기둥의 전개도의 둘레)
=(한 밑면의 둘레)×2
+(옆면의 둘레)

❷ 원기둥의 전개도를 그리고 옆면의 둘레를 구하자.

❸ 위 ❶과 ❷에서 구한 길이를 이용하여 전개도의 둘레를 구하자.

답 ______________

수학 문해력 완성하기

관련 단원 원기둥, 원뿔, 구

기출 1

밑면의 반지름이 4 cm이고/ 높이가 7 cm인 원기둥 5개가 있습니다./ 이 원기둥 5개를 그림과 같이 맞닿게 놓고/ 옆면을 포장지로 감싸서 붙이려고 합니다./ 필요한 포장지의 넓이는 몇 cm^2인지 구하세요./ (단, 포장지는 겹치지 않도록 붙이고/ 원주율은 3으로 계산합니다.)

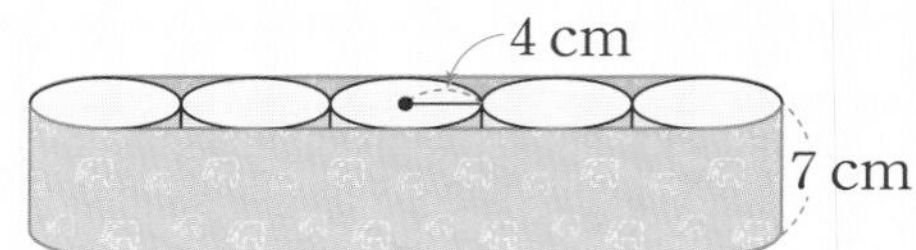

해결 전략

포장지의 긴 쪽의 길이는 위에서 본 모양을 곡선 부분과 직선 부분으로 나누어 구한다.

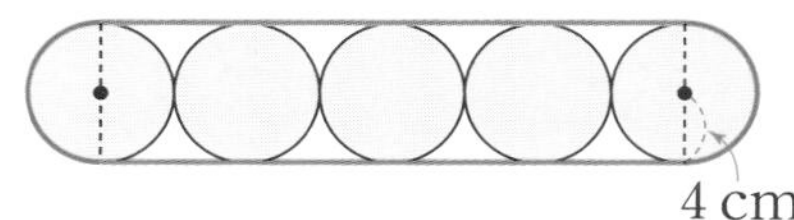

※17년 하반기 19번 기출 유형

문제 풀기

❶ 필요한 포장지의 가로 구하기

(필요한 포장지의 가로)=(곡선 부분의 길이의 합)+(직선 부분의 길이의 합)

=4×2×☐+4×☐

=☐+☐=☐ (cm)

❷ 필요한 포장지의 세로 구하기

필요한 포장지의 세로는 원기둥의 (밑면의 지름 , 높이)와/과 같으므로 ☐ cm이다.

↳ 알맞은 말에 ○표 하기

❸ 필요한 포장지의 넓이 구하기

답 ____________

복습책 29~30쪽에 유사, 심화문제 제공

관련 단원 원의 넓이

기출 2 오른쪽 그림과 같이 원 안에 두 원 가, 나가 있습니다./ 원 가와 원 나의 반지름의 길이의 비가 $4 : 3$이고/ 색칠한 부분의 넓이가 $648\ cm^2$일 때/ 원 가와 원 나의 넓이의 차는 몇 cm^2인지 구하세요. (원주율: 3)

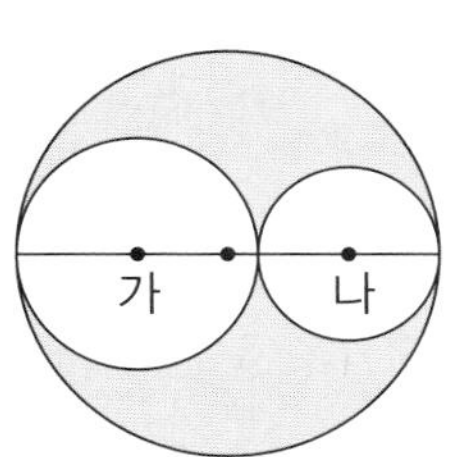

해결 전략

예

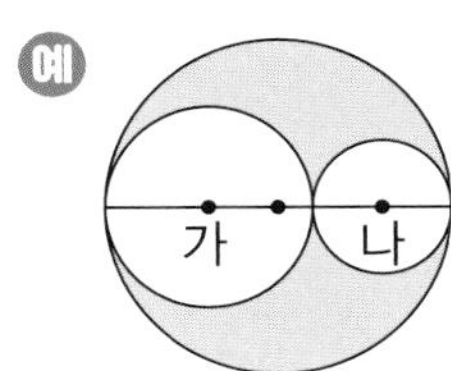

원 가와 원 나의 반지름의 길이의 비가 $3 : 2$일 때 가장 큰 원의 반지름 구하기

➔ 원 가의 반지름을 (● × 3) cm라고 하면 원 나의 반지름은 (● × 2) cm이므로
(가장 큰 원의 반지름)=● × 3 + ● × 2 =(● × 5) cm이다.

※15년 하반기 22번 기출 유형

문제 풀기

❶ 세 원의 반지름을 각각 식으로 나타내기

원 가의 반지름을 (● ×4) cm라고 하면 원 나의 반지름은 (● ×3) cm이므로

(가장 큰 원의 반지름)=● ×4+● ×3=(● ×□) cm이다.

❷ 원 가와 원 나의 반지름 구하기

색칠한 부분의 넓이가 $648\ cm^2$이므로

(● ×7)×(● ×7)×3−(● ×4)×(● ×4)×3−(● ×3)×(● ×3)×3=648,

● × ● ×147− ● × ● ×□− ● × ● ×□=648,

● × ● ×□=648, ● × ● =□에서 ● =□이다.

➔ (원 가의 반지름)=□×4=□(cm), (원 나의 반지름)=3×□=□(cm)

❸ 원 가와 원 나의 넓이의 차 구하기

답 ________

수학 문해력 완성하기

관련 단원 원의 넓이

융합 3 우리나라 국기인 태극기에서/ ※태극 문양을 볼 수 있습니다./ 유리는 큰 원 안에 크기가 같은 작은 원 2개의 일부를 그려/ 태극 문양을 그렸습니다./ 빨간색 부분의 넓이가 55.8 cm^2일 때/ 빨간색 부분의 둘레는 몇 cm인지 구하세요./ (원주율: 3.1)

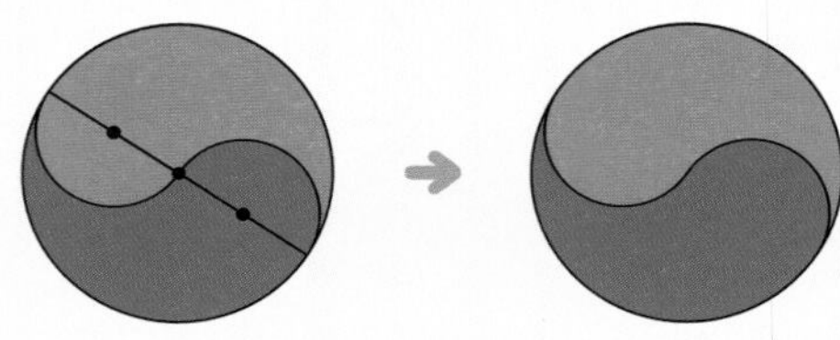

해결 전략

태극 문양에서 작은 반원을 위쪽으로 옮기면 큰 반원을 만들 수 있다.

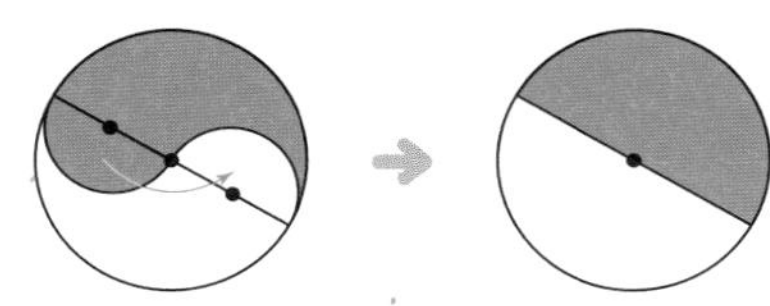

문제 풀기

❶ 태극 문양의 반지름 구하기

밑에 있는 작은 반원을 위쪽으로 옮기면 빨간색 부분은 반원과 같다.

태극 문양의 반지름을 ● cm라 하면

●×●×☐×$\frac{1}{2}$=55.8, ●×●×☐=☐, ●×●=☐, ●=☐이다.

❷ 빨간색 부분의 둘레 구하기

(빨간색 부분의 둘레)=(지름이 ☐ cm인 원의 원주)×$\frac{1}{2}$+(지름이 ☐ cm인 원의 원주)

=

문해력 백과

태극: 태극의 개념과 가치가 내포된 한국의 문양으로 음(파랑)과 양(빨강)의 조화를 상징한다.

답

관련 단원 원기둥, 원뿔, 구

융합 4 민재와 은우는 원기둥과 원뿔을 사용하여/ 입체도형을 만들었습니다./ 민재와 은우가 만든 입체도형을/ 앞에서 본 모양의 넓이의 차는 몇 cm^2인지 구하세요.

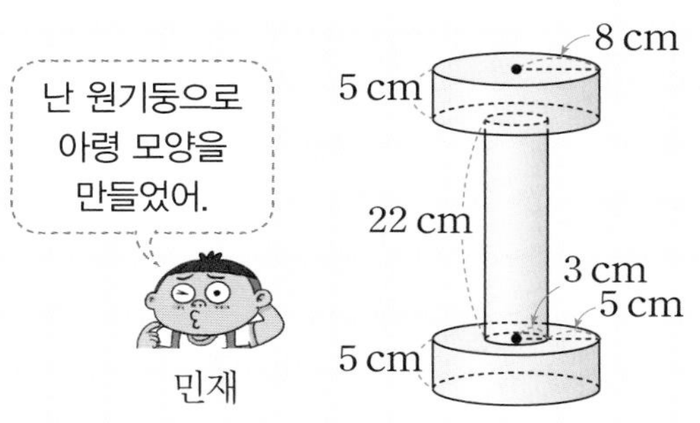

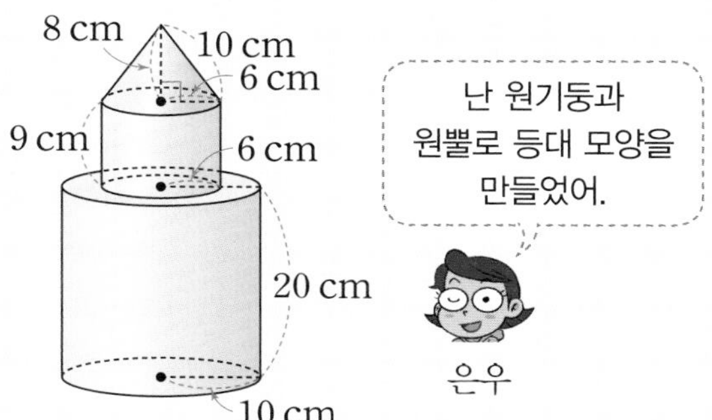

해결 전략

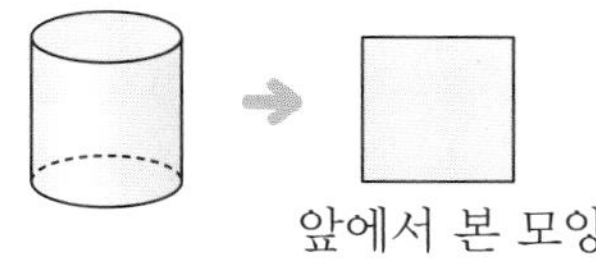

문제 풀기

❶ 민재와 은우가 만든 입체도형을 앞에서 본 모양의 넓이 구하기

민재

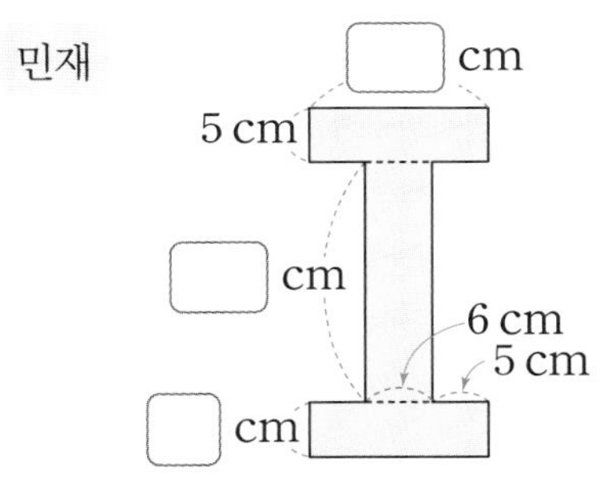

은우

8 cm
cm
9 cm
cm
cm

(넓이)=

(넓이)=

❷ 민재와 은우가 만든 입체도형을 앞에서 본 모양의 넓이의 차 구하기

답

수학 문해력 평가하기

문제를 읽고 조건을 표시하면서 풀어 봅니다.

70쪽 문해력 1

1 영채는 지름이 32 cm인 원 모양의 거울을 2바퀴 반 굴렸습니다. 이 거울이 굴러간 거리는 몇 cm인지 구하세요. (원주율: 3.1)

풀이

답 ______________

82쪽 문해력 7

2 오른쪽 원기둥은 어떤 평면도형을 한 변을 기준으로 하여 한 바퀴 돌려서 만든 것입니다. 돌리기 전의 평면도형의 넓이는 몇 cm^2인지 구하세요.

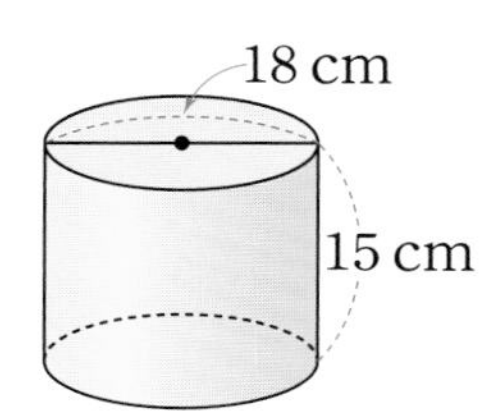

풀이

답 ______________

72쪽 문해력 2

3 재희와 유지는 원 모양의 팬케이크를 만들었습니다. 재희는 원주가 81.64 cm인 팬케이크를 만들고 유지는 원주가 69.08 cm인 팬케이크를 만들었습니다. 두 사람이 만든 팬케이크의 지름의 합은 몇 cm인지 구하세요. (원주율 3.14)

풀이

답 ______________

• 정답과 해설 19쪽

78쪽 문해력 5

4 유라는 오른쪽과 같이 밑면의 반지름이 8 cm, 높이가 25 cm인 원기둥 모양의 전등을 샀습니다. 이 전등의 옆면의 넓이는 몇 cm^2인지 구하세요. (원주율: 3.1)

8 cm

25 cm

풀이

답

74쪽 문해력 3

5 은서는 넓이가 200.96 cm^2인 원 모양의 냄비 받침을 샀습니다. 이 냄비 받침의 둘레는 몇 cm인지 구하세요. (원주율: 3.14)

풀이

답

84쪽 문해력 8

6 오른쪽과 같은 원기둥 모양의 롤러에 페인트를 묻혀 몇 바퀴 굴렸더니 페인트가 칠해진 부분의 넓이가 2250 cm^2였습니다. 롤러를 몇 바퀴 굴렸는지 구하세요.

(원주율: 3)

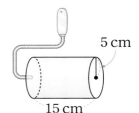

5 cm

15 cm

풀이

답

수학 문해력 평가하기

76쪽 문해력 4

7 그림과 같이 밑면의 모양이 원이고 반지름이 5 cm인 음료수 캔 3개를 끈으로 한 바퀴 둘렀습니다. 사용한 끈은 몇 cm인지 구하세요. (단, 원주율은 3.14이고 매듭의 길이는 생각하지 않습니다.)

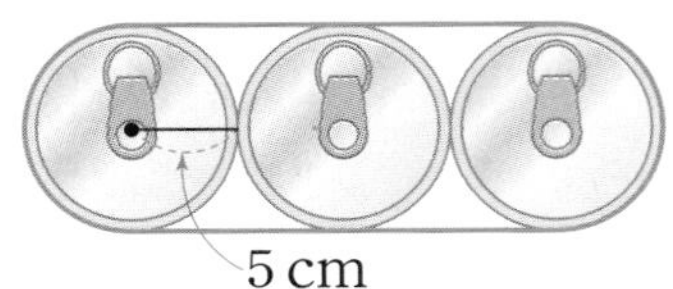

풀이

답 ______________

80쪽 문해력 6

8 그림과 같이 원뿔에 빨간색 끈을 겹치지 않게 붙였습니다. 사용한 빨간색 끈의 길이가 104 cm일 때 원뿔의 밑면의 지름은 몇 cm인지 구하세요. (원주율: 3.1)

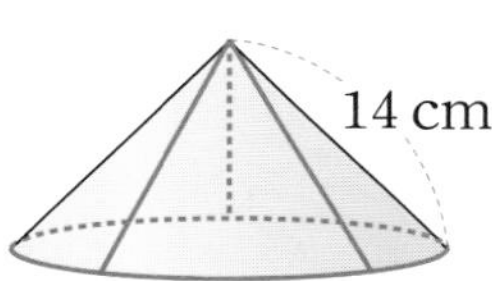

풀이

답 ______________

• 정답과 해설 19쪽

74쪽 문해력 3

9 지유는 그림과 같이 크기가 다른 두 원 모양의 부침개를 나란히 놓았습니다. 큰 부침개의 원주가 62 cm일 때 작은 부침개의 넓이는 몇 cm^2인지 구하세요. (원주율: 3.1)

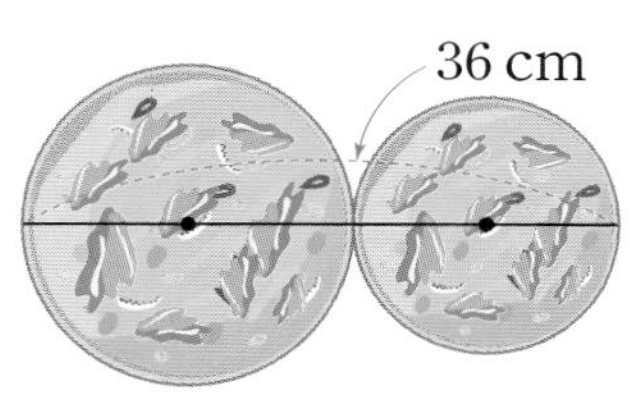

풀이

답 ______________________

80쪽 문해력 6

10 그림과 같이 철사를 사용하여 원기둥 모양의 마술 모자의 뼈대를 만들었습니다. 사용한 철사의 길이가 258 cm일 때 원기둥의 밑면의 지름은 몇 cm인지 구하세요. (단, 원주율은 3이고 연결한 부분은 생각하지 않습니다.)

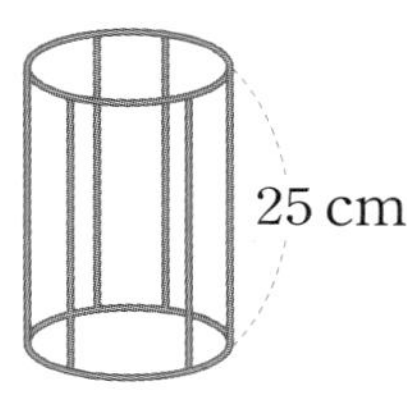

풀이

답 ______________________

공간과 입체
비례식과 비례배분

여러 방향에서 사물을 보는 실생활 상황을 참고하여
쌓기나무로 쌓은 모양을 위, 앞, 옆에서 본 모양을 이해하고,
쌓기나무로 쌓은 모양과 쌓기나무의 개수를 추측해 봐요.
비와 비율의 개념을 바탕으로 비율이 같은 두 비를 비례식으로 나타내거나
전체를 주어진 비로 배분하는 비례배분을 활용하여
생활 속에서 적용되는 문제를 해결해 봐요.

이번 주에 나오는 어휘 & 지식백과

105쪽 체감 온도 (體 몸 체, 感 느낄 감, 溫 따뜻할 온, 度 법도 도)
사람의 몸이 느끼는 더위나 추위를 수량적으로 나타낸 온도

105쪽 에탄올 (ethanol)
특유의 냄새와 맛이 있으며, 일정한 온도에서는 색이 없는 투명한 액체로 다양하게 사용되는 소독약 중 하나이다.

105쪽 글리세린 (glycerin)
투명하고 단맛과 끈기가 있는 액체로 병을 치료하는 목적의 의약품이나 화장품 등을 만드는 데 쓰인다.

109쪽 평면도 (平 평평할 평, 面 모양 면, 圖 그림 도)
건물을 위에서 내려다 본 구조를 나타낸 그림으로 각 방의 넓이와 위치, 출입문과 창문 등의 위치를 나타낸다.

110쪽 오케스트라 (orchestra)
관에 입으로 공기를 불어 넣어 소리를 내는 관악기, 손이나 채로 두드리거나 흔들어 소리를 내는 타악기, 줄을 튕기거나 활로 그어서 소리를 내는 현악기를 함께 연주하는 단체나 음악 형태를 의미한다.

119쪽 타구 (垜 살받이 타, 口 입 구)
성벽 위의 낮게 쌓은 담에서 활이나 총을 쏘기 위해 갈라 놓은 곳

122쪽 제빙기 (製 지을 제, 氷 얼음 빙, 機 틀 기)
얼음을 만드는 기계

문해력 기초 다지기

문장제에 적용하기

기초 문제가 어떻게 문장제가 되는지 알아봅니다.

1

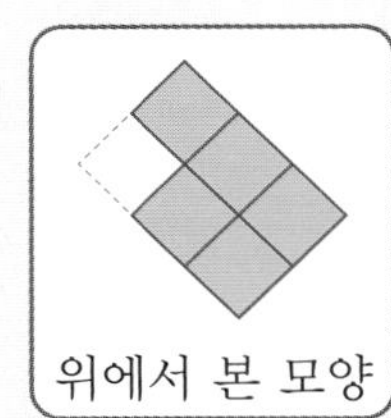

쌓기나무의 개수: ☐개

≫ 주어진 모양과 **똑같은 모양**으로 쌓는 데 **필요한 쌓기나무는 몇 개**인가요?

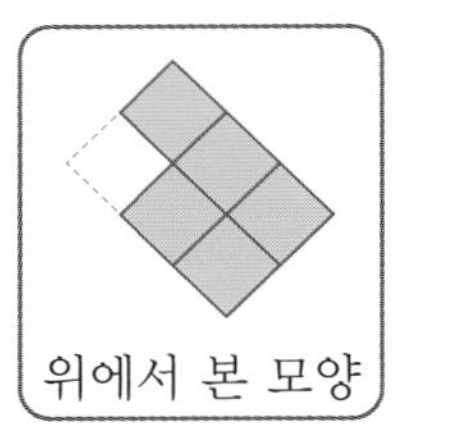

꼭! 단위까지 따라 쓰세요.

답 ________ 개

2 위에서 본 모양에 쌓기나무의 수 써넣기

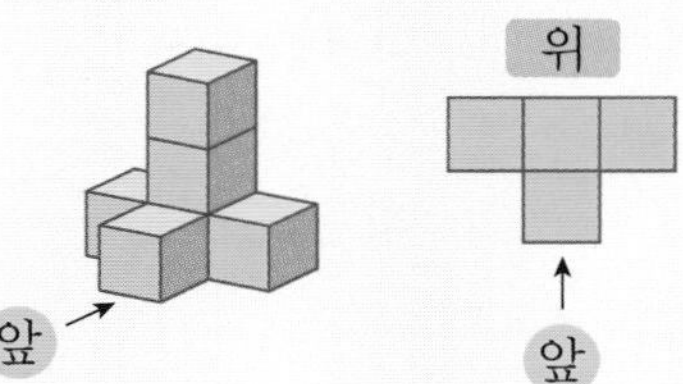

≫ 쌓기나무로 쌓은 모양과 **위에서 본 모양**입니다. **똑같은 모양**으로 쌓는 데 **필요한 쌓기나무는 몇 개**인가요?

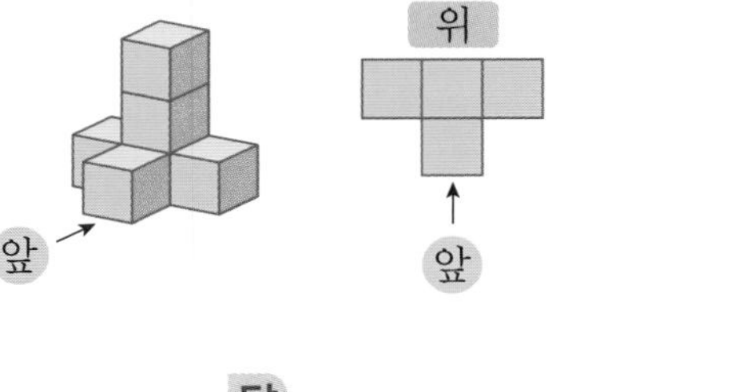

답 ________ 개

3 각 층에 쌓은 쌓기나무의 개수 구하기

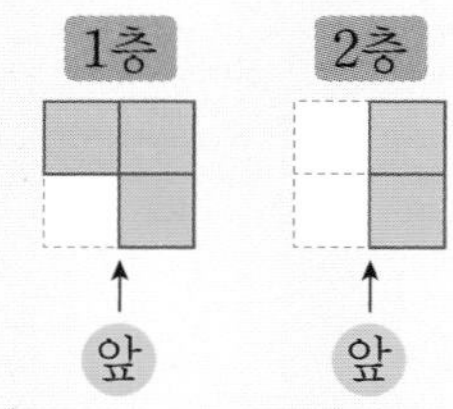

1층: ☐개, **2층**: ☐개

≫ 쌓기나무로 쌓은 모양을 **층별로** 나타낸 것입니다. **똑같은 모양**으로 쌓는 데 **필요한 쌓기나무는 몇 개**인가요?

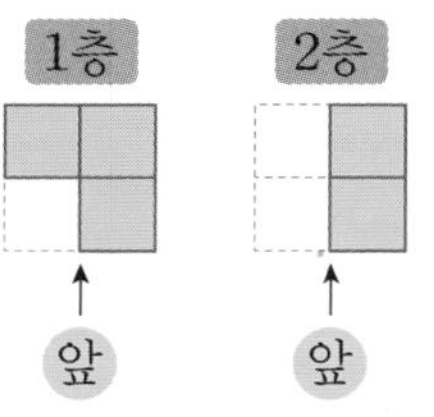

답 ________ 개

4 ×10 → 0.2 : 0.3 → 2 : □, × □

» **0.2 : 0.3**을 간단한 **자연수의 비**로 나타내 보세요.

답 ______

5 ×6 → $\frac{2}{3}$: $\frac{1}{6}$ → 4 : □, × □

» $\frac{2}{3}$: $\frac{1}{6}$을 간단한 **자연수의 비**로 나타내 보세요.

답 ______

6 비례식의 외항에 ○표, 내항에 △표 하기

5 : 4 = 10 : 8

» 비례식 **5 : 4=10 : 8**의 **외항의 곱**과 **내항의 곱**을 구하세요.

답 외항의 곱 ______

내항의 곱 ______

7 **16**을 **3 : 5**로 비례배분하기

$16 \times \frac{3}{3+5} =$ □

$16 \times \frac{5}{3+5} =$ □

» 민석이와 수빈이가 붕어빵 **16**개를 **3 : 5**로 나누어 가졌습니다. **민석이가 가진 붕어빵은 몇 개**인가요?

식 ______ 꼭! 단위까지 따라 쓰세요.

답 ______ 개

공부한 날 월 일

준비 학습

문해력 기초 다지기

간단한 문장제를 풀어 봅니다.

1 주어진 모양과 **똑같은 모양**으로 쌓는 데
필요한 쌓기나무는 몇 개인가요?

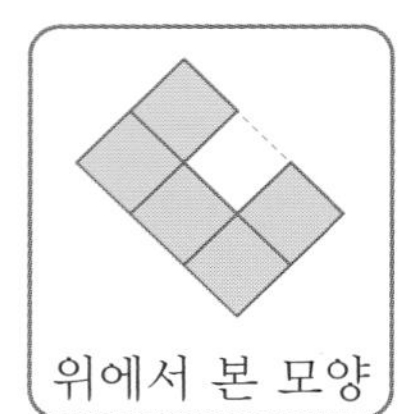

2 쌓기나무로 쌓은 모양을 **위, 앞, 옆에서 본 모양**입니다.
똑같은 모양으로 쌓는 데 **필요한 쌓기나무는 몇 개**인가요?

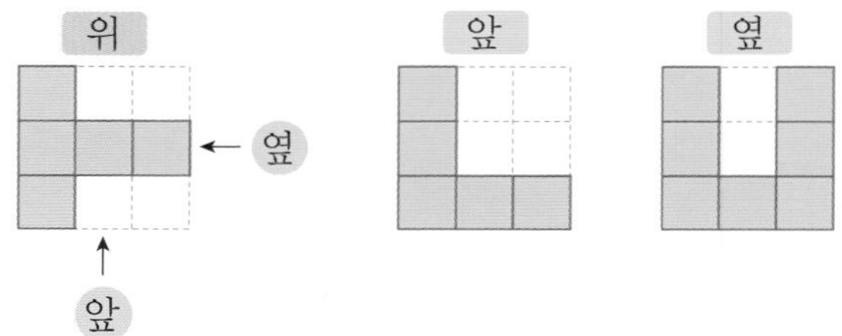

답

3 쌓기나무로 쌓은 모양을 **층별로** 나타낸 것입니다.
똑같은 모양으로 쌓는 데 **필요한 쌓기나무는 몇 개**인가요?

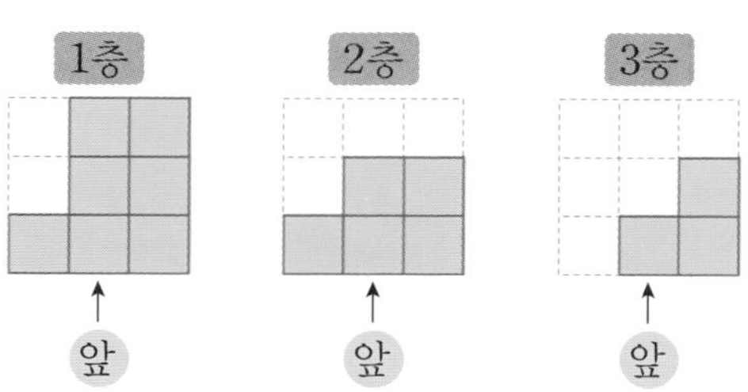

답

4 직사각형 모양 생일카드의 가로와 세로의 비가 **0.8 : 0.5**입니다.
가로와 세로의 비를 **간단한 자연수의 비**로 나타내 보세요.

답 ______________

5 빵집에서 사 온 호두파이를 연우와 태희가 $\frac{1}{7}$: $\frac{1}{3}$의 비로 나누어 먹었습니다.
연우와 태희가 먹은 호두파이 양의 비를 **간단한 자연수의 비**로 나타내 보세요.

답 ______________

6 두 비의 **비율이 4 : 9**와 같고
외항이 **4**와 **18**, **내항**이 **9**와 **8인 비례식**을 쓰세요.

답 ______________

7 어느 놀이동산에 오늘 입장한 **어른과 초등학생은 모두 500명**입니다.
어른과 초등학생의 비가 **13 : 12**일 때
놀이동산에 **오늘 입장한 초등학생은 몇 명**인지 구하세요.

식 ______________ 답 ______________

수학 문해력 기르기

관련 단원 공간과 입체

문해력 문제 1

오른쪽은 쌓기나무로 쌓은 모양을 보고/
위에서 본 모양에 수를 쓴 것입니다./
앞에서 볼 때 보이는 쌓기나무는 몇 개인지 구하세요.
└ 구하려는 것

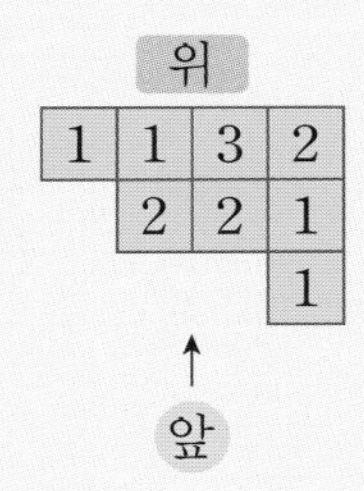

해결 전략

앞에서 본 모양을 그림으로 나타내려면

❶ 왼쪽에서부터 세로줄의 가장 (높은 , 낮은) 층만큼 그리고
└ 알맞은 말에 ○표 하기

앞에서 볼 때 보이는 쌓기나무의 개수를 구하려면

❷ 위 ❶에서 그린 그림에서 칸 수를 세어 구한다.

문제 풀기

❶ 앞에서 본 모양을 그림으로 나타내기

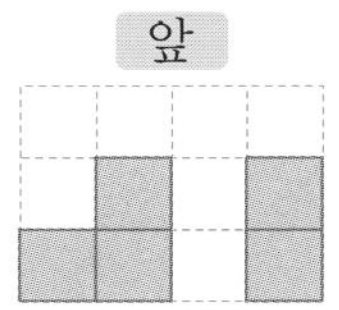

❷ 앞에서 볼 때 보이는 쌓기나무의 개수: ☐개

답 ________________

문해력 레벨업 각 줄의 가장 큰 수가 앞 또는 옆에서 보이는 층수이다.

① 앞에서 보았을 때 각 줄의 가장 큰 수가 앞에서 보이는 층수이다.

예 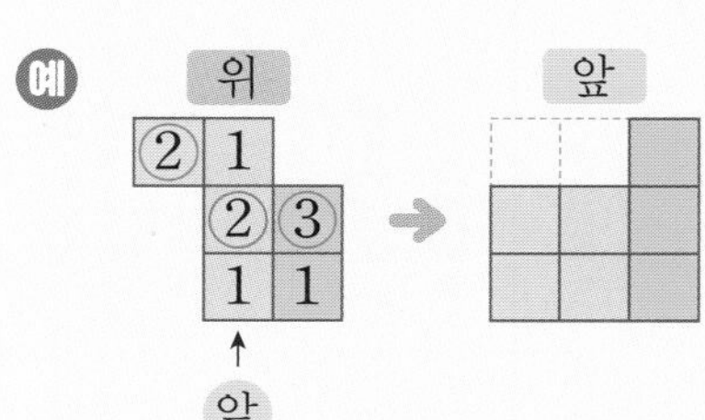

② 옆에서 보았을 때 각 줄의 가장 큰 수가 옆에서 보이는 층수이다.

예 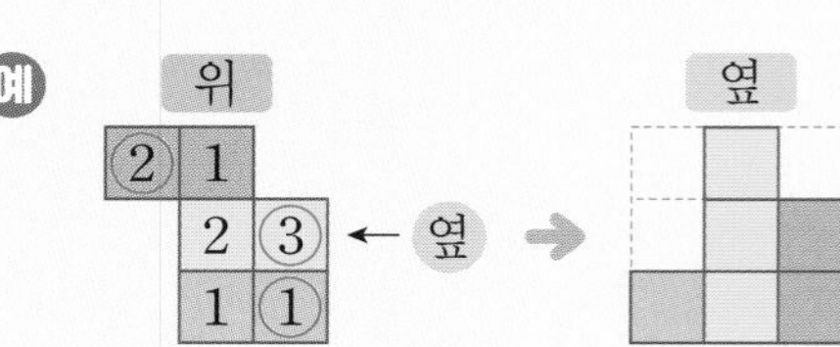

• 정답과 해설 21쪽
복습책 31쪽에 유사, 심화문제 제공

쌍둥이 문제

1-1 오른쪽은 쌓기나무로 쌓은 모양을 보고/ 위에서 본 모양에 수를 쓴 것입니다./ 앞에서 볼 때 보이는 쌓기나무는 몇 개인지 구하세요.

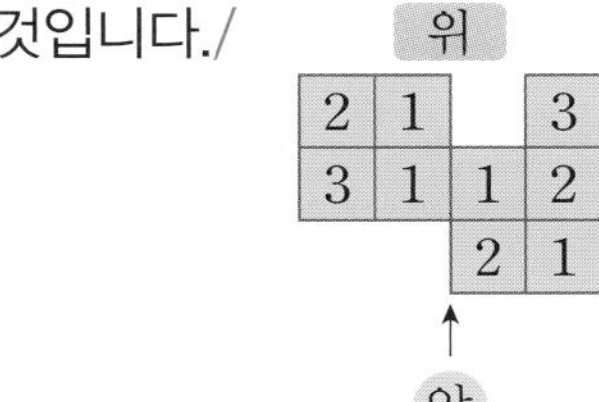

따라 풀기 ❶ 앞에서 본 모양

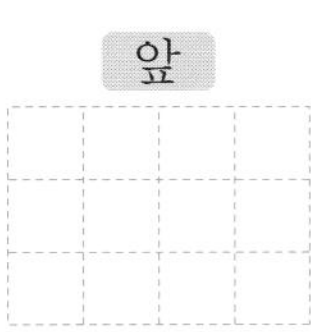

❷

답 ____________

문해력 레벨 1

1-2 오른쪽은 쌓기나무로 쌓은 모양을 보고/ 위에서 본 모양에 수를 쓴 것입니다./ 옆에서 볼 때 보이는 쌓기나무는 몇 개인지 구하세요.

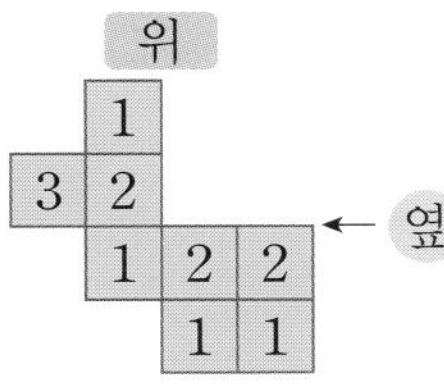

❶ 옆에서 본 모양

❷

답 ____________

문해력 레벨 2

1-3 오른쪽은 쌓기나무로 쌓은 모양을 보고/ 위에서 본 모양에 수를 쓴 것입니다./ 앞과 옆에서 볼 때 각각 보이는 쌓기나무의 개수의 차를 구하세요.

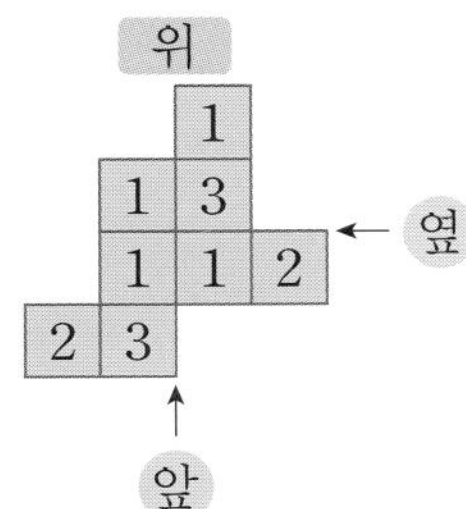

스스로 풀기 ❶ 앞에서 볼 때 보이는 쌓기나무의 개수를 구하자.

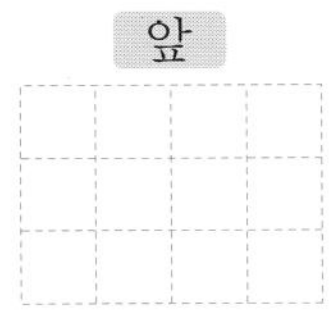

❷ 옆에서 볼 때 보이는 쌓기나무의 개수를 구하자.

❸ 위 ❶, ❷에서 구한 쌓기나무의 개수의 차를 구하자.

답 ____________

공부한 날 월 일

1일

수학 문해력 기르기

관련 단원 공간과 입체

문해력 문제 2

오른쪽은 쌓기나무로 쌓은 모양을 위와 앞에서 본 모양입니다./ 쌓은 쌓기나무의 개수가 가장 적은 경우 몇 개인지 구하세요.
└ 구하려는 것

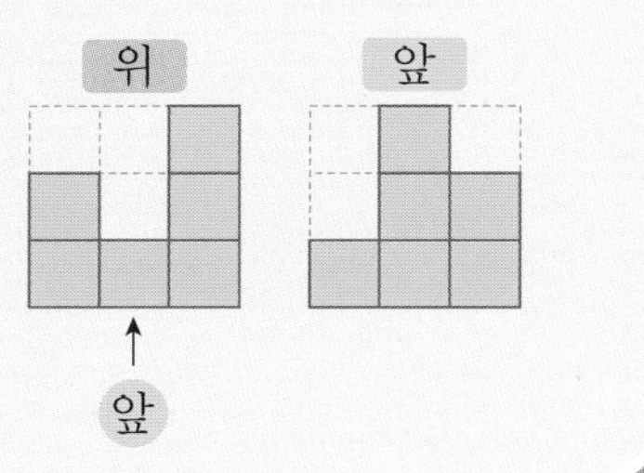

해결 전략

❶ 위와 앞에서 본 모양에서 쌓기나무의 개수가 확실한 자리에 수를 쓴다.

쌓기나무의 개수가 가장 적은 경우 몇 개인지 구하려면

❷ 위 ❶에서 수를 쓰고 남은 자리에 쌓기나무 개수가 가장 (많은 , 적은) 경우를 생각하여 수를 쓴다.
└ 알맞은 말에 ○표 하기

❸ 위 ❶과 ❷에서 쓴 수를 모두 더한다.

문제 풀기

❶ 쌓기나무의 개수가 확실한 자리(　)에 수를 쓰기

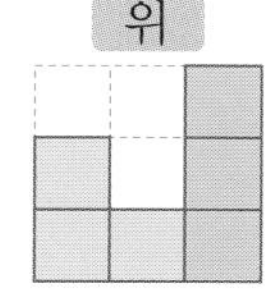

❷ 쌓기나무의 개수가 가장 적은 경우를 수로 쓰기

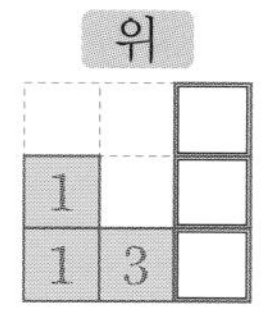

문해력 핵심
위와 앞에서 본 모양을 봤을 때 ▭ 부분은 다음과 같이 여러 가지 경우로 쌓기나무를 쌓을 수 있다.
위
2
1 1
1 3 1
위
2
1 2
1 3 1
위
2
1 2
1 3 2
…

❸ 쌓은 쌓기나무의 개수가 가장 적은 경우 □개이다.

답 ______________

문해력 레벨업 확실하게 알 수 있는 쌓기나무의 개수를 먼저 쓰자.

예 위와 앞에서 본 모양을 보고 쌓은 쌓기나무의 개수가 가장 적은 / 많은 경우 알아보기

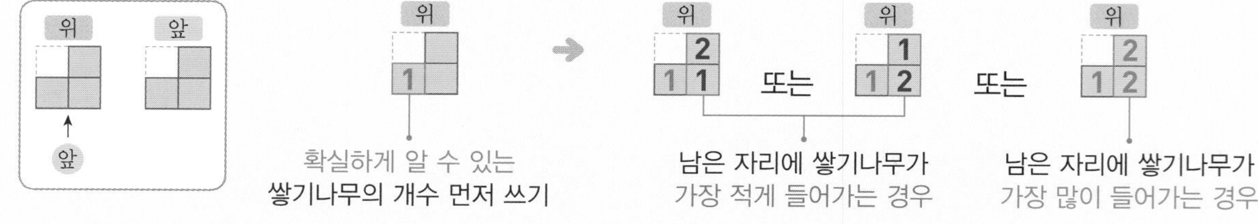

복습책 32쪽에 유사, 심화문제 제공

쌍둥이 문제

2-1 오른쪽은 쌓기나무로 쌓은 모양을 위와 앞에서 본 모양입니다./ 쌓은 쌓기나무의 개수가 가장 적은 경우 몇 개인지 구하세요.

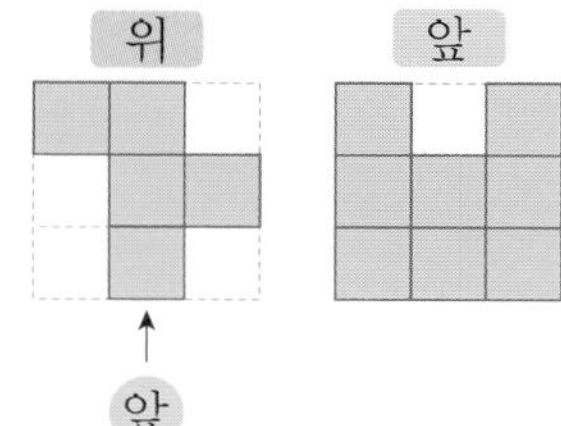

따라 풀기 ❶ 쌓기나무의 개수가 확실한 자리에 수를 쓰면

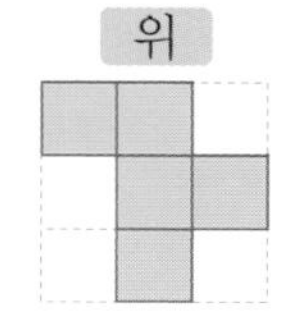

❷ 쌓기나무의 개수가 가장 적은 경우를 수로 쓰면

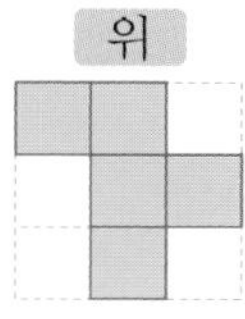

❸

답 ____________

문해력 레벨 1

2-2 오른쪽은 쌓기나무로 쌓은 모양을 위와 옆에서 본 모양입니다./ 쌓은 쌓기나무의 개수가 가장 적은 경우 몇 개인지 구하세요.

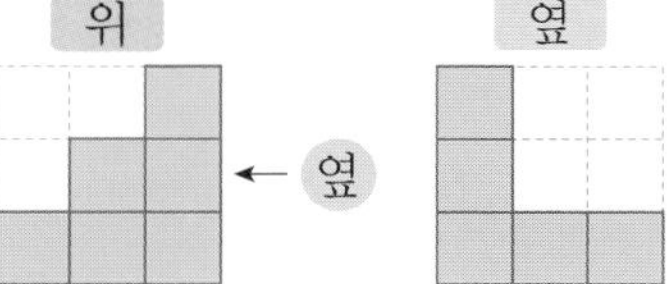

스스로 풀기 ❶ 쌓기나무의 개수가 확실한 자리에 수를 쓰면

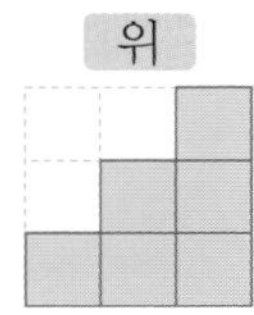

❷ 쌓기나무의 개수가 가장 적은 경우를 수로 쓰면

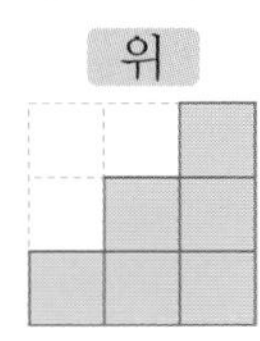

❸

답 ____________

일 수학 문해력 기르기

관련 단원 비례식과 비례배분

문해력 문제 3

석현이는 우유를 0.28 L 마시고,/
인영이는 우유를 0.35 L 마셨습니다./
인영이가 마신 우유 양에 대한 석현이가 마신 우유 양의 비를/
간단한 자연수의 비로 나타내 보세요.
└ 구하려는 것

해결 전략

인영이가 마신 우유 양에 대한 석현이가 마신 우유 양의 비를 나타내려면

❶ (석현이가 마신 우유 양) : (인영이가 마신 우유 양)으로 쓰고

소수 두 자리 수의 비를 자연수의 비로 나타내야 하니까

❷ 위 ❶의 비에 ☐을 곱하고

간단한 자연수의 비로 나타내려면

알맞은 말에 ○표 하기

❸ 위 ❷에서 구한 비의 전항과 후항을 두 수의 (공약수 , 공배수)로 나눈다.

문제 풀기

❶ 인영이가 마신 우유 양에 대한 석현이가 마신 우유 양의 비 나타내기

(☐이가 마신 우유 양) : (☐이가 마신 우유 양)

➔ ☐ : ☐

❷ 소수의 비를 자연수의 비로 나타내기

0.28 : 0.35 ➔ (0.28 × 100) : (0.35 × ☐) ➔ 28 : ☐

❸ 간단한 자연수의 비로 나타내기

28 : 35 ➔ (28 ÷ ☐) : (35 ÷ 7) ➔ ☐ : ☐

답 ____________

문해력 핵심

●와 ▲의 비
●의 ▲에 대한 비
▲에 대한 ●의 비
➔ ● : ▲

문해력 레벨업 소수와 분수의 비를 간단한 자연수의 비로 나타내는 방법을 알아보자.

• 소수의 비

① 전항과 후항이 모두 자연수가 되도록 10, 100, 1000, ... 을 곱한다.
② 전항과 후항을 두 수의 공약수로 나눈다.

예

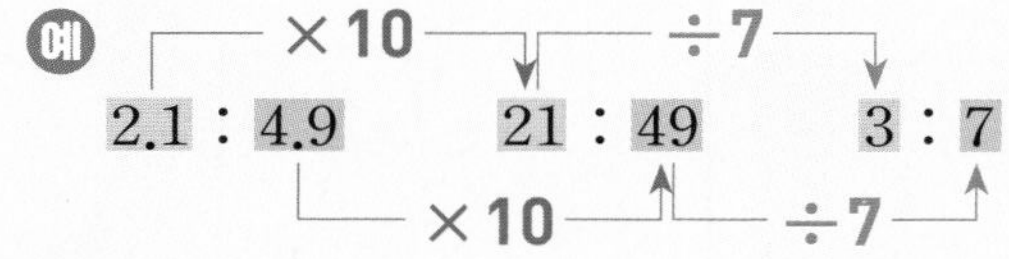

• 분수의 비

① 전항과 후항에 두 분모의 공배수를 곱한다.
② 전항과 후항을 두 수의 공약수로 나눈다.

예

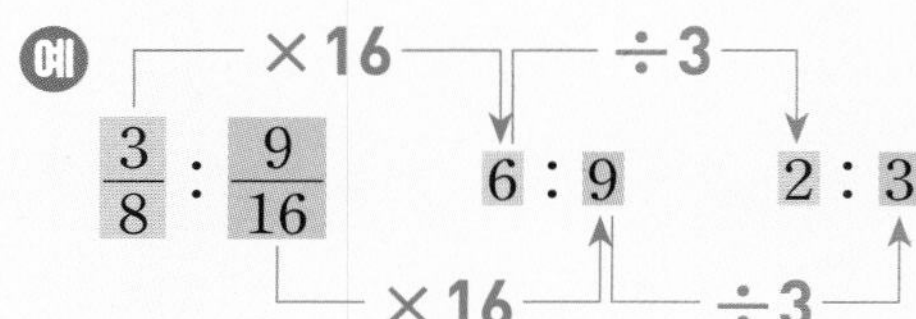

• 정답과 해설 22쪽
복습책 33쪽에 유사, 심화문제 제공

쌍둥이 문제

3-1 매실 $\frac{4}{3}$ kg에/ 설탕 $\frac{6}{5}$ kg을 넣어 매실청을 담갔습니다./ 매실 양에 대한 설탕 양의 비를/ 간단한 자연수의 비로 나타내 보세요.

따라 풀기 ❶

❷

❸

답 ____________________

문해력 레벨 1

3-2 서울 지역의 오늘 ※체감 온도는 8.4 ℃이고,/ 내일은 오늘보다 체감 온도가 1.2 ℃ 더 높아진다고 합니다./ 오늘과 내일의 체감 온도의 비를/ 간단한 자연수의 비로 나타내 보세요.

스스로 풀기 ❶ 내일의 체감 온도를 구하자.

> **문해력 어휘**
> 체감 온도: 사람의 몸이 느끼는 더위나 추위를 수량적으로 나타낸 온도

❷ 오늘과 내일의 체감 온도의 비를 구하자.

❸ 위 ❷에서 구한 비를 자연수의 비로 나타내자.

❹ 위 ❸에서 구한 자연수의 비를 간단하게 나타내자.

답 ____________________

문해력 레벨 2

3-3 ※에탄올과 ※글리세린을 섞어 손소독제 2.7 L를 만들었습니다./ 손소독제에 섞은 글리세린이 $\frac{3}{10}$ L일 때/ 글리세린 양의 에탄올 양에 대한 비를/ 간단한 자연수의 비로 나타내 보세요.

스스로 풀기 ❶ 손소독제에 섞은 에탄올 양을 구하자.

> **문해력 어휘**
> 에탄올: 색이 없는 투명한 액체로 소독약 중 하나이다.
> 글리세린: 투명하고 단맛과 끈기가 있는 액체로 병을 치료하는 목적의 의약품이나 화장품 등을 만드는 데 쓰인다.

❷ 글리세린 양의 에탄올 양에 대한 비를 구하자.

❸ 위 ❷에서 구한 비를 자연수의 비로 나타내자.

❹ 위 ❸에서 구한 자연수의 비를 간단히 나타내자.

분수를 소수로 바꾸거나 소수를 분수로 바꾼 후 계산해.

답 

공부한 날 월 일

2일

일 수학 문해력 기르기

관련 단원 비례식과 비례배분

문해력 문제 4

지난 주말 서영이와 진호는 과수원에서 사과를 땄습니다./ 각자 일정한 빠르기로 똑같은 양의 사과를 따는 데/ 서영이는 4시간, 진호는 5시간이 걸렸습니다./ 서영이와 진호가 각자 한 시간 동안 딴 사과 양의 비를/ 간단한 자연수의 비로 나타내 보세요.

└ 구하려는 것

출처: © Anton Malina/ shutterstock

해결 전략

서영이와 진호가 각자 한 시간 동안 딴 사과 양의 비를 구하려면

❶ 각자 딴 사과의 전체 양을 1이라 하여 $1 \div$(서영이가 사과를 따는 데 걸린 시간)과 $1 \div$(진호가 사과를 따는 데 걸린 시간)을 분수로 나타내 비를 구한다.

분수의 비를 간단한 자연수의 비로 나타내려면

알맞은 말에 ○표 하기

❷ 위 ❶에서 구한 비의 전항과 후항에 두 분모의 (공약수 , 공배수)를 곱한다.

문제 풀기

❶ 서영이와 진호가 각자 한 시간 동안 딴 사과 양의 비 구하기

(서영이가 한 시간 동안 딴 사과 양) : (진호가 한 시간 동안 딴 사과 양)

➔ $(1 \div 4) : (1 \div \square)$ ➔ $\frac{1}{4} : \frac{1}{\square}$

❷ 간단한 자연수의 비로 나타내기

$\frac{1}{4} : \frac{1}{\square}$ ➔ $\left(\frac{1}{4} \times 20\right) : \left(\frac{1}{\square} \times \square\right)$

➔ $5 : \square$

답 ______________________

문해력 레벨업 전체 일의 양을 1이라 놓고 한 시간 동안 한 일의 양을 구하자.

(한 시간 동안 한 일의 양)
$=$(전체 일의 양)$\div$(일한 시간)
$=1 \div$(일한 시간)
$=\frac{1}{(\text{일한 시간})}$

예 전체 일을 끝마치는 데 3시간이 걸렸다면

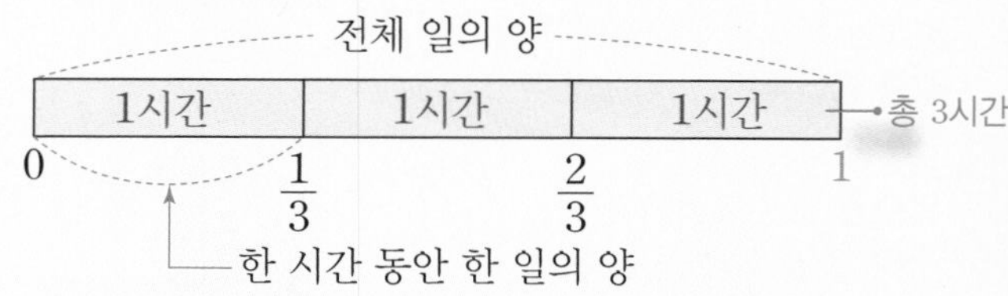

➔ (한 시간 동안 한 일의 양)$=1 \div 3=\frac{1}{3}$

쌍둥이 문제

4-1 방과 후에 혜지와 연우는 도서관에서 책을 읽었습니다./ 각자 일정한 빠르기로 똑같은 책을 읽는 데/ 혜지는 $\frac{3}{2}$시간, 연우는 $\frac{9}{8}$시간이 걸렸습니다./ 혜지와 연우가 각자 한 시간 동안 읽은 책의 양의 비를/ 간단한 자연수의 비로 나타내 보세요.

따라 풀기 ❶

❷

답 ____________

문해력 레벨 1

4-2 어느 공장에서 일정한 빠르기로 각각 전체 주문량의 $\frac{1}{2}$을 만드는 데/ 기계 A는 3시간, 기계 B는 2시간이 걸렸습니다./ 기계 A와 기계 B가 각각 한 시간 동안 만든 양의 비를/ 간단한 자연수의 비로 나타내 보세요.

스스로 풀기 ❶

❷

답 ____________

문해력 레벨 2

4-3 아버지와 어머니가 각자 일정한 빠르기로 똑같은 양의 일을 하고 있습니다./ 아버지가 이 일을 모두 끝마치는 데 7시간이 걸렸고,/ 어머니는 이 일의 $\frac{1}{3}$을 하는 데 4시간이 걸렸습니다./ 아버지와 어머니가 각자 한 시간 동안 한 일의 양의 비를/ 간단한 자연수의 비로 나타내 보세요.

스스로 풀기 ❶ 아버지와 어머니가 각자 한 시간 동안 한 일의 양을 비로 나타내자.

❷ 위 ❶에서 구한 비를 간단한 자연수의 비로 나타내자.

답 ____________

수학 문해력 기르기

관련 단원 비례식과 비례배분

문해력 문제 5

은주는 우유 13스푼과 홍차 2스푼을 섞어서/
밀크티를 만들었습니다./
이 밀크티에 들어간 우유가 260 mL라면/
홍차는 몇 mL 들어갔는지 구하세요.
└ 구하려는 것

해결 전략

우유와 홍차의 비를 이용하여 비례식을 세우면

❶ 13 : 2= ☐ : (홍차의 양)이다.

은주가 만든 밀크티에 넣은 홍차의 양을 구하려면

❷ 위 ❶의 비례식에서 외항의 곱과 내항의 곱이 같다는 것을 이용하여 구한다.

문제 풀기

❶ 홍차의 양을 ■ mL라 하고 비례식을 세우면 13 : 2= ☐ : ■이다.

❷ 13×■=2×☐, 13×■=☐, ■=☐

➔ (홍차의 양)=☐ mL

답 ________________

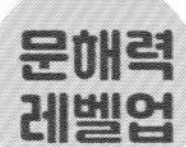

문해력 레벨업 전항과 후항이 나타내는 것의 순서에 맞게 비례식을 세우자.

예 초콜릿과 사탕 수의 비가 4 : 3이고, 초콜릿이 16개일 때 사탕 수를 구하기 위한 비례식 세우기

사탕 수를 ☐개라 하고,
전항과 후항이 나타내는 것의 순서에 맞게 비례식을 세운다.
└ 초콜릿 └ 사탕

초콜릿
4 : 3 = 16 : ☐
사탕

• 정답과 해설 23쪽
복습책 35쪽에 유사, 심화문제 제공

쌍둥이 문제

5-1 할머니께서 고춧가루를 5컵,/ 멸치※액젓을 3컵 넣어서 김치 양념을 만드셨습니다./ 이 김치 양념에 들어간 멸치 액젓이 450 g이라면/ 고춧가루는 몇 g 들어갔나요?

따라 풀기 ❶

문해력 어휘
액젓: 새우, 조기, 멸치 따위의 생선에 소금을 넣어 발효시킨 음식을 곱게 갈아서 물처럼 만든 것

❷

답 ______________

문해력 레벨 1

5-2 어느 빵집에서 식빵 2봉지를 5500원에 샀습니다./ 이 빵집에서 식빵 9봉지를 사고 30000원을 냈다면/ 거스름돈은 얼마인가요?

스스로 풀기 ❶ 식빵 봉지 수와 가격의 비를 이용하여 비례식을 세우자.

❷ 식빵 9봉지의 가격을 구하자.

❸ 거스름돈을 구하자.

답 ______________

문해력 레벨 2

5-3 오른쪽은 소연이네 집의 가로와 세로를 같은 비율로 축소하여 그린※평면도입니다./ 직사각형 모양 집의 실제 가로는 10 m이고,/ 거실이 전체 집의 $\frac{1}{4}$을 차지하고 있습니다./ 소연이네 집 거실의 넓이는 몇 m^2인지 구하세요.

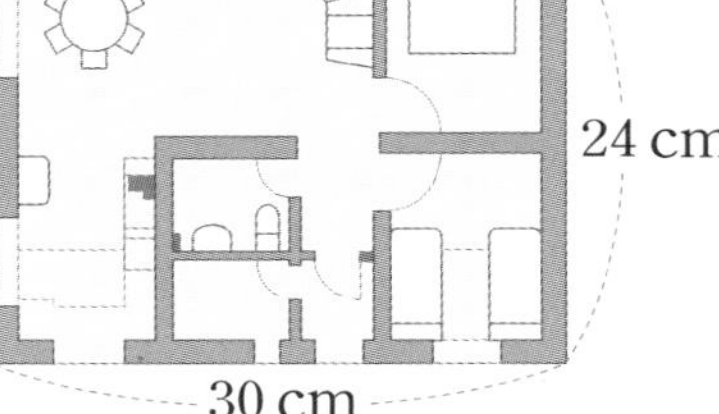
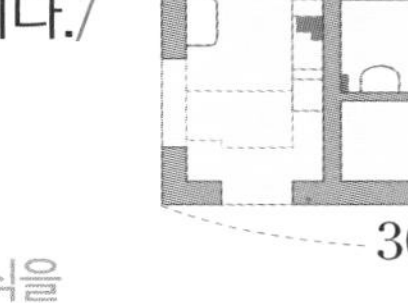

스스로 풀기 ❶ 평면도의 가로와 세로의 비를 이용하여 비례식을 세우자.

문해력 어휘
평면도: 건물을 위에서 내려다본 구조를 나타낸 그림

❷ 실제 세로는 몇 m인지 구하자.

❸ 거실의 넓이를 구하자.

답 ______________

3일 수학 문해력 기르기

관련 단원 비례식과 비례배분

문해력 문제 6

어느[※]오케스트라 공연의 전체 연주자 중
30 %가[※]바이올리니스트입니다./
바이올리니스트가 18명일 때/
이 오케스트라 공연의 전체 연주자는 몇 명인가요?
└ 구하려는 것

출처: ©Getty Images Korea

해결 전략

오케스트라 공연의 전체 연주자 비율은 100 %이니까

❶ 연주자 비율과 연주자 수의 비로
비례식 30 : 18=□ : (전체 연주자 수)를 세운 후
(30: 바이올린 연주자 비율, 18: 바이올린 연주자 수, □: 전체 연주자 비율)

전체 연주자 수를 구하려면

❷ 위 ❶의 비례식에서 외항의 곱과 내항의 곱이 같다는 것을 이용하여 구한다.

문해력 어휘

오케스트라: 관악기, 타악기, 현악기를 연주하는 단체나 음악 형태
바이올리니스트: 바이올린을 전문적으로 연주하는 사람

문제 풀기

❶ 전체 연주자 수를 ■명이라 하고 비례식을 세우면 30 : □=100 : ■이다.

❷ 30×■=□×100, 30×■=□, ■=□
➔ (전체 연주자 수)=□명

답 ____________

문해력 레벨업 부분이 나타내는 양을 알 때 전체의 비율이 100 %임을 이용하여 비례식을 세우자.

예 윤호네 반 학생의 60 %가 여학생일 때 전체 학생 수를 구하는 비례식 세우기

100 %	
여학생	남학생
60 %	40 %

전체 학생의 비율이 100 %이므로
(남학생의 비율)=100−60=40 (%)

① 윤호네 반 여학생이 15명임을 알 때
➔ 윤호네 반 전체 학생 수를 □명이라 하면
60 : 15=100 : □이다.

② 윤호네 반 남학생이 10명임을 알 때
➔ 윤호네 반 전체 학생 수를 □명이라 하면
40 : 10=100 : □이다.

복습책 36쪽에 유사, 심화문제 제공

쌍둥이 문제

6-1 바구니에 있는 과일 중 55 %가 ※한라봉입니다./ 한라봉이 11개일 때/ 바구니에 있는 과일은 모두 몇 개인가요?

따라 풀기 ①

문해력 백과

한라봉: 일반 감귤보다 당도가 훨씬 높은 감귤 종류 중 하나

②

답 ______________

문해력 레벨 1

6-2 도진이네 반 전체 학생의 25 %가 안경을 썼습니다./ 안경을 쓴 학생이 8명일 때/ 안경을 쓰지 않은 학생은 몇 명인가요?

스스로 풀기 ①

②

③ 안경을 쓰지 않은 학생 수를 구하자.

답 ______________

문해력 레벨 2

6-3 나무 막대를 물이 담긴 양동이에 수직으로 넣었더니/ 나무 막대 전체 길이의 $\frac{2}{7}$가 물에 잠겼습니다./ 물에 잠기지 않은 부분의 길이가 35 cm일 때/ 나무 막대의 전체 길이는 몇 cm인가요?

스스로 풀기 ① 물에 잠기지 않은 나무 막대 길이의 비율을 구하자.

나무 막대의 전체 길이의 비율은 1이야.

② 위 ①에서 구한 비율과 나무 막대의 길이를 이용하여 비례식을 세우자.

③ 비례식의 성질을 이용하여 나무 막대의 전체 길이를 구하자.

답 ______________

4일 수학 문해력 기르기

관련 단원 비례식과 비례배분

문해력 문제 7

수지와 주희가 함께 26000원짜리 피자를 사려고 합니다./
피자 가격을 수지와 주희가 7 : 6으로 나누어 낸다면/
수지는 주희보다 얼마를 더 내야 하는지 구하세요.
└ 구하려는 것

해결 전략

수지와 주희가 나누어 내는 돈의 비가 7 : 6이니까

❶ (수지가 내야 하는 돈)=(피자 가격)$\times \frac{7}{7+6}$,

(주희가 내야 하는 돈)=(피자 가격)$\times \frac{6}{7+6}$을 각각 구한 후

수지는 주희보다 얼마를 더 내야 하는지 구하려면

❷ (수지가 내야 하는 돈) ◯ (주희가 내야 하는 돈)을 구한다.
└ +, −, ×, ÷ 중 알맞은 것 쓰기

문제 풀기

❶ (수지가 내야 하는 돈)=26000$\times \frac{\square}{7+6}$=☐(원)

(주희가 내야 하는 돈)=26000$\times \frac{\square}{7+6}$=☐(원)

❷ 수지는 주희보다 ☐−☐=☐(원)을 더 내야 한다.

답 ____________

문해력 레벨업 전체 양을 주어진 비로 나누어 가지는 방법을 알아보자.

예 구슬 10개를 누나와 동생이 3 : 2로 나누어 가지기

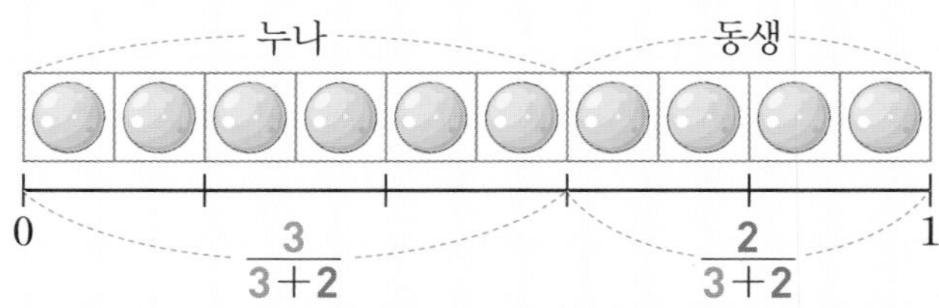

➔ (누나가 갖게 되는 구슬 수)=10$\times \frac{3}{3+2}$=6(개), (동생이 갖게 되는 구슬 수)=10$\times \frac{2}{3+2}$=4(개)

• 정답과 해설 24쪽

복습책 37쪽에 유사, 심화문제 제공

쌍둥이 문제

7-1 어버이날 선물로 언니와 동생이 함께 35000원짜리 카네이션 화분을 사려고 합니다./ 돈을 언니와 동생이 4 : 3으로 나누어 낸다면/ 언니는 동생보다 얼마를 더 내야 하는지 구하세요.

따라 풀기 ❶

❷

답 ______

문해력 레벨 1

7-2 어느 날 낮과 밤의 길이의 비가 5 : 7이라면/ 낮은 밤보다 몇 시간 더 짧은지 구하세요.

출처: ©SSSemogaberkah/shutterstock

스스로 풀기 ❶ 낮과 밤이 각각 몇 시간인지 구하자.

❷ 낮은 밤보다 몇 시간 더 짧은지 구하자.

답 ______

문해력 레벨 2

7-3 사탕을 사서 강현이와 세빈이가 10 : 11로 나누어 가졌습니다./ 강현이가 가진 사탕이 30개일 때/ 강현이와 세빈이가 산 사탕은 몇 개인지 구하세요.

스스로 풀기 ❶ 강현이가 가진 사탕의 수를 구하는 식을 세우자.

❷ 강현이와 세빈이가 산 사탕의 수를 구하자.

답 ______

4일 수학 문해력 기르기

관련 단원 비례식과 비례배분

문해력 문제 8

두 수조 가와 나의 들이의 비는 $\frac{1}{12}$: $\frac{1}{17}$이고,/
수조 나의 들이는 36 L입니다./
수조 가에 물을 가득 채운 다음 비어 있는 수조 나에 모두 부었을 때/
수조 나에서 넘친 물의 양은 몇 L인가요?
└ 구하려는 것

해결 전략

두 수조 가와 나의 들이의 비를 이용하여 비례식을 세우면

❶ $\frac{1}{12}$: $\frac{1}{17}$=(수조 가의 들이) : ☐이다.

❷ 비례식의 성질을 이용하여 (수조 가의 들이)를 구한다.

수조 나에서 넘친 물의 양을 구하려면

❸ 수조 가에 가득 채운 물의 양은 수조 가의 들이와 같으므로
(수조 가의 들이) ◯ (수조 나의 들이)를 구한다.
└ ❷에서 구한 값 └ +, −, ×, ÷ 중 알맞은 것 쓰기

문제 풀기

❶ 수조 가의 들이를 ■ L라 하고 비례식을 세우면 $\frac{1}{12}$: $\frac{1}{17}$=■ : ☐이다.

❷ $\frac{1}{17}$×■=$\frac{1}{12}$×☐, $\frac{1}{17}$×■=☐, ■=3÷$\frac{1}{17}$=☐

➔ (수조 가의 들이)=☐ L

❸ (수조 나에서 넘친 물의 양)=☐−36=☐ (L)

답 ____________

문해력 레벨업 들이가 다른 두 비커의 넘친 물의 관계를 알아보자.

예 들이가 8 L인 비커 가에 가득 채운 물을 들이가 6 L인 비커 나에 모두 부었을 때 넘친 물의 양 알아보기

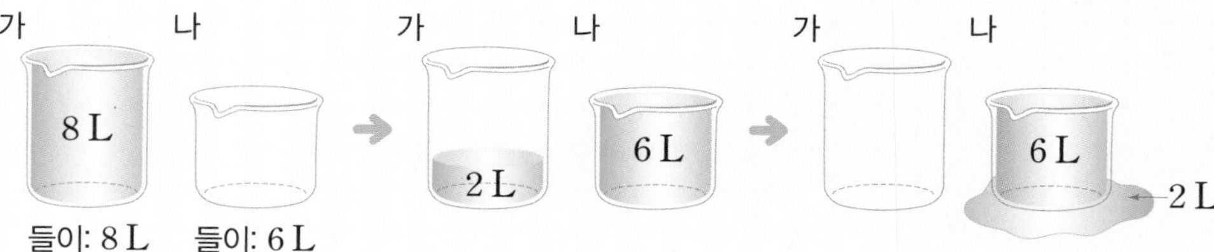

넘친 물의 양은 비커 가에 가득 채운 물을 비커 나에 가득 찰 때까지 붓고 남은 물의 양과 같다.
➔ (넘친 물의 양)=(비커 가에 가득 채운 물의 양)−(비커 나의 들이)=8−6=2 (L)
└ 비커 가의 들이

쌍둥이 문제

8-1 두 수조 A와 B의 들이의 비는 $0.3 : 0.1$이고,/ 수조 B의 들이는 27 L입니다./ 수조 A에 물을 가득 채운 다음 비어 있는 수조 B에 모두 부었을 때/ 수조 B에서 넘친 물의 양은 몇 L인가요?

따라 풀기 ❶

❷

❸

답 ____________

문해력 레벨 1

8-2 두 어항 가와 나의 들이의 비는 $\frac{1}{19} : \frac{1}{15}$이고,/ 어항 가의 들이는 60 L입니다./ 어항 가에 물을 가득 채운 다음 비어 있는 어항 나에 모두 부었습니다./ 어항 나에 물을 가득 채우려면/ 물은 적어도 몇 L 더 필요한가요?

스스로 풀기 ❶

❷

❸ 더 필요한 물의 양을 구하자.

답 ____________

문해력 레벨 2

8-3 두 물통 A와 B의 들이의 비는 $2.1 : \frac{7}{2}$이고,/ 물통 B의 들이는 물통 A의 들이보다 12 L 더 많습니다./ 비어 있는 두 물통 A와 B에 물을 가득 채우려면/ 물은 적어도 몇 L 필요한가요?

스스로 풀기 ❶ 두 물통 A와 B의 들이의 비를 간단한 자연수의 비로 나타내자.

❷ 위 ❶에서 구한 비를 이용하여 비례식을 세우자.

❸ 물통 A와 B의 들이를 각각 구하자.

❹ 두 물통 A와 B에 물을 가득 채우기 위해 필요한 물의 양을 구하자.

답 ____________

수학 문해력 완성하기

관련 단원 비례식과 비례배분

기출 1 태극기의 비율은 다음과 같습니다./ 태극기의 비율을 보고 완성한 태극기의 둘레가 180 cm라면/ 태극 문양의 지름은 몇 cm인지 구하세요.

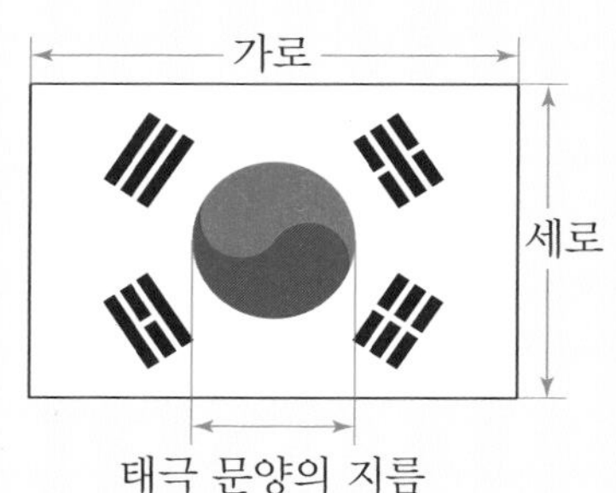

㉠ (가로) : (세로)＝3 : 2
㉡ (세로) : (태극 문양의 지름)＝2 : 1

해결 전략

❶ (태극기의 둘레)＝(가로＋세로)×2
❷ 가로와 세로의 합을 주어진 비로 비례배분하여 세로를 구한다.
❸ 비례식을 세워 태극 문양의 지름을 구한다.

※19년 하반기 20번 기출 유형

문제 풀기

❶ 태극기의 가로와 세로의 합 구하기

❷ 세로 구하기

❸ 태극 문양의 지름 구하기

답

관련 단원 공간과 입체

기출 2 |조건|에 맞게 쌓기나무를 쌓으려고 합니다./ 쌓을 수 있는 모양은 모두 몇 가지인가요?

|조건|
- 11개의 쌓기나무를 모두 사용하여 만듭니다.
- 3층까지 쌓습니다.
- 1층과 3층의 모양은 오른쪽과 같습니다.

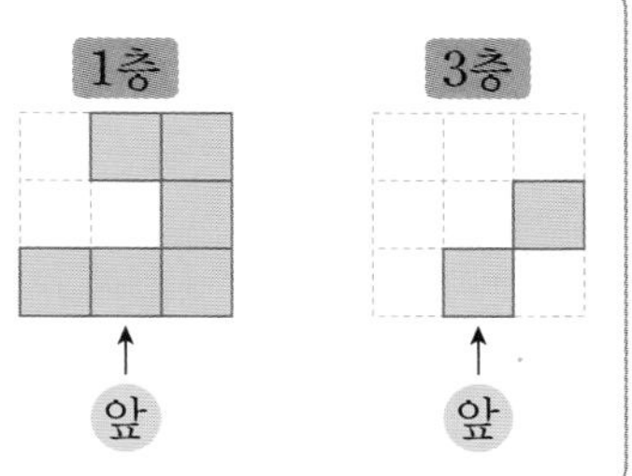

해결 전략

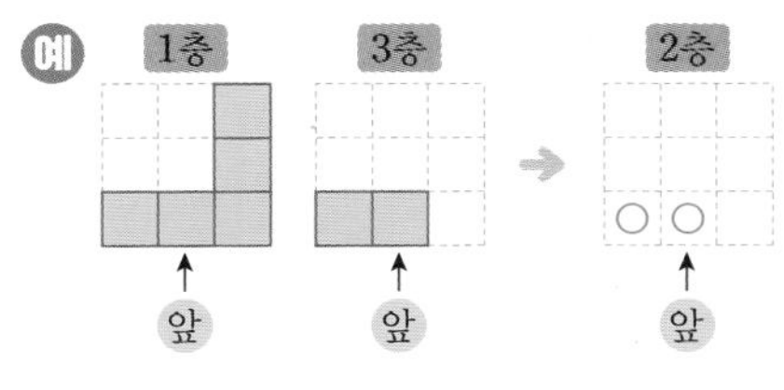

위층을 쌓으려면 아래층의 같은 위치에 반드시 쌓기나무가 놓여 있어야 한다.

➔ 3층까지 쌓았으므로 2층의 ○표 한 자리에는 반드시 쌓기나무가 놓여 있어야 한다.
또한, 2층은 1층의 쌓기나무 위에 놓여 있어야 한다.

※20년 하반기 20번 기출 유형

문제 풀기

❶ 2층의 쌓기나무의 개수 구하기

쌓기나무가 1층에 6개, 3층에 □개이므로 2층의 쌓기나무는 11－6－□＝□(개)이다.

❷ |조건|에 맞게 쌓을 수 있는 모양은 모두 몇 가지인지 구하기

2층에 반드시 쌓기나무가 놓여 있어야 하는 자리를 찾아 ○표 하면 (2층, 앞) 이므로 2층에 쌓기나무 3개가 놓여 있는 경우는

로 모두 □가지이다.

답 ________________

수학 문해력 완성하기

관련 단원 비례식과 비례배분

융합 3 오른쪽 그림은 시계 내부에 있는 여러 개의 톱니바퀴 중 맞물려 돌아가는 두 톱니바퀴 A와 B를 나타낸 것입니다./ A의 톱니 수는 60개, B의 톱니 수는 36개입니다./ A가 21바퀴 도는 동안/ B는 몇 바퀴 도는지 구하세요.

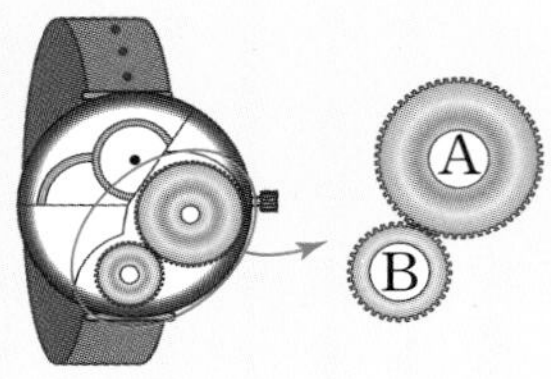

해결 전략

예 가 톱니바퀴와 나 톱니바퀴의 톱니 수가 각각 12개, 8개일 때 톱니 수와 회전수의 관계

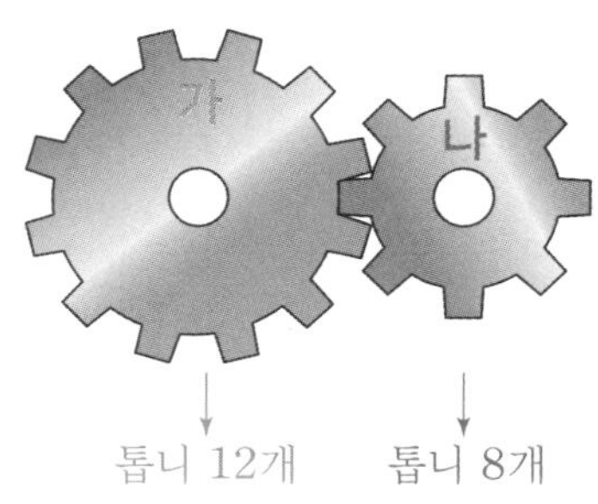

① (가의 톱니 수) : (나의 톱니 수)=12 : 8

② (움직인 톱니 수)=(회전수)×(톱니 수)이고,
두 톱니바퀴가 맞물려 돌아갈 때 움직인 톱니 수는 서로 같으므로
(가의 움직인 톱니 수)=(나의 움직인 톱니 수)
(가의 회전수)×12=(나의 회전수)×8

(가의 회전수) : (나의 회전수)=8 : 12

문제 풀기

❶ A와 B의 톱니 수의 비를 간단한 자연수의 비로 나타내기

❷ A와 B의 회전수의 비를 간단한 자연수의 비로 나타내기

A와 B의 톱니 수의 비가 5 : 3이므로 회전수의 비는 ☐ : ☐이다.

❸ A가 21바퀴 도는 동안 B는 몇 바퀴 도는지 구하기

B의 회전수를 ■바퀴라 하고 비례식을 세우면 3 : ☐=☐ : ■이다.

➔ 3×■=☐×☐, ■=☐

➔ A가 21바퀴 도는 동안 B는 ☐바퀴 돈다.

답 ____________

관련 단원 공간과 입체

창의 4

수원화성의 성벽에는※타구라는 공간이 있어/ 병사들이 성벽 위에서 총이나 활을 쏘아 적을 막을 수 있었습니다./ 이 타구의 특징을 살려 쌓기나무로 성벽 모양을 만들었습니다./ 쌓기나무로 쌓은 성벽 모양과 똑같이 쌓는 데/ 필요한 쌓기나무의 개수가 가장 적은 경우 몇 개인지 구하세요.

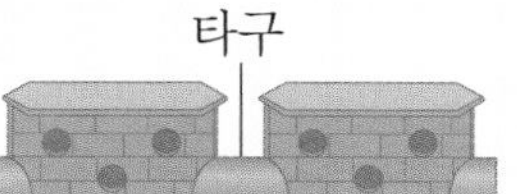

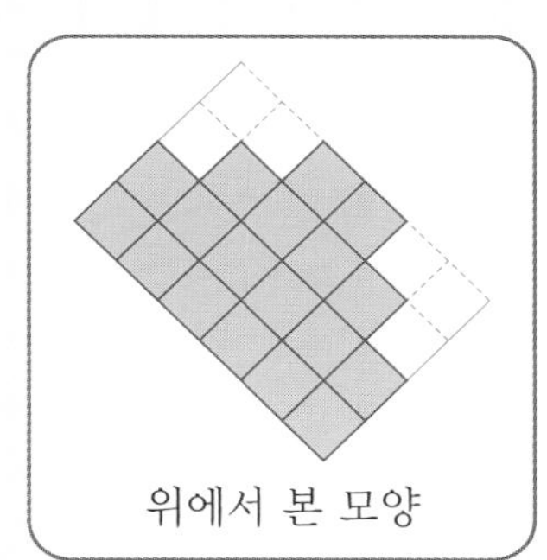
위에서 본 모양

문해력 백과

타구: 성벽 위의 낮게 쌓은 담에서 활이나 총을 쏘기 위해 갈라 놓은 곳

해결 전략

예 주어진 모양과 똑같이 쌓는 데 쌓기나무가 가장 적게 사용되는 경우 알아보기

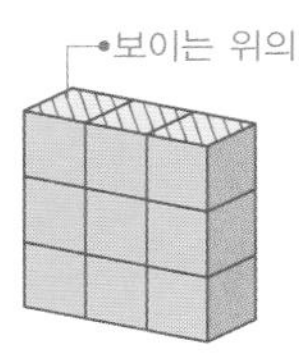

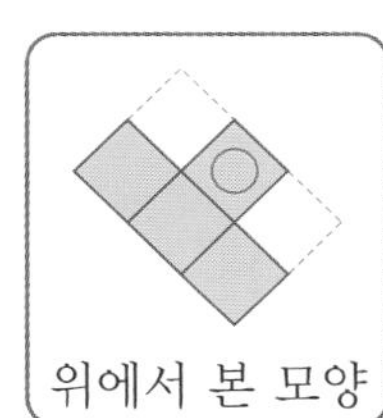
위에서 본 모양

① 보이는 위의 면과 위에서 본 모양이 일치하지 않으면 숨겨진 쌓기나무가 있는 것이다.

② 보이지 않는 곳(○)에 쌓기나무가 1개씩만 있을 때 가장 적게 사용되는 경우이다.

문제 풀기

❶ 숨겨진 쌓기나무가 있는지 확인하기

쌓기나무로 쌓은 모양에서 보이는 위의 면과 위에서 본 모양이 (일치하므로 , 일치하지 않으므로)

숨겨진 쌓기나무가 (있다 , 없다).

알맞은 말에 ○표 하기

❷ 필요한 쌓기나무의 개수가 가장 적은 경우 개수 구하기

보이는 위의 면의 위치에 있는 쌓기나무를 1층부터 5층까지 더하면 12+12+8+6+6=☐(개)

이고, 뒤에 보이지 않는 곳에 쌓기나무가 1개씩만 쌓여 있다면 숨겨진 쌓기나무는 ☐개이다.

따라서 쌓기나무가 가장 적게 사용되는 경우는 44+☐=☐(개)이다.

답 ________

수학 문해력 평가하기

문제를 읽고 조건을 표시하면서 풀어 봅니다.

104쪽 문해력 3

1 지후네 고양이의 무게는 2.1 kg, 강아지의 무게는 5.6 kg입니다. 고양이와 강아지의 무게의 비를 간단한 자연수의 비로 나타내 보세요.

풀이

답 ______________

108쪽 문해력 5

2 소민이는 케첩 5스푼과 마요네즈 2스푼을 섞어서 소스를 만들었습니다. 이 소스에 들어간 마요네즈가 70 g이라면 케첩은 몇 g 들어갔나요?

풀이

답 ______________

110쪽 문해력 6

3 보리밭 위에 새들이 앉아 있습니다. 새들 중 $25\ \%$가 참새입니다. 참새가 4마리일 때 이 보리밭 위에 앉아 있는 새들은 모두 몇 마리인가요?

풀이

답 ______________

• 정답과 해설 25쪽

100쪽 문해력 1

4 오른쪽은 쌓기나무로 쌓은 모양을 보고 위에서 본 모양에 수를 쓴 것입니다. 앞에서 볼 때 보이는 쌓기나무는 몇 개인지 구하세요.

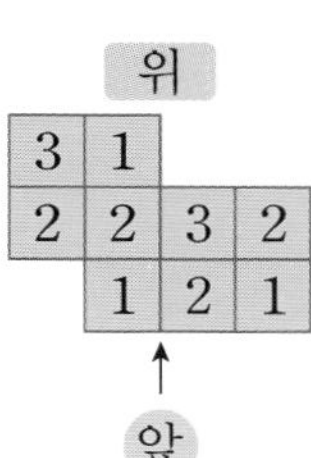

답 ________________

102쪽 문해력 2

5 오른쪽은 쌓기나무로 쌓은 모양을 위와 앞에서 본 모양입니다. 쌓은 쌓기나무의 개수가 가장 적은 경우 몇 개인지 구하세요.

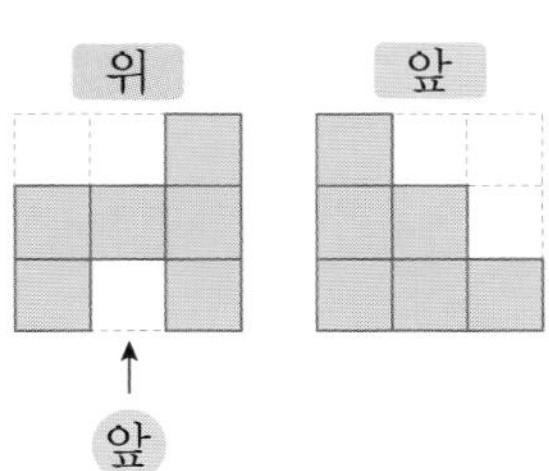

풀이

답 ________________

수학 문해력 평가하기

112쪽 문해력 7

6 동생의 생일 선물로 지용이와 지수가 함께 33000원짜리 곰인형을 사려고 합니다. 돈을 지용이와 지수가 5 : 6으로 나누어 낸다면 지수는 지용이보다 얼마를 더 내야 하는지 구하세요.

출처: © Brovko Serhii/ Shutterstock

106쪽 문해력 4

7 ※제빙기 A와 B가 있습니다. 각각 일정한 빠르기로 똑같은 양의 얼음을 만드는 데 제빙기 A는 6시간, 제빙기 B는 9시간이 걸렸습니다. 제빙기 A와 제빙기 B가 각각 한 시간 동안 만든 얼음의 양의 비를 간단한 자연수의 비로 나타내 보세요.

문해력 어휘
제빙기: 얼음을 만드는 기계

• 정답과 해설 25쪽

114쪽 문해력 8

8 두 어항 A와 B의 들이의 비는 3.5 : 2.5이고, 어항 B의 들이는 20 L입니다. 어항 A에 물을 가득 채운 다음 비어 있는 어항 B에 모두 부었습니다. 어항 B에서 넘친 물의 양은 몇 L인가요?

풀이

답 ____________________

110쪽 문해력 6

9 영찬이네 학교 6학년 전체 학생의 40 %가 마라톤에 참가했습니다. 마라톤에 참가한 학생이 60명일 때 마라톤에 참가하지 않은 학생은 모두 몇 명인가요?

풀이

답 ____________________

108쪽 문해력 5

10 어느 가게에서 주스 3병을 3900원에 샀습니다. 이 가게에서 주스 7병을 사고 10000원을 냈다면 거스름돈은 얼마인가요?

풀이

답 ____________________

MEMO

복습책

초등 문해력
독해가 힘이다

천재교육

본책 11쪽의 유사 문제

• 정답과 해설 27쪽

1-1 유사 문제

1 참기름 $1\frac{3}{5}$ L를 병 4개에 똑같이 나누어 담았습니다. 그중 병 1개에 담은 참기름을 한 번에 $\frac{1}{25}$ L씩 나누어 사용한다면 몇 번을 사용할 수 있나요?

풀이

답 ______________

1-2 유사 문제

2 흙 $3\frac{3}{8}$ kg을 봉지 3개에 똑같이 나누어 담았습니다. 그중 봉지 1개에 담은 흙을 화분 한 개에 $\frac{3}{8}$ kg씩 모두 나누어 넣는다면 화분 몇 개에 넣을 수 있나요?

풀이

답 ______________

1-3 유사 문제

3 딸기잼 $5\frac{1}{4}$ kg을 그릇 3개에 똑같이 나누어 담았습니다. 그중 그릇 1개에 담은 딸기잼을 $\frac{7}{20}$ kg씩 나누어 병에 담아 포장하였습니다. 포장한 딸기잼을 1병당 4000원씩 받고 모두 팔았다면 딸기잼을 판매한 값은 얼마인가요?

풀이

답 ______________

2-1 유사 문제

4 길이가 $8\frac{1}{3}$ m인 통나무를 $1\frac{2}{3}$ m씩 잘랐습니다. 한 도막을 자르는 데 5분이 걸렸다면 통나무를 모두 자를 때까지 걸린 시간은 몇 분인가요? (단, 중간에 쉬지 않습니다.)

풀이

답 ____________

2-2 유사 문제

5 가현이는 길이가 150 cm인※석고 붕대를 $7\frac{1}{7}$ cm씩 잘랐습니다. 한 조각을 자르는 데 4초가 걸렸다면 석고 붕대를 모두 자를 때까지 걸린 시간은 몇 분 몇 초인가요? (단, 중간에 쉬지 않습니다.)

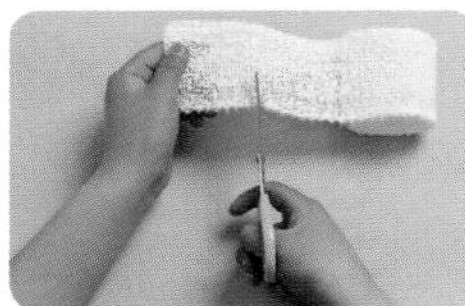

풀이

문해력 백과
석고 붕대: 석고 가루를 굳혀서 단단하게 만든 붕대로 뼈가 부러진 자리의 고정을 위하여 감는다.

답 ____________

2-3 유사 문제

6 길이가 $9\frac{3}{5}$ m인 금속선을 $\frac{8}{15}$ m씩 자르려고 합니다. 중간에 쉬지 않고 1분 42초 안에 금속선을 모두 자르려면 한 도막을 몇 초 안에 잘라야 하는지 구하세요.

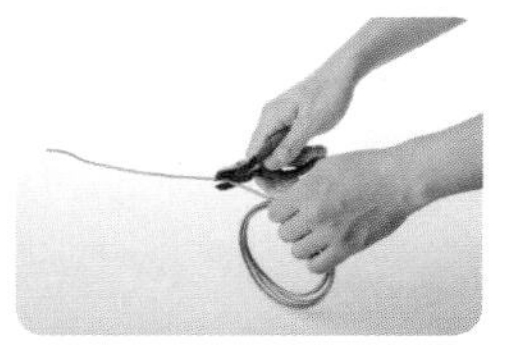

풀이

답 ____________

본책 15쪽의 유사 문제

• 정답과 해설 27쪽

3-2 유사 문제

1 넓이가 $\frac{18}{35}$ cm^2인 삼각형이 있습니다. 이 삼각형의 높이가 $\frac{4}{7}$ cm일 때 밑변의 길이는 몇 cm인가요?

풀이

답 ______________

3-3 유사 문제

2 넓이가 3 cm^2인 사다리꼴이 있습니다. 윗변의 길이가 $1\frac{3}{8}$ cm, 아랫변의 길이가 $2\frac{3}{4}$ cm라면 높이는 몇 cm인가요?

풀이

답 ______________

문해력 레벨 3

3 넓이가 $13\frac{1}{2}$ cm^2인 사다리꼴이 있습니다. 높이가 $2\frac{5}{11}$ cm이고, 아랫변의 길이가 윗변의 길이보다 3 cm 더 길 때 아랫변의 길이는 몇 cm인가요?

풀이

답 ______________

본책 17쪽의 유사 문제

4-1 유사 문제

4 나래네 학교 6학년 학생의 $\frac{2}{5}$는 아파트에 삽니다. 아파트에 살지 않는 학생이 90명일 때 나래네 학교 6학년 학생은 모두 몇 명인가요?

그림 그리기

풀이

답 ________________

4-2 유사 문제

5 장우는 어제 용돈으로 젤리를 샀습니다. 어제까지 전체 젤리의 $\frac{5}{12}$를 먹고, 오늘은 전체 젤리의 $\frac{1}{12}$을 먹었습니다. 남은 젤리가 30개일 때 장우가 산 젤리는 모두 몇 개인가요?

그림 그리기

풀이

답 ________________

4-3 유사 문제

6 현무네 밭의 $\frac{5}{13}$에는 고추를 심고, 남은 밭의 $\frac{3}{8}$에는 상추를 심었습니다. 아무것도 심지 않은 밭의 넓이가 15 m^2일 때 현무네 밭의 전체 넓이는 몇 m^2인가요?

그림 그리기

풀이

답 ________________

5-1 유사 문제

1 가로가 9 m이고 세로가 $3\frac{2}{3}$ m인 직사각형 모양의 벽을 칠하는 데 페인트 $5\frac{1}{2}$ L를 사용했습니다. 페인트 1 L로 칠한 벽의 넓이는 몇 m^2인가요?

풀이

답 ____________

5-2 유사 문제

2 한 변의 길이가 $2\frac{3}{4}$ m인 정사각형 모양의 벽을 6칸으로 똑같이 나누어 그중 2칸을 칠하는 데 페인트 $1\frac{3}{8}$ L를 사용했습니다. 벽 1 m^2를 칠하는 데 사용한 페인트는 몇 L인가요?

풀이

답 ____________

5-3 유사 문제

3 오른쪽과 같은 직육면체가 3개 있습니다. 이 직육면체 3개의 모든 면을 파란색으로 칠하는 데 페인트 $31\frac{2}{5}$ mL를 사용했습니다. 페인트 1 mL로 칠한 면의 넓이는 몇 cm^2인가요?

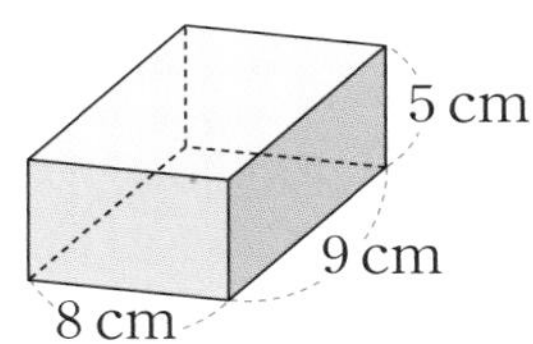

풀이

답 ____________

6-1 유사 문제

4 어느 도자기※공방에서 그릇 한 개를 만드는 데 $1\frac{1}{3}$시간이 걸립니다. 하루에 4시간씩 쉬지 않고 만든다면 10일 동안 만들 수 있는 그릇은 몇 개인가요?

문해력 어휘
공방: 실용적이면서 예술적 가치가 있는 공예품을 만드는 곳

풀이

답 ______________

6-2 유사 문제

5 어느 공장에서 의자 한 개를 조립하는 데 A 기계로는 $\frac{7}{15}$시간, B 기계로는 $\frac{5}{8}$시간이 걸립니다. 중간에 쉬지 않고 35시간 동안 기계를 돌린다면 A 기계는 B 기계보다 의자를 몇 개 더 조립할 수 있나요?

풀이

답 ______________

6-3 유사 문제

6 수민이네 어머니는 가방 한 개를 만드는 데 $1\frac{2}{3}$시간이 걸립니다. 매일 오전 10시부터 오후 3시까지 1시간마다 15분씩 쉬면서 가방을 만든다면 5일 동안 만들 수 있는 가방은 몇 개인가요?

(단, 하루에 끝내지 못한 일은 다음 날 이어서 합니다.)

풀이

답 ______________

7-2 유사 문제

1 65초 동안 $4\frac{1}{3}$ L의 물이 일정하게 나오는 수도가 있습니다. 이 수도에서 1분 동안 나오는 물은 몇 L인가요?

풀이

답 ______________

7-3 유사 문제

2 21초 동안 $12\frac{3}{5}$ L의 물을 일정하게 흘려보낼 수 있는 ※배수관이 있습니다. 이 배수관으로 1분 20초 동안 흘려보낼 수 있는 물은 모두 몇 L인가요?

문해력 어휘
배수관: 물을 나누어 보내주는 관

풀이

답 ______________

문해력 레벨 3

3 A 정수 시설은 7분 동안 $2\frac{5}{6}$ L의 물이 정수되고, B 정수 시설은 4분 동안 $1\frac{3}{4}$ L의 물이 정수됩니다. 28시간 동안 정수할 수 있는 물의 양은 어느 정수 시설이 몇 L 더 많은지 차례로 쓰세요. (단, 시간당 A 정수 시설과 B 정수 시설에서 정수되는 물의 양은 각각 일정합니다.)

풀이

답 ______________, ______________

8-1 유사 문제

4 들이가 15 L인 통에 물이 $6\frac{3}{5}$ L 들어 있습니다. 이 통에 물을 가득 채우려면 들이가 $\frac{7}{10}$ L인 그릇으로 적어도 몇 번 부어야 하나요?

풀이

답 ____________

8-2 유사 문제

5 자전거를 타고 집에서부터 거리가 24 km인 한강 공원까지 가려고 합니다. 현재 $8\frac{3}{8}$ km만큼 갔다면 1분에 $\frac{5}{24}$ km를 가는 빠르기로 적어도 몇 분 더 가야 하나요?

풀이

답 ____________

8-3 유사 문제

6 들이가 30 L인 통에 포도주가 $13\frac{2}{3}$ L 들어 있습니다. 이 통에 상규는 들이가 $1\frac{1}{6}$ L인 그릇으로, 주희는 들이가 $\frac{11}{12}$ L인 그릇으로 각각 포도주를 가득 채우려고 합니다. 상규와 주희 중 누가 포도주를 몇 번 더 많이 부어서 채울 수 있는지 차례로 쓰세요.

풀이

답 ____________, ____________

• 정답과 해설 30쪽

기출 1 유사 문제

1 길이의 차가 15 cm인 막대 두 개를 바닥이 평평한 수조에 수직으로 바닥에 닿도록 넣었습니다. 이때 짧은 막대는 전체 길이의 $\frac{3}{4}$만큼 물에 잠겼고, 긴 막대는 전체 길이의 $\frac{4}{7}$만큼 물에 잠겼습니다. 긴 막대의 길이는 몇 cm인지 구하세요.

풀이

답 ____________________

기출 변형

2 길이의 합이 111 cm인 막대 두 개를 바닥이 평평한 어항에 수직으로 바닥에 닿도록 넣었습니다. 이때 긴 막대는 전체 길이의 $\frac{2}{5}$만큼 물에 잠겼고, 짧은 막대는 전체 길이의 $\frac{5}{6}$만큼 물에 잠겼습니다. 긴 막대와 짧은 막대의 길이의 차는 몇 cm인지 구하세요.

풀이

답 ____________________

• 정답과 해설 31쪽

기출 2 유사 문제

3 목욕탕에 A와 B 수도가 설치되어 있습니다. A 수도만 틀면 4시간 만에, B 수도만 틀면 3시간 만에 목욕탕에 물이 가득 찹니다. B 수도만 틀어서 목욕탕에 물을 가득 채울 때 걸리는 시간은 A와 B 수도를 동시에 틀어서 목욕탕에 물을 가득 채울 때 걸리는 시간의 몇 배인지 구하세요. (단, A와 B 수도에서 나오는 물의 양은 각각 일정합니다.)

풀이

답 ____________

기출 변형

4 수영장에 A와 B ※펌프가 설치되어 있습니다. A 펌프만 작동시키면 9분 만에, B 펌프만 작동시키면 7분 만에 수영장의 물이 모두 빠집니다. A 펌프만 작동시켜서 수영장의 물을 모두 뺄 때 걸리는 시간은 A와 B 펌프를 동시에 작동시켜서 수영장의 물을 모두 뺄 때 걸리는 시간의 몇 배인지 구하세요. (단, A와 B 펌프에서 빼는 물의 양은 각각 일정합니다.)

풀이

문해력 어휘

펌프: 압력을 통하여 액체, 기체를 빨아올리거나 이동시키는 기계

답 ____________

본책 41쪽의 유사 문제
• 정답과 해설 31쪽

1-1 유사 문제

1 굵기가 일정한 철근 2.3 m의 무게가 19.32 kg입니다. 같은 굵기의 철근의 무게가 92.4 kg일 때 이 철근의 길이는 몇 m인지 구하세요.

풀이

답 ______________

1-2 유사 문제

2 굵기가 일정한 통나무 2.4 m의 무게가 11.04 kg입니다. 이 통나무 9 m의 무게는 몇 kg인지 구하세요.

풀이

답 ______________

1-3 유사 문제

3 휘발유 2.1 L로 26.88 km를 갈 수 있는 자동차가 있습니다. 휘발유 1 L의 가격이 1530원일 때 이 자동차로 320 km를 가는 데 필요한 휘발유의 값을 구하세요.

풀이

답 ______________

2-1 유사 문제

4 ※천일염 73 kg을 한 봉지에 1.5 kg씩 담아 판매하려고 합니다. 이 천일염을 봉지에 담아 남김없이 모두 판매하려면 천일염은 적어도 몇 kg 더 필요한지 구하세요.

풀이

문해력 어휘

천일염: 논처럼 만든 곳에 바닷물을 끌어 들여 햇볕과 바람으로 수분을 증발시켜 만든 소금

답 ____________

2-2 유사 문제

5 과자 한 개를 만드는 데 설탕 2.6 g이 필요합니다. 설탕 0.15 kg으로 과자를 만들려고 합니다. 설탕을 남김없이 사용하여 과자를 만들려면 설탕은 적어도 몇 g 더 필요한지 구하세요.

풀이

답 ____________

2-3 유사 문제

6 어느 마트에서 땅콩 460 kg을 한 자루에 12 kg씩 33자루에 담고, 남은 땅콩은 한 봉지에 2.6 kg씩 남김없이 담으려고 합니다. 모든 봉지에 2.6 kg씩 담으려면 땅콩은 적어도 몇 kg 더 필요한지 구하세요.

풀이

답 ____________

본책 45쪽의 유사 문제

• 정답과 해설 31쪽

3-2 유사 문제

1 민석이는 일정한 빠르기로 1시간 45분 동안 9.4 km를 걸었습니다. 민석이가 한 시간 동안 걸은 거리는 몇 km인지 반올림하여 소수 첫째 자리까지 나타내 보세요.

풀이

답 ______________

3-3 유사 문제

2 지아는 사과 주스 11.2 L를 8개의 병에 똑같이 나누어 담았고, ※비트 주스 8.4 L를 14개의 컵에 똑같이 나누어 담았습니다. 한 병에 담은 사과 주스의 양은 한 컵에 담은 비트 주스의 양의 몇 배인지 반올림하여 소수 둘째 자리까지 나타내 보세요.

풀이

문해력 백과

비트(beet): 빨간 무라고도 불리는 비트는 아삭한 식감과 풍부한 영양소를 함유하고 있다.

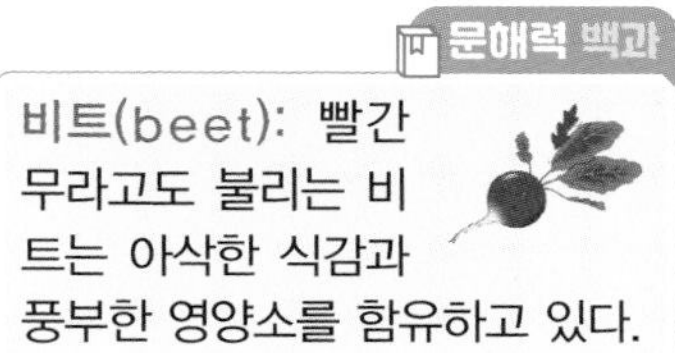

답 ______________

문해력 레벨 3

3 가로가 4.2 cm, 세로가 8.5 cm인 직사각형이 있습니다. 이 직사각형의 가로를 3.3 cm만큼 늘이고, 세로를 20 %만큼 줄여 새로운 직사각형을 만들었습니다. 새로 만든 직사각형의 넓이는 처음 직사각형의 넓이의 몇 배인지 반올림하여 소수 둘째 자리까지 나타내 보세요.

풀이

답 ______________

4-1 유사 문제

4 가로가 4.5 m, 세로가 5.75 m인 직사각형 모양의 벽에 가로가 0.15 m, 세로가 0.25 m인 직사각형 모양의 타일을 겹치지 않게 빈틈없이 붙이려고 합니다. 타일은 몇 장 필요한지 구하세요.

풀이

답 ____________________

4-2 유사 문제

5 가로가 102 cm, 세로가 68 cm인 직사각형 모양의 시루떡을 한 변의 길이가 8.5 cm인 정사각형 모양으로 남는 부분이 없게 잘랐습니다. 자른 정사각형 모양 시루떡은 몇 개인지 구하세요.

풀이

답 ____________________

4-3 유사 문제

6 오른쪽 정육면체 모양 상자의 모든 면에 가로가 4.5 cm, 세로가 8.1 cm인 직사각형 모양 색종이를 겹치지 않게 빈틈없이 붙이려고 합니다. 색종이는 몇 장 필요한지 구하세요.

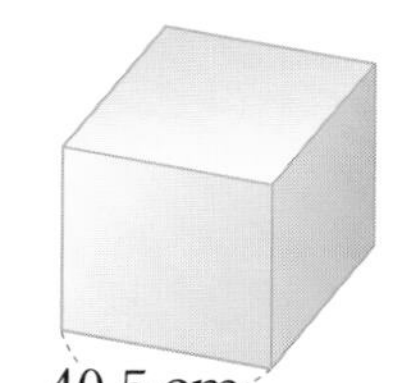

풀이

답 ____________________

5-1 유사 문제

1 한 개의 무게가 3.4 g인 종이컵 몇 개가 들어 있는 상자의 무게를 재어 보니 175.7 g이었습니다. 빈 상자의 무게가 12.5 g이라면 상자에 들어 있는 종이컵은 몇 개인지 구하세요.

풀이

답 ________________

5-2 유사 문제

2 한 개의 무게가 6.8 g인 초록색 구슬 8개와 한 개의 무게가 7.4 g인 보라색 구슬 몇 개가 들어 있는 상자의 무게를 재어 보니 188.6 g이었습니다. 빈 상자의 무게가 15.8 g이라면 상자에 들어 있는 보라색 구슬은 몇 개인지 구하세요.

풀이

답 ________________

5-3 유사 문제

3 식용유 5 L가 들어 있는 통의 무게는 5.29 kg입니다. 이 통에서 식용유 1.8 L를 덜어 내고 무게를 다시 재어 보니 3.58 kg이었습니다. 빈 통의 무게는 몇 kg인지 구하세요.

풀이

답 ________________

6-1 유사 문제

4 길이가 0.252 km인 직선 도로의 한쪽에 4.5 m 간격으로 가로등을 세우려고 합니다. 도로의 시작 지점과 끝 지점에도 가로등을 세운다면 가로등은 모두 몇 개 필요한지 구하세요. (단, 가로등의 두께는 생각하지 않습니다.)

풀이

답

6-2 유사 문제

5 둘레가 0.279 km인 원 모양의 연못 둘레를 따라 그림과 같이 5.4 m 간격으로 두께가 0.8 m인 나무를 심으려고 합니다. 필요한 나무는 모두 몇 그루인지 구하세요.

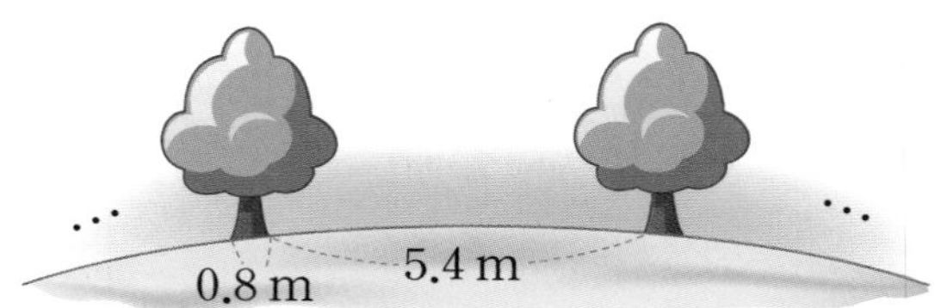

풀이

답

6-3 유사 문제

6 길이가 444.2 m인 직선 산책로의 한쪽에 18.3 m 간격으로 두께가 0.2 m인 화분을 설치하려고 합니다. 산책로의 처음과 끝에도 화분을 설치한다면 필요한 화분은 모두 몇 개인지 구하세요.

풀이

답

본책 53쪽의 유사 문제
• 정답과 해설 32쪽

7-2 유사 문제

1 어떤 수를 16.2로 나누어야 할 것을 잘못하여 16.2를 어떤 수로 나누었더니 6이 되었습니다. 바르게 계산했을 때의 몫을 반올림하여 소수 둘째 자리까지 나타내 보세요.

풀이

답 ______________

7-3 유사 문제

2 어떤 수에 3.2를 곱한 후 1.9로 나누어야 할 것을 잘못하여 어떤 수를 3.2로 나눈 후 1.9를 곱하였더니 11.4가 되었습니다. 바르게 계산했을 때의 몫을 반올림하여 소수 첫째 자리까지 나타내 보세요.

풀이

답 ______________

문해력 레벨 3

3 어떤 자연수를 5.7로 나누어야 할 것을 잘못하여 5.7을 곱하였더니 148.2보다 크고 159.6보다 작은 수가 되었습니다. 바르게 계산한 몫을 반올림하여 소수 둘째 자리까지 나타내 보세요.

풀이

답 ______________

8-1 유사 문제

4 한 시간에 45.6 km의 빠르기로 가는 배가 있습니다. 1시간 24분 동안 18.48 km를 흐르는 강을 이 배가 강물이 흐르는 방향으로 가고 있습니다. 배가 235.2 km를 가는 데 걸리는 시간은 몇 시간인지 구하세요.

풀이

답 ______________

8-2 유사 문제

5 한 시간에 40.2 km의 빠르기로 가는 배가 강물이 흐르는 방향과 반대 방향으로 거슬러 가고 있습니다. 강물이 1시간 36분 동안 22.4 km를 흘러 간다면 배가 131 km를 가는 데 걸리는 시간은 몇 시간인지 구하세요.

풀이

답 ______________

문해력 레벨 2

6 한 시간에 18.4 km의 빠르기로 가는 배가 있습니다. 2시간 12분 동안 37.4 km를 흐르는 강을 이 배가 강물이 흐르는 방향으로 가고 있습니다. 배가 205.32 km를 가는 데 걸리는 시간은 몇 시간 몇 분인지 구하세요.

풀이

답 ______________

본책 56쪽의 유사 문제
• 정답과 해설 33쪽

기출 1 유사 문제

1 나눗셈의 몫을 반올림하여 일의 자리까지 나타내면 6입니다. ㉠에 알맞은 수를 구하세요.

㉠$.85 \div 0.8$

풀이

답 ______________

기출 변형

2 나눗셈의 몫을 반올림하여 소수 첫째 자리까지 나타내면 4.7입니다. ㉠에 알맞은 수를 구하세요.

3㉠$.8 \div 7.6$

풀이

답 ______________

기출 2 유사 문제

3 오른쪽 사다리꼴 ㄱㄴㄷㄹ의 넓이는 $85.28\ \text{cm}^2$이고 선분 ㄴㅁ과 선분 ㅁㄹ의 길이가 같습니다. 삼각형 ㄱㄷㅁ의 넓이는 몇 cm^2인지 구하세요.

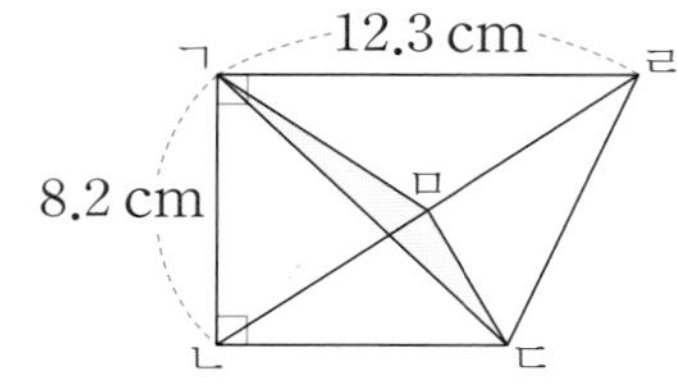

풀이

답 ______________

기출 변형

4 오른쪽 사다리꼴 ㄱㄴㄷㄹ의 넓이는 $130.56\ \text{cm}^2$이고 선분 ㄱㅁ과 선분 ㅁㄷ의 길이가 같습니다. 삼각형 ㄴㄹㅁ의 넓이는 몇 cm^2인지 구하세요.

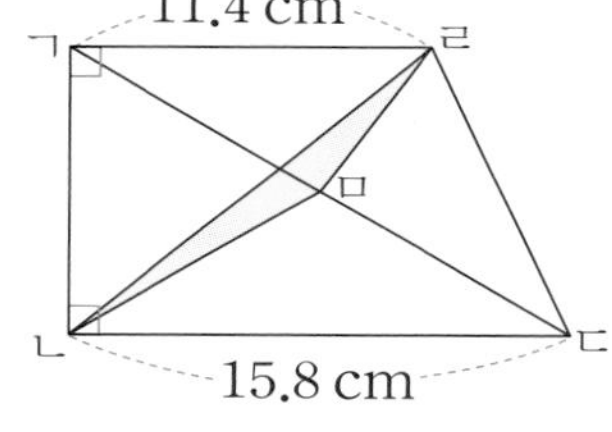

풀이

답 ______________

1-1 유사 문제

1 윤지는 지름이 60 cm인 원 모양의 자전거 바퀴를 2바퀴 반 굴렸습니다. 이 자전거 바퀴가 굴러간 거리는 몇 cm인지 구하세요. (원주율: 3.1)

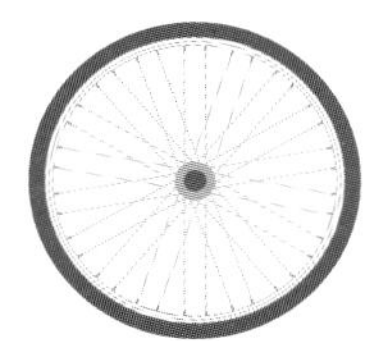

풀이

답 ______________

1-2 유사 문제

2 세찬이가 지름이 35 cm인 원 모양의 고리를 몇 바퀴 굴렸더니 549.5 cm만큼 굴러갔습니다. 고리를 몇 바퀴 굴린 것인지 구하세요. (원주율: 3.14)

풀이

답 ______________

1-3 유사 문제

3 유정이는 지름이 30 cm인 굴렁쇠를 8바퀴 굴리고 이어서 지름이 50 cm인 굴렁쇠를 몇 바퀴 굴렸더니 두 굴렁쇠가 굴러간 거리의 합이 2604 cm였습니다. 지름이 50 cm인 굴렁쇠를 몇 바퀴 굴린 것인지 구하세요. (원주율: 3.1)

풀이

답 ______________

2-1 유사 문제

4 세윤이와 연정이는 원 모양의 호떡을 만들었습니다. 세윤이는 원주가 47.1 cm인 호떡을 만들고 연정이는 원주가 37.68 cm인 호떡을 만들었습니다. 두 사람이 만든 호떡의 지름의 합은 몇 cm인지 구하세요. (원주율: 3.14)

풀이

답

2-2 유사 문제

5 수정이는 실 55.8 cm를 겹치지 않게 남김없이 사용하여 원을 한 개 만들었습니다. 소희는 실로 수정이가 만든 원보다 반지름이 2 cm 더 짧은 원을 만들었을 때 소희가 만든 원의 원주는 몇 cm인지 구하세요. (원주율: 3.1)

풀이

답

2-3 유사 문제

6 오른쪽 과녁의 가장 큰 원의 원주는 502.4 cm이고 안으로 갈수록 지름이 일정하게 짧아집니다. 가장 큰 원의 지름이 가장 작은 원의 지름의 5배일 때 파란색 바깥쪽의 원의 원주는 몇 cm인지 구하세요. (원주율: 3.14)

풀이

답

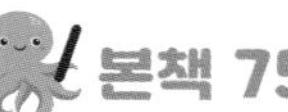

본책 75쪽의 유사 문제
• 정답과 해설 34쪽

3-1 유사 문제

1 어느 공원에 있는 원 모양의 꽃밭의 넓이가 793.6 m^2입니다. 이 꽃밭의 둘레는 몇 m인지 구하세요. (원주율: 3.1)

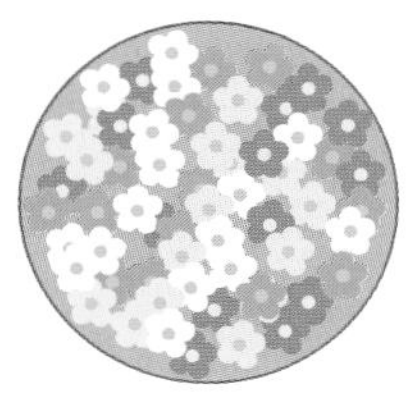

풀이

답 ____________

3-2 유사 문제

2 오른쪽과 같이 크기가 다른 원 모양의 접시를 나란히 놓았습니다. 큰 접시의 원주가 62.8 cm일 때 작은 접시의 넓이는 몇 cm^2인지 구하세요. (원주율: 3.14)

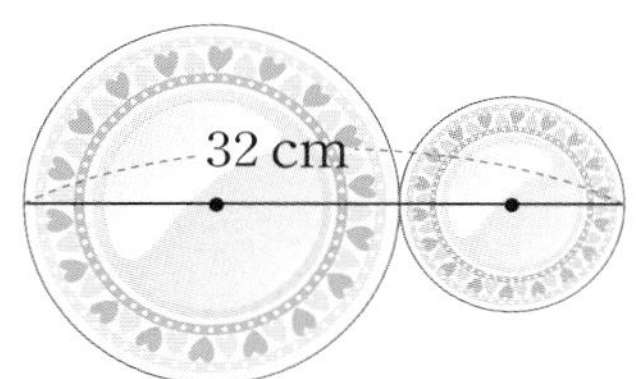

풀이

답 ____________

3-3 유사 문제

3 오른쪽은 어느 사격장에 있는 권총※사격※표적지를 나타낸 것입니다. 가장 안에 있는 원의 원주는 15 cm이고 원이 커질수록 원의 지름이 5 cm씩 길어집니다. 표적지에서 7점을 얻을 수 있는 부분의 넓이는 몇 cm^2인지 구하세요. (원주율: 3)

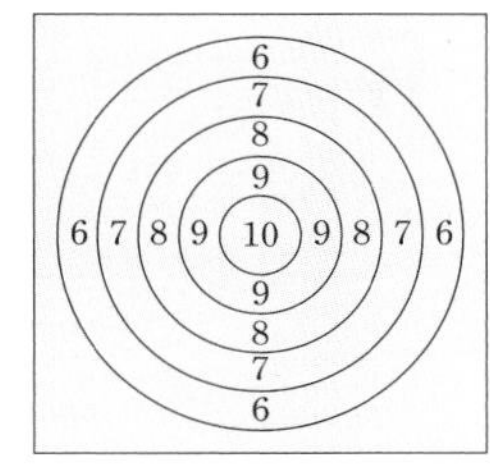

풀이

문해력 백과 

사격: 총, 대포, 활 따위를 쏘아 일정한 거리에 설치된 표적을 맞히는 경기
표적지: 사격 연습에 쓰는 표적을 그려 넣은 종이

답 ____________

4-1 유사 문제

4 오른쪽과 같이 밑면의 모양이 원이고 반지름이 5 cm인 통조림 캔 3개를 실로 한 바퀴 둘렀습니다. 사용한 실은 몇 cm인지 구하세요. (단, 원주율은 3.14이고 매듭의 길이는 생각하지 않습니다.)

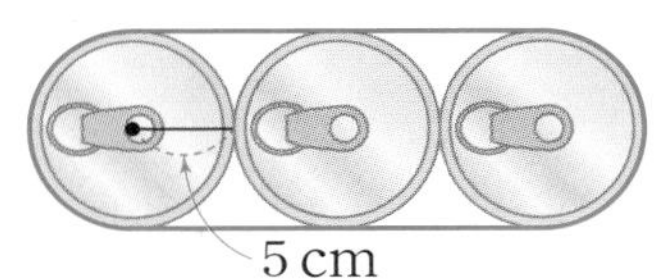

풀이

답 ____________

4-2 유사 문제

5 오른쪽과 같이 한 개의 넓이가 198.4 cm^2인 원 모양의 달고나 4개를 끈으로 한 바퀴 둘렀습니다. 사용한 끈은 몇 cm인지 구하세요. (단, 원주율은 3.1이고 매듭의 길이는 생각하지 않습니다.)

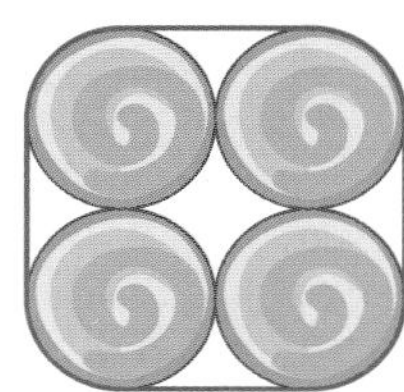

풀이

답 ____________

4-3 유사 문제

6 오른쪽과 같이 밑면의 모양이 원이고 지름이 6 cm인 기둥 5개를 놓고 끈으로 한 바퀴 둘러 묶었습니다. 매듭을 짓는 데 사용한 끈의 길이가 15 cm일 때 기둥을 묶는 데 사용한 끈은 몇 cm인지 구하세요. (원주율: 3.14)

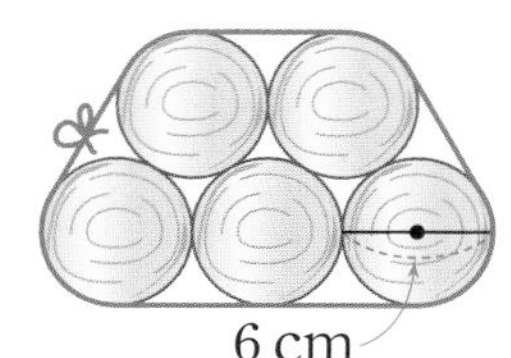

풀이

답 ____________

5-1 유사 문제

1 오른쪽과 같이 밑면의 반지름이 3 cm, 높이가 10 cm인 원기둥 모양의 분유통이 있습니다. 이 분유통의 옆면의 넓이는 몇 cm^2인지 구하세요. (원주율: 3.14)

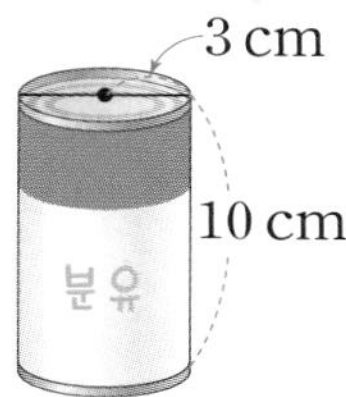

풀이

답 ______________

5-2 유사 문제

2 오른쪽 원기둥 모양의 아이스크림 통의 옆면의 넓이는 186 cm^2입니다. 이 아이스크림 통의 한 밑면의 넓이는 몇 cm^2인지 구하세요. (원주율: 3.1)

풀이

답 ______________

5-3 유사 문제

3 민호는 공을 보관하기 위하여 오른쪽과 같이 공이 꼭 맞게 들어갈 원기둥을 만들었습니다. 공의 반지름이 11 cm일 때 원기둥의 전개도의 넓이는 몇 cm^2인지 구하세요. (원주율: 3)

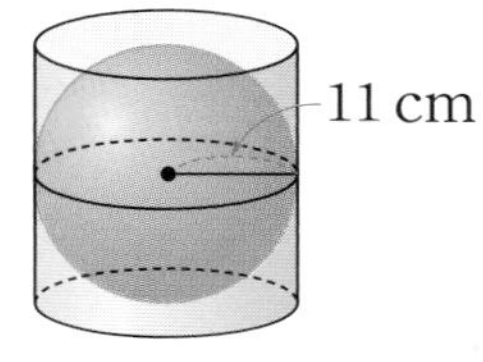

풀이

답 ______________

6-2 유사 문제

4 오른쪽과 같이 철사를 사용하여 원기둥 모양의 모자 뼈대를 만들었습니다. 사용한 철사의 길이가 97.4 cm일 때 원기둥의 밑면의 지름은 몇 cm인지 구하시오. (단, 원주율은 3.1이고 연결한 부분은 생각하지 않습니다.)

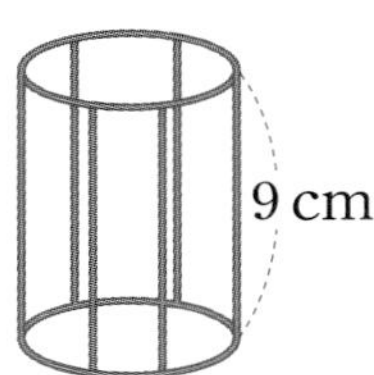

풀이

답 ______________

6-3 유사 문제

5 오른쪽과 같이 원뿔에 파란색 끈을 겹치지 않게 붙였습니다. 사용한 파란색 끈의 길이가 70.68 cm일 때 원뿔의 밑면의 넓이는 몇 cm^2인지 구하세요. (원주율: 3.14)

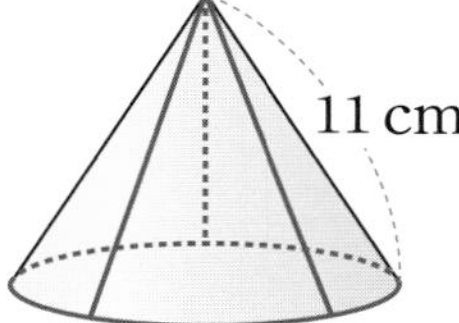

풀이

답 ______________

문해력 레벨 3

6 원뿔 모양의 고깔모자에 오른쪽과 같이 빨간색 철사를 붙였습니다. 사용한 빨간색 철사와 길이가 같은 철사로 가장 큰 정육각형을 만들려고 합니다. 정육각형의 한 변의 길이는 몇 cm로 해야 하는지 구하세요. (원주율: 3)

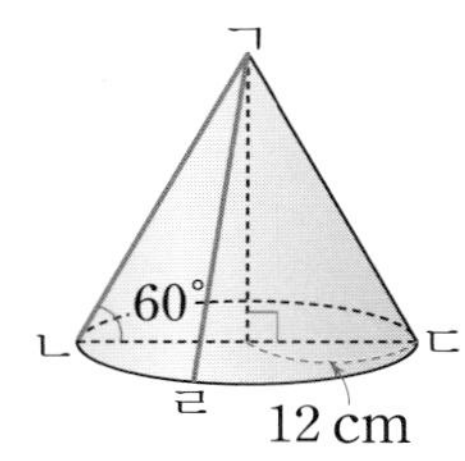

풀이

답 ______________

7-2 유사 문제

1 오른쪽 원뿔은 어떤 평면도형을 한 변을 기준으로 하여 한 바퀴 돌려서 만든 것입니다. 돌리기 전의 평면도형의 넓이는 몇 cm^2인지 구하세요.

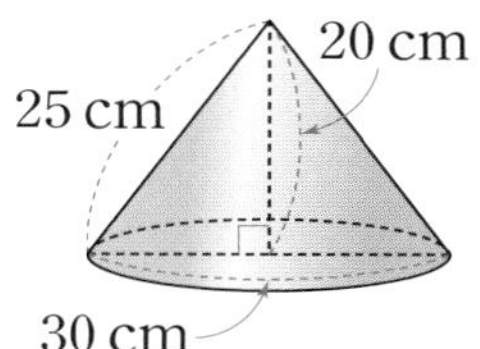

풀이

답 ____________

7-3 유사 문제

2 오른쪽은 어떤 평면도형을 한 변을 기준으로 하여 한 바퀴 돌려서 만든 것입니다. 돌리기 전의 평면도형의 넓이는 몇 cm^2인지 구하세요. (원주율: 3.1)

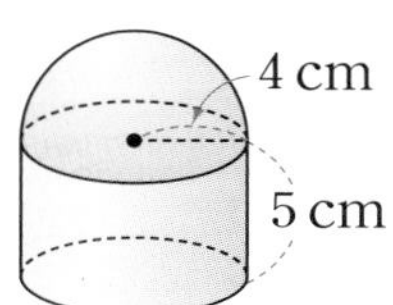

풀이

답 ____________

문해력 레벨 3

3 오른쪽 직사각형의 가로와 세로를 기준으로 각각 한 바퀴 돌려 만든 입체도형의 전개도에서 옆면의 둘레의 차는 몇 cm인지 구하세요. (원주율: 3)

12 cm

9 cm

풀이

답 ____________

8-1 유사 문제

4 오른쪽과 같은 원기둥 모양의 롤러에 페인트를 묻혀 몇 바퀴 굴렸더니 페인트가 칠해진 부분의 넓이가 $1130.4\ \mathrm{cm}^2$였습니다. 롤러를 몇 바퀴 굴렸는지 구하세요. (원주율: 3.14)

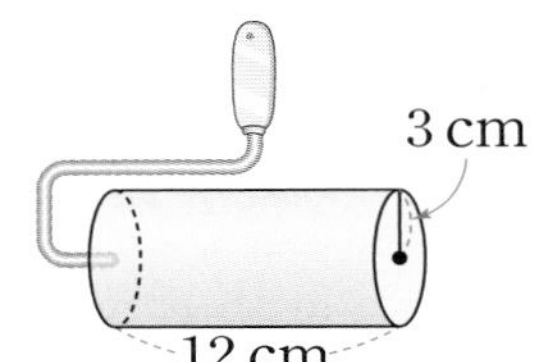

풀이

답 ____________

8-2 유사 문제

5 오른쪽과 같은 원기둥 모양의 롤러에 페인트를 묻혀 4바퀴 굴렸더니 페인트가 칠해진 부분의 넓이가 $2512\ \mathrm{cm}^2$였습니다. 롤러의 밑면의 지름은 몇 cm인지 구하세요. (원주율: 3.14)

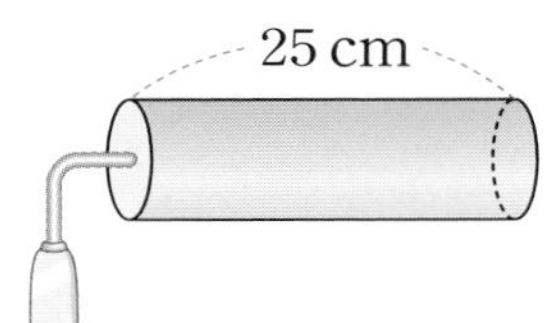

풀이

답 ____________

8-3 유사 문제

6 오른쪽과 같은 원기둥 모양의 저금통을 한 바퀴 굴렸더니 저금통이 지나간 부분의 넓이가 $446.4\ \mathrm{cm}^2$였습니다. 이 저금통과 똑같은 크기의 원기둥의 전개도를 그렸을 때, 전개도의 둘레는 몇 cm인지 구하세요. (원주율: 3.1)

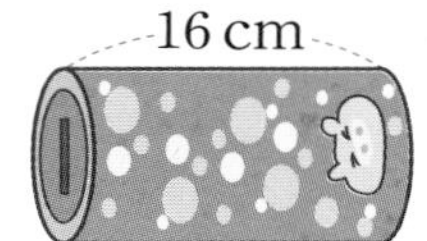

풀이

답 ____________

• 정답과 해설 36쪽

기출 1 유사 문제

1 밑면의 반지름이 5 cm이고 높이가 9 cm인 원기둥 5개가 있습니다. 이 원기둥 5개를 그림과 같이 맞닿게 놓고 옆면을 포장지로 감싸서 붙이려고 합니다. 필요한 포장지의 넓이는 몇 cm^2인지 구하세요. (단, 포장지는 겹치지 않도록 붙이고 원주율은 3.1로 계산합니다.)

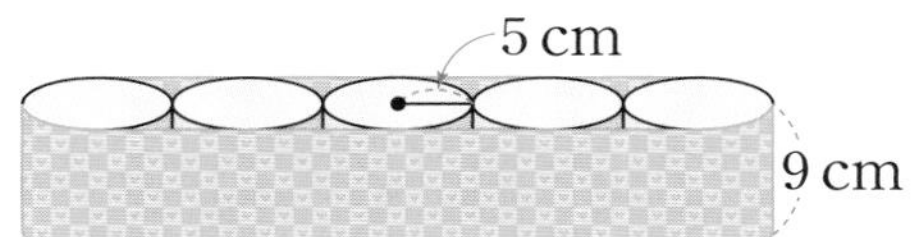

풀이

답 ______________

기출 변형

2 오른쪽 그림과 같이 밑면의 반지름이 4 cm이고 높이가 15 cm인 원기둥 4개를 포장지로 감싸서 붙이려고 합니다. 필요한 포장지의 넓이는 몇 cm^2인지 구하세요. (단, 포장지는 겹치지 않도록 붙이고 원주율은 3.14로 계산합니다.)

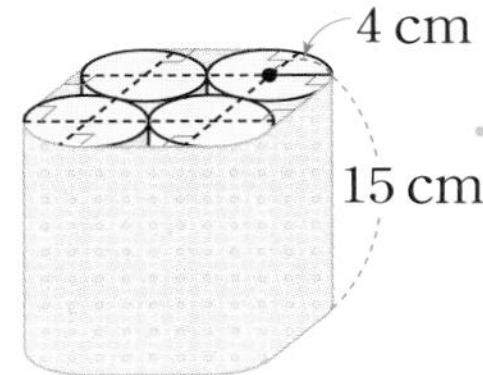

풀이

답 ______________

기출 2 유사 문제

3 오른쪽 그림과 같이 원 안에 두 원 가, 나가 있습니다. 원 가와 원 나의 반지름의 길이의 비가 3 : 2이고 색칠한 부분의 넓이가 576 cm^2일 때 원 가와 원 나의 넓이의 차는 몇 cm^2인지 구하세요. (원주율: 3)

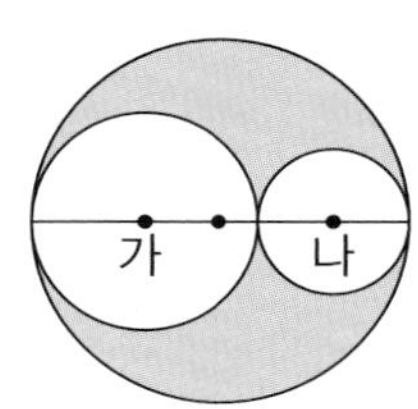

풀이

답

기출 변형

4 오른쪽 그림과 같이 원 안에 두 원 가, 나가 있습니다. 원 가와 원 나의 반지름의 길이의 비가 3 : 5이고 색칠한 부분의 넓이가 810 cm^2일 때 원 가와 원 나의 넓이의 차는 몇 cm^2인지 구하세요. (원주율: 3)

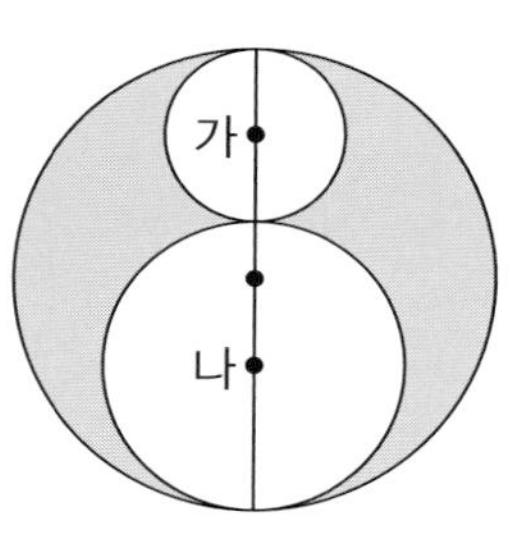

풀이

답

1-1 유사 문제

1 오른쪽은 쌓기나무로 쌓은 모양을 보고 위에서 본 모양에 수를 쓴 것입니다. 앞에서 볼 때 보이는 쌓기나무는 몇 개인지 구하세요.

위

			1
2		3	1
1	1	2	

앞

풀이 앞에서 본 모양

앞

답 ____________

1-2 유사 문제

2 오른쪽은 쌓기나무로 쌓은 모양을 보고 위에서 본 모양에 수를 쓴 것입니다. 옆에서 볼 때 보이는 쌓기나무는 몇 개인지 구하세요.

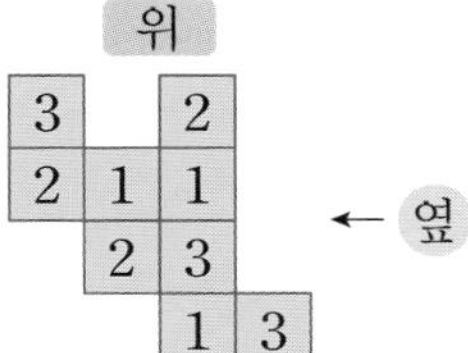

풀이 옆에서 본 모양

옆

답 ____________

1-3 유사 문제

3 오른쪽은 쌓기나무로 쌓은 모양을 보고 위에서 본 모양에 수를 쓴 것입니다. 앞과 옆에서 볼 때 각각 보이는 쌓기나무의 개수의 합을 구하세요.

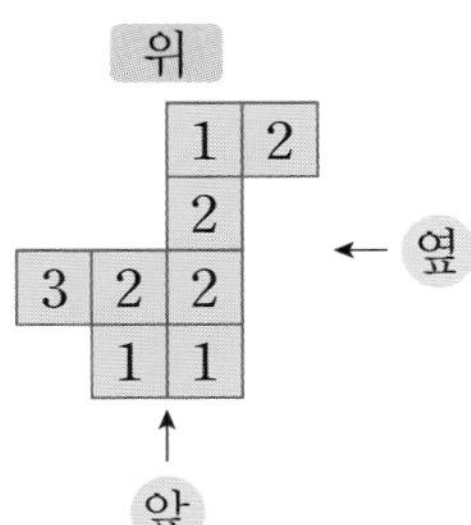

풀이 앞에서 본 모양

앞

옆에서 본 모양

옆

답 ____________

2-1 유사 문제

4 오른쪽은 쌓기나무로 쌓은 모양을 위와 앞에서 본 모양입니다. 쌓은 쌓기나무의 개수가 가장 적은 경우 몇 개인지 구하세요.

위 앞

앞

풀이 쌓기나무의 개수가 확실한 자리에 수를 쓰면

위

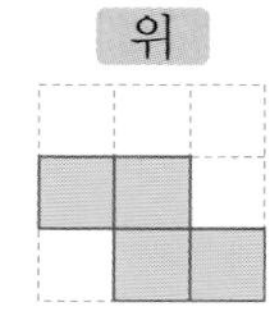

쌓기나무의 개수가 가장 적은 경우를 수로 쓰면

위

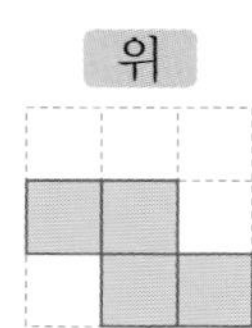

답 ____________

문해력 레벨 2

5 오른쪽은 쌓기나무로 쌓은 모양을 위와 옆에서 본 모양입니다. 쌓은 쌓기나무의 개수가 가장 적은 경우와 가장 많은 경우 각각 몇 개인지 차례로 구하세요.

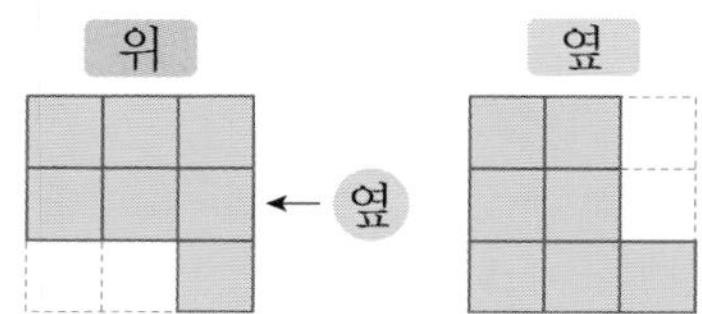

풀이 쌓기나무의 개수가 확실한 자리에 수를 쓰면

위

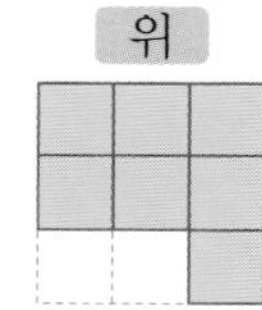

쌓기나무의 개수가 가장 적은 경우를 수로 쓰면 위 이고,

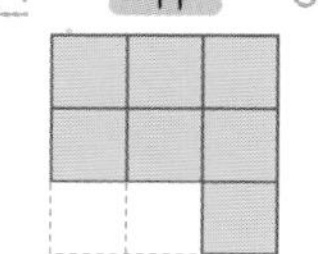

쌓기나무의 개수가 가장 많은 경우를 수로 쓰면 위 이다.

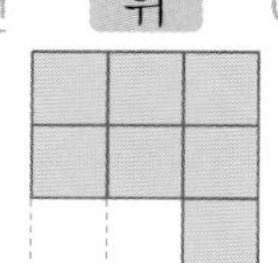

답 ____________, ____________

본책 105쪽의 유사 문제
• 정답과 해설 37쪽

3-1 유사 문제

1 쌀가루 3 kg에 물 1.75 kg을 넣어 가래떡을 만들었습니다. 쌀가루 양에 대한 물 양의 비를 간단한 자연수의 비로 나타내 보세요.

풀이

답 ______________

3-2 유사 문제

2 노란색 리본의 길이는 $\frac{3}{4}$ m이고, 파란색 리본의 길이는 노란색 리본의 길이보다 $\frac{9}{20}$ m 더 깁니다. 노란색 리본과 파란색 리본의 길이의 비를 간단한 자연수의 비로 나타내 보세요.

풀이

답 ______________

3-3 유사 문제

3 오른쪽은 넓이가 다른 삼각형과 사다리꼴을 겹치지 않게 이어 붙여 넓이가 37.8 cm^2인 평행사변형을 만든 것입니다. 삼각형의 넓이가 6.3 cm^2일 때 삼각형의 넓이에 대한 사다리꼴의 넓이의 비를 간단한 자연수의 비로 나타내 보세요.

6.3 cm^2

풀이

답 ______________

본책 107쪽의 유사 문제

문해력 어휘

의류: 여러 종류의 옷을 통틀어 이르는 말

4-1 유사 문제

4 어느 ※의류 공장에서 직원 A와 직원 B가 옷을 포장하고 있습니다. 각자 일정한 빠르기로 똑같은 양의 옷을 포장하는 데 직원 A는 $\frac{6}{5}$시간, 직원 B는 $\frac{21}{20}$시간이 걸렸습니다. 직원 A와 직원 B가 각자 한 시간 동안 포장할 수 있는 옷의 양의 비를 간단한 자연수의 비로 나타내 보세요.

풀이

답 ______________

4-2 유사 문제

5 어머니와 형이 마늘을 깠습니다. 일정한 빠르기로 각자 전체 마늘의 $\frac{1}{4}$을 까는 데 어머니는 3시간, 형은 4시간이 걸렸습니다. 어머니와 형이 각자 한 시간 동안 깐 마늘의 양의 비를 간단한 자연수의 비로 나타내 보세요.

풀이

답 ______________

4-3 유사 문제

6 승윤이와 해원이가 각자 일정한 빠르기로 똑같은 양의 일을 하고 있습니다. 승윤이가 이 일을 모두 끝마치는 데 2시간이 걸렸고, 해원이는 이 일의 $\frac{1}{7}$을 하는 데 $\frac{1}{3}$시간이 걸렸습니다. 승윤이와 해원이가 각자 한 시간 동안 한 일의 양의 비를 간단한 자연수의 비로 나타내 보세요.

풀이

답 ______________

5-2 유사 문제

문해력 어휘
일회용: 한 번만 쓰고 버리는 것

1 하늘 마트에서※일회용 손난로 4개를 1400원에 샀습니다. 이 마트에서 일회용 손난로 50개를 사고 20000원을 냈다면 거스름돈은 얼마인가요?

풀이

답 ______________

5-3 유사 문제

2 오른쪽은 반 고흐의 방이라는 작품의 가로와 세로를 같은 비율로 확대하여 만든 광고판입니다. 직사각형 모양 작품의 실제 가로가 91 cm일 때 실제 작품의 넓이는 몇 cm^2인지 구하세요.

풀이

답 ______________

문해력 레벨 3

3 버스는 1분 동안 1.2 km를, 택시는 1분 동안 1.6 km를 각각 일정한 빠르기로 이동합니다. 이 빠르기로 버스와 택시가 같은 곳에서 서로 같은 방향으로 동시에 출발하여 일직선으로 가고 있습니다. 버스가 이동한 거리가 18 km일 때 버스와 택시 사이의 거리는 몇 km인지 구하세요. (단, 버스와 택시의 길이는 생각하지 않습니다.)

풀이

답 ______________

6-1 유사 문제

4 어느 영화 상영관의 관람객 중 75 %가 초등학생입니다. 초등학생이 69명일 때 이 영화 상영관의 관람객은 모두 몇 명인가요?

풀이

답 ______________

6-2 유사 문제

5 닭장 안에 암탉과 수탉이 있습니다. 닭장 안의 24 %가 수탉입니다. 수탉이 6마리일 때 암탉은 몇 마리인가요?

풀이

답 ______________

6-3 유사 문제

6 막대 과자를 초콜릿이 담긴 그릇에 수직으로 넣었다 뺐더니 막대 과자 전체 길이의 $\frac{3}{5}$에 초콜릿이 묻었습니다. 초콜릿이 묻지 않은 부분의 길이가 8 cm일 때 막대 과자의 전체 길이는 몇 cm인가요?

풀이

답 ______________

본책 113쪽의 유사 문제

• 정답과 해설 39쪽

7-2 유사 문제

1 어느 지역의 낮과 밤의 길이의 비가 3 : 5라면 밤은 낮보다 몇 시간 더 긴지 구하세요.

풀이

답 ____________________

7-3 유사 문제

2 아버지가 사 오신 색종이를 누나와 동생이 9 : 14의 비로 나누어 가졌습니다. 누나가 가진 색종이가 18장일 때 아버지가 사 오신 색종이는 몇 장인지 구하세요.

풀이

답 ____________________

문해력 레벨 3

3 윤아와 지석이가 각각 120만 원과 80만 원을 투자하여 얻은 이익금을 투자한 금액의 비로 나누어 가졌습니다. 윤아가 얻은 이익금이 6만 원일 때 윤아와 지석이가 얻은 전체 이익금은 얼마인지 구하세요.

풀이

답 ____________________

8-1 유사 문제

4 두 수조 가와 나의 들이의 비는 $\frac{2}{5}$: $\frac{9}{10}$이고, 수조 가의 들이는 40 L입니다. 수조 나에 물을 가득 채운 다음 비어 있는 수조 가에 모두 부었을 때 수조 가에서 넘친 물의 양은 몇 L인가요?

풀이

답 ______________

8-2 유사 문제

5 두 컵 A와 B의 들이의 비는 1.6 : 2.4이고, 컵 A의 들이는 200 mL입니다. 컵 A에 물을 가득 채운 다음 비어 있는 컵 B에 모두 부었습니다. 컵 B에 물을 가득 채우려면 물은 적어도 몇 mL 더 필요한가요?

풀이

답 ______________

8-3 유사 문제

6 두 어항 가와 나의 들이의 비는 5 : $\frac{10}{3}$이고, 어항 가의 들이는 어항 나의 들이보다 24 L 더 많습니다. 비어 있는 두 어항 가와 나에 물을 가득 채우려면 물은 적어도 몇 L 필요한가요?

풀이

답 ______________

본책 116쪽의 유사 문제
• 정답과 해설 39쪽

기출 1 유사 문제

1 현지가 찍은 원 모양의 달 사진의 비율은 다음과 같습니다. 달 사진의 비율을 보고※인화한 달 사진의 둘레가 70 cm라면 달의 지름은 몇 cm인지 구하세요.

㉠ (가로) : (세로)=4 : 3
㉡ (세로) : (달의 지름)=5 : 2

문해력 어휘
인화: 사진이 종이 위에 나타나도록 하는 일

풀이

답 ______

기출 변형

2 태극기의 비율은 다음과 같습니다. 태극기의 비율을 보고 완성한 태극기의 가로와 세로의 합이 240 cm라면 괘의 너비는 몇 cm인지 구하세요.

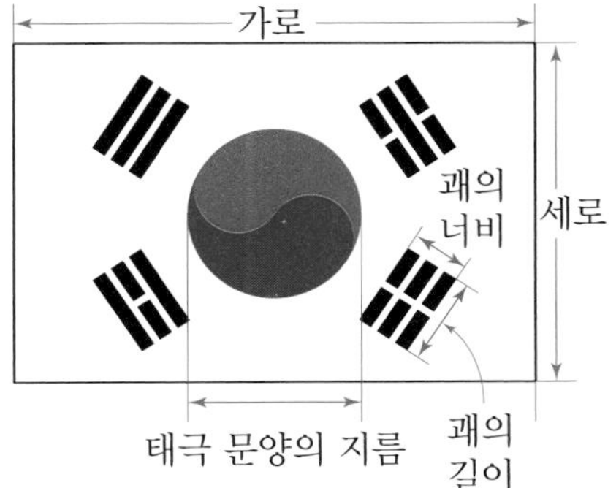

㉠ (가로) : (세로)=3 : 2
㉡ (가로) : (태극 문양의 지름)=3 : 1
㉢ (태극 문양의 지름) : (괘의 길이)=2 : 1
㉣ (괘의 길이) : (괘의 너비)=3 : 2

풀이

답 ______

본책 117쪽의 유사 문제

• 정답과 해설 39쪽

기출 2 유사 문제

3 |조건|에 맞게 쌓기나무를 쌓으려고 합니다. 쌓을 수 있는 모양은 모두 몇 가지인지 구하세요.

|조건|
• 10개의 쌓기나무를 모두 사용하여 만듭니다.
• 3층까지 쌓습니다.
• 1층과 3층의 모양은 오른쪽과 같습니다.

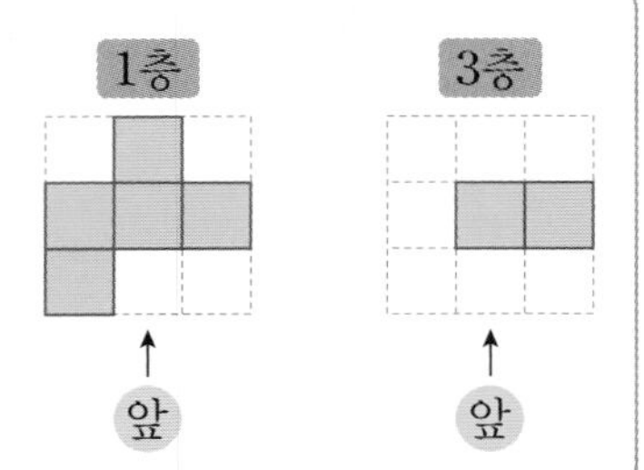

❶ 2층의 쌓기나무의 개수 구하기

❷ |조건|에 맞게 쌓을 수 있는 모양은 모두 몇 가지인지 구하기

2층에 반드시 쌓기나무가 놓여 있어야 하는 자리를 찾아 ○표 하면 2층 (앞) 이므로

2층에 쌓기나무 ☐개가 놓여 있는 경우는

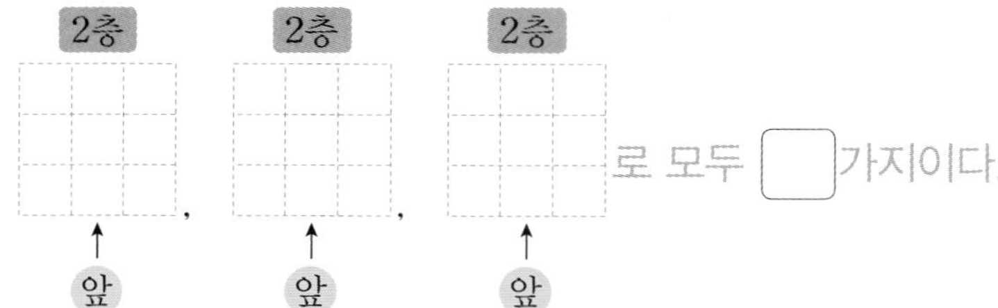

로 모두 ☐가지이다.

답

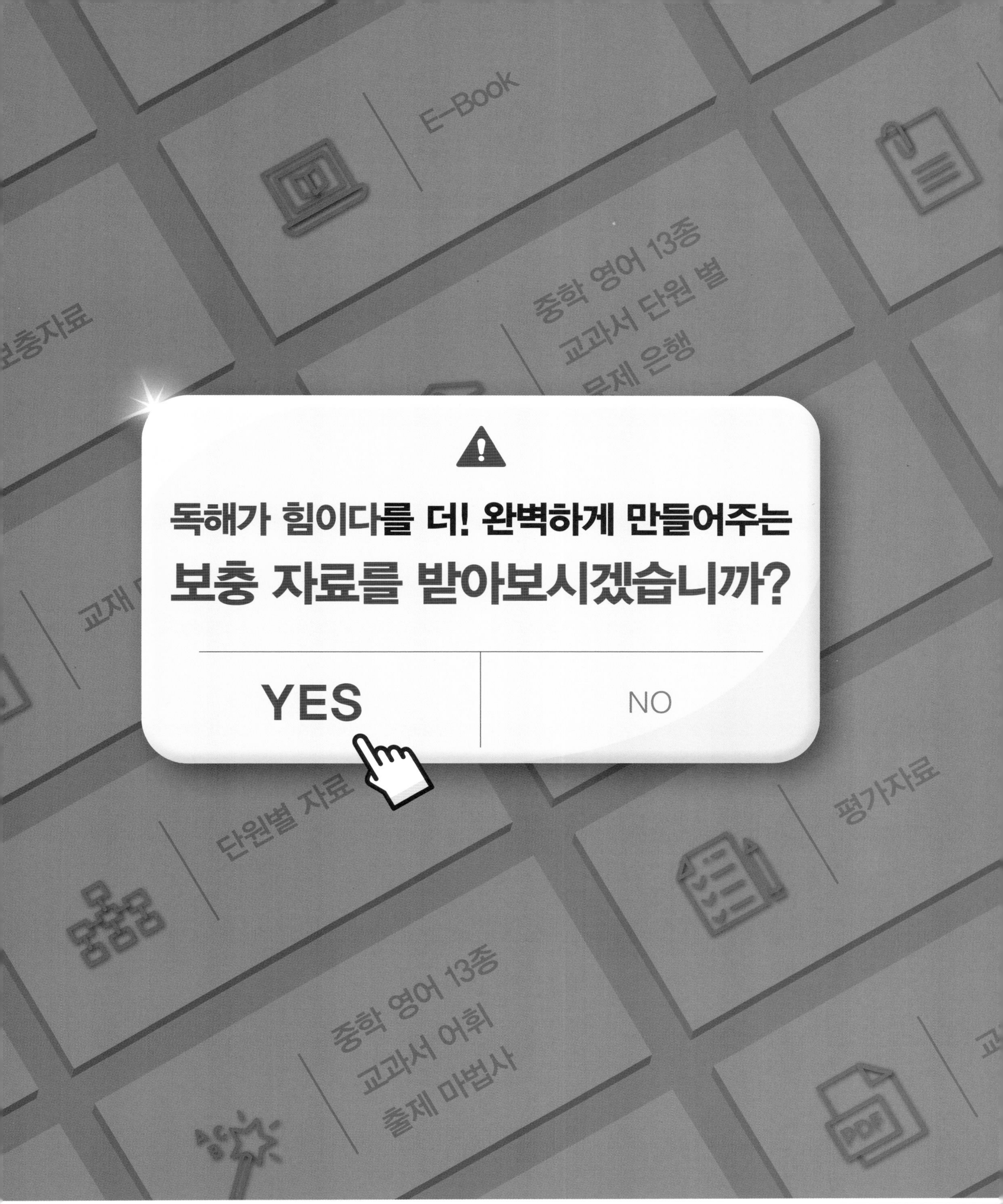

뭘 좋아할지 몰라 다 준비했어♥

전과목 교재

전과목 시리즈 교재

●우등생 해법시리즈

– 국어/수학	1~6학년, 학기용
– 사회/과학	3~6학년, 학기용
– 봄·여름/가을·겨울	1~2학년, 학기용
– SET(전과목/국수, 국사과)	1~6학년, 학기용

●똑똑한 하루 시리즈

– 똑똑한 하루 독해	예비초~6학년, 총 14권
– 똑똑한 하루 글쓰기	예비초~6학년, 총 14권
– 똑똑한 하루 어휘	예비초~6학년, 총 14권
– 똑똑한 하루 한자	예비초~6학년, 총 14권
– 똑똑한 하루 수학	1~6학년, 학기용
– 똑똑한 하루 계산	예비초~6학년, 총 14권
– 똑똑한 하루 도형	예비초~6학년, 총 8권
– 똑똑한 하루 사고력	1~6학년, 학기용
– 똑똑한 하루 사회/과학	3~6학년, 학기용
– 똑똑한 하루 봄/여름/가을/겨울	1~2학년, 총 8권
– 똑똑한 하루 안전	1~2학년, 총 2권
– 똑똑한 하루 Voca	3~6학년, 학기용
– 똑똑한 하루 Reading	초3~초6, 학기용
– 똑똑한 하루 Grammar	초3~초6, 학기용
– 똑똑한 하루 Phonics	예비초~초등, 총 8권

●독해가 힘이다 시리즈

– 초등 문해력 독해가 힘이다 비문학편	3~6학년
– 초등 수학도 독해가 힘이다	1~6학년, 학기용
– 초등 문해력 독해가 힘이다 문장제수학편	1~6학년, 총 12권

영어 교재

●초등영어 교과서 시리즈

파닉스(1~4단계)	3~6학년, 학년용
영단어(1~4단계)	3~6학년, 학년용
●LOOK BOOK 영단어	3~6학년, 단행본
●원서 읽는 LOOK BOOK 영단어	3~6학년, 단행본

국가수준 시험 대비 교재

●해법 기초학력 진단평가 문제집	2~6학년·중1 신입생, 총 6권

6-B 문장제 수학편

천재교육

정답과 해설
포인트 3가지

- ▶ 혼자서도 이해할 수 있는 친절한 문제 풀이
- ▶ 문제 해결에 꼭 필요한 핵심 전략 제시
- ▶ 참고, 주의, 다르게 풀기 등 자세한 풀이 제시

진도책 정답과 해설

1주 분수의 나눗셈

1주 준비학습 6~7쪽

1 4 » 4 / 4

2 3 » $\frac{6}{7} \div \frac{2}{7} = 3$ / 3번

3 $1\frac{2}{3}\left(=\frac{5}{3}\right)$ » $\frac{5}{8} \div \frac{3}{8} = 1\frac{2}{3}$ / $1\frac{2}{3}\left(=\frac{5}{3}\right)$배

4 2 » 2 / 2배

5 12 » $8 \div \frac{2}{3} = 12$ / 12시간

6 $2\frac{2}{9}\left(=\frac{20}{9}\right)$ » $\frac{5}{6} \div \frac{3}{8} = 2\frac{2}{9}$ / $2\frac{2}{9}\left(=\frac{20}{9}\right)$ kg

7 $3\frac{3}{5}\left(=\frac{18}{5}\right)$ » $1\frac{3}{5} \div \frac{4}{9} = 3\frac{3}{5}$ / $3\frac{3}{5}\left(=\frac{18}{5}\right)$ m

2 $\underbrace{\frac{6}{7}-\frac{2}{7}-\frac{2}{7}-\frac{2}{7}}_{3\text{번}}=0 \rightarrow \frac{6}{7} \div \frac{2}{7} = 6 \div 2 = 3$

3 (수영이가 마신 물의 양)÷(경진이가 마신 물의 양)
$= \frac{5}{8} \div \frac{3}{8} = 5 \div 3 = \frac{5}{3} = 1\frac{2}{3}$(배)

4 $\frac{3}{5} \div \frac{3}{10} = \frac{6}{10} \div \frac{3}{10} = 6 \div 3 = 2$

5 (걸리는 시간)
=(등산로의 길이)÷(한 시간에 걸어 올라가는 거리)
$= 8 \div \frac{2}{3} = (8 \div 2) \times 3 = 12$(시간)

6 (고무관 1 m의 무게)
=(고무관의 무게)÷(고무관의 길이)
$= \frac{5}{6} \div \frac{3}{8} = \frac{5}{\cancel{6}_3} \times \frac{\cancel{8}^4}{3}$
$= \frac{20}{9} = 2\frac{2}{9}$ (kg)

7 (가로)=(직사각형의 넓이)÷(세로)
$= 1\frac{3}{5} \div \frac{4}{9} = \frac{8}{5} \div \frac{4}{9} = \frac{\cancel{8}^2}{5} \times \frac{9}{\cancel{4}_1}$
$= \frac{18}{5} = 3\frac{3}{5}$ (m)

1주 준비학습 8~9쪽

1 $\frac{3}{4} \div \frac{1}{4} = 3$ / 3컵

2 $\frac{8}{9} \div \frac{4}{9} = 2$ / 2통

3 $\frac{9}{11} \div \frac{4}{11} = 2\frac{1}{4}$ / $2\frac{1}{4}\left(=\frac{9}{4}\right)$배

4 $\frac{2}{3} \div \frac{3}{4} = \frac{8}{9}$ / $\frac{8}{9}$배

5 $12 \div \frac{6}{7} = 14$ / 14도막

6 $\frac{6}{5} \div \frac{2}{3} = 1\frac{4}{5}$ / $1\frac{4}{5}\left(=\frac{9}{5}\right)$ kg

7 $2\frac{1}{7} \div \frac{3}{5} = 3\frac{4}{7}$ / $3\frac{4}{7}\left(=\frac{25}{7}\right)$ km

2 (나누어 담을 수 있는 통 수)
=(간장의 양)÷(한 통에 담는 간장의 양)
$= \frac{8}{9} \div \frac{4}{9} = 8 \div 4 = 2$(통)

3 (부츠 한 켤레의 무게)÷(운동화 한 켤레의 무게)
$= \frac{9}{11} \div \frac{4}{11} = 9 \div 4 = \frac{9}{4} = 2\frac{1}{4}$(배)

4 (고추를 심은 넓이)÷(상추를 심은 넓이)
$= \frac{2}{3} \div \frac{3}{4} = \frac{8}{12} \div \frac{9}{12} = 8 \div 9 = \frac{8}{9}$(배)

5 (자른 리본의 도막 수)
=(전체 리본의 길이)÷(자른 한 도막의 길이)
$= 12 \div \frac{6}{7} = (12 \div 6) \times 7 = 14$(도막)

6 (흙을 화분에 가득 담았을 때의 무게)
=(흙이 담긴 화분의 무게)÷(화분에 담긴 흙의 양)
$= \frac{6}{5} \div \frac{2}{3} = \frac{\cancel{6}^3}{5} \times \frac{3}{\cancel{2}_1} = \frac{9}{5} = 1\frac{4}{5}$ (kg)

7 (1분 동안 갈 수 있는 거리)
=(고속열차가 간 거리)÷(걸린 시간)
$= 2\frac{1}{7} \div \frac{3}{5} = \frac{15}{7} \div \frac{3}{5} = \frac{\cancel{15}^5}{7} \times \frac{5}{\cancel{3}_1}$
$= \frac{25}{7} = 3\frac{4}{7}$ (km)

정답과 해설

1주 1일 10 ~ 11 쪽

문해력 문제 1

전략 $\div$

풀기 ❶ $\frac{7}{8}$ ❷ $\frac{7}{8}$, 7

답 7번

1-1 4번 **1-2** 2명

1-3 18000원

1-1 ❶ (통 1개에 담은 기름의 양)

$$=7\frac{1}{2}\div 3=\frac{15}{2}\div 3=\frac{\overset{5}{\cancel{15}}}{2}\times\frac{1}{\underset{1}{\cancel{3}}}=\frac{5}{2}\ (\text{L})$$

❷ (통 1개에 담은 기름을 사용할 수 있는 횟수)

$$=\frac{5}{2}\div\frac{5}{8}=\frac{\overset{1}{\cancel{5}}}{\underset{1}{\cancel{2}}}\times\frac{\overset{4}{\cancel{8}}}{\underset{1}{\cancel{5}}}=4(\text{번})$$

1-2 ❶ (항아리 1개에 담은 고추장의 양)

$$=9\frac{4}{5}\div 7=\frac{49}{5}\div 7=\frac{\overset{7}{\cancel{49}}}{5}\times\frac{1}{\underset{1}{\cancel{7}}}=\frac{7}{5}\ (\text{kg})$$

❷ (항아리 1개에 담은 고추장을 나누어 줄 수 있는 사람 수)

$$=\frac{7}{5}\div\frac{7}{10}=\frac{\overset{1}{\cancel{7}}}{\underset{1}{\cancel{5}}}\times\frac{\overset{2}{\cancel{10}}}{\underset{1}{\cancel{7}}}=2(\text{명})$$

1-3 ❶ (그릇 1개에 담은 청국장의 양)

$$=8\frac{1}{10}\div 9=\frac{81}{10}\div 9=\frac{\overset{9}{\cancel{81}}}{10}\times\frac{1}{\underset{1}{\cancel{9}}}=\frac{9}{10}\ (\text{kg})$$

❷ (포장한 청국장의 개수)

$$=\frac{9}{10}\div\frac{3}{20}=\frac{\overset{3}{\cancel{9}}}{\underset{1}{\cancel{10}}}\times\frac{\overset{2}{\cancel{20}}}{\underset{1}{\cancel{3}}}=6(\text{개})$$

❸ (포장한 청국장을 모두 판매한 값)
=(청국장 1개의 값)×(포장한 청국장의 개수)
포장한 청국장 1개당 3000원씩 받고 모두 팔았으므로 청국장을 판매한 값은
$3000\times 6=18000$(원)이다.

참고

❷에서 $\frac{9}{10}\div\frac{3}{20}$을 계산할 때 통분하여 분자끼리 나누어 계산할 수도 있다.

$$\frac{9}{10}\div\frac{3}{20}=\frac{18}{20}\div\frac{3}{20}=18\div 3=6$$

1주 1일 12 ~ 13 쪽

문해력 문제 2

전략 1 / ×

풀기 ❶ 36, 36, 9 ❷ 9, 8 ❸ 8, 56

답 56분

2-1 24분 **2-2** 1분 4초

2-3 5초

2-1 ❶ (자른 도막 수)

$$=8\frac{3}{4}\div 1\frac{3}{4}=\frac{35}{4}\div\frac{7}{4}=35\div 7=5(\text{도막})$$

❷ (고무관을 자른 횟수)$=5-1=4$(번)

❸ (고무관을 모두 자를 때까지 걸린 시간)
$=6\times 4=24$(분)

2-2 ❶ (떼어 넣은 수제비의 조각 수)

$$=180\div 5\frac{5}{11}=180\div\frac{60}{11}$$
$$=\overset{3}{\cancel{180}}\times\frac{11}{\underset{1}{\cancel{60}}}=33(\text{조각})$$

❷ (밀가루 반죽을 떼어 넣은 횟수)
$=33-1=32$(번)

❸ (밀가루 반죽을 모두 떼어 넣을 때까지 걸린 시간)
$=2\times 32=64$(초) ➡ 1분 4초

주의

1분=60초임을 이용하여 답을 몇 분 몇 초로 구한다.

2-3 ❶ (가래떡을 자른 도막 수)

$$=6\frac{2}{3}\div\frac{5}{24}=\frac{20}{3}\div\frac{5}{24}$$
$$=\frac{\overset{4}{\cancel{20}}}{\underset{1}{\cancel{3}}}\times\frac{\overset{8}{\cancel{24}}}{\underset{1}{\cancel{5}}}=32(\text{도막})$$

❷ (가래떡을 자르는 횟수)$=32-1=31$(번)

❸ 2분 35초=120초+35초=155초이고,
가래떡 한 도막을 자르는 데 걸리는 시간을 □초라 하면 가래떡을 모두 자를 때까지 걸리는 시간은 (□×31)초이다.
□×31<155이고 5×31=155이므로
가래떡 한 도막을 5초 안에 잘라야 한다.

참고

(가래떡을 자르는 횟수)=(가래떡을 자른 도막 수)−1

1주 2일 14 ~ 15 쪽

문해력 문제 3

풀기 ❶ $\frac{6}{7}$ ❷ $\frac{6}{7}$, $\frac{6}{7}$, 3, 9, $1\frac{2}{7}$ / $1\frac{2}{7}$

답 $1\frac{2}{7}\left(=\frac{9}{7}\right)$ m

3-1 3 m **3-2** $2\frac{1}{4}\left(=\frac{9}{4}\right)$ cm

3-3 $1\frac{1}{5}\left(=\frac{6}{5}\right)$ cm

3-1 ❶ 평행사변형의 높이를 □ m라 하면

$1\frac{4}{5}\times\square=5\frac{2}{5}$

❷ $\square=5\frac{2}{5}\div1\frac{4}{5}=\frac{27}{5}\div\frac{9}{5}=27\div9=3$

➔ 평행사변형의 밑변의 길이는 3 m이다.

3-2 ❶ 삼각형의 밑변의 길이를 □ cm라 하면

$\square\times\frac{7}{9}\div2=\frac{7}{8}$

❷ $\square\times\frac{7}{9}=\frac{7}{8}\times2$, $\square\times\frac{7}{9}=\frac{7}{4}$,

$\square=\frac{7}{4}\div\frac{7}{9}=\frac{7}{4}\times\frac{9}{7}=\frac{9}{4}=2\frac{1}{4}$

➔ 삼각형의 밑변의 길이는 $2\frac{1}{4}$ cm이다.

3-3 ❶ 사다리꼴의 넓이 구하는 식 세우기

사다리꼴의 높이를 □ cm라 하면

$\left(1\frac{1}{2}+3\frac{1}{4}\right)\times\square\div2=2\frac{17}{20}$

❷ 위 ❶의 식을 거꾸로 계산하여 □의 값 구하기

$4\frac{3}{4}\times\square\div2=2\frac{17}{20}$,

$4\frac{3}{4}\times\square=2\frac{17}{20}\times2$, $\frac{19}{4}\times\square=\frac{57}{20}\times2$,

$\frac{19}{4}\times\square=\frac{57}{10}$,

$\square=\frac{57}{10}\div\frac{19}{4}=\frac{57}{10}\times\frac{4}{19}=\frac{6}{5}=1\frac{1}{5}$

➔ 사다리꼴의 높이는 $1\frac{1}{5}$ cm이다.

1주 2일 16 ~ 17 쪽

문해력 문제 4

전략 7 / 9

풀기 ❶ 4, $\frac{3}{7}$ ❷ $\frac{3}{7}$, $\frac{3}{7}$, 21

답 21명

4-1 200명 **4-2** 72쪽 **4-3** 143 m^2

4-1 그림 그리기

주원이네 학교 6학년 학생

안경을 쓴 학생	안경을 쓰지 않은 학생 125명

0, $\frac{3}{8}$, 1

❶ 안경을 쓰지 않은 학생은 전체의 $1-\frac{3}{8}=\frac{5}{8}$이다.

❷ 주원이네 학교 6학년 학생을 □명이라 하면

$\square\times\frac{5}{8}=125$이다.

➔ $\square=125\div\frac{5}{8}=125\times\frac{8}{5}=200$(명)

4-2 그림 그리기

전체 소설책

어제까지 읽은 소설책	오늘 읽은 소설책	남은 소설책 16쪽

0, $\frac{5}{9}$, $\frac{2}{9}$, 1

❶ 남은 소설책은 전체의 $1-\frac{5}{9}-\frac{2}{9}=\frac{2}{9}$이다.

❷ 전체 소설책의 쪽수를 □쪽이라 하면

$\square\times\frac{2}{9}=16$이다.

➔ $\square=16\div\frac{2}{9}=16\times\frac{9}{2}=72$(쪽)

4-3 그림 그리기

효미네 밭

남은 밭

옥수수를 심은 밭	토마토를 심은 밭	아무것도 심지 않은 밭 39 m^2

0, $\frac{6}{11}$, $\frac{2}{11}$, 1

❶ 남은 밭의 $\frac{2}{5}$에 토마토를 심었으므로 토마토를 심은 밭은 전체의 $\frac{2}{11}$이고, 아무것도 심지 않은 밭은 전체의 $1-\frac{6}{11}-\frac{2}{11}=\frac{3}{11}$이다.

❷ 전체 밭의 넓이를 □ m^2라 하면 $\square\times\frac{3}{11}=39$

➔ $\square=39\div\frac{3}{11}=39\times\frac{11}{3}=143\ (m^2)$

1주 1일 18 ~ 19쪽

문해력 문제 5

전략 $\div$

풀기 ❶ 11, 22 ❷ 22, 5, 10

답 $10\ \mathrm{m}^2$

5-1 $8\ \mathrm{m}^2$ **5-2** $\frac{5}{21}$ L

5-3 $5\frac{7}{13}\left(=\frac{72}{13}\right)\ \mathrm{cm}^2$

5-1 ❶ (벽의 넓이)$=10\times2\frac{4}{5}=\overset{2}{\cancel{10}}\times\frac{14}{\underset{1}{\cancel{5}}}=28\ (\mathrm{m}^2)$

❷ (페인트 1 L로 칠한 벽의 넓이)

$=28\div3\frac{1}{2}=28\div\frac{7}{2}=\overset{4}{\cancel{28}}\times\frac{2}{\underset{1}{\cancel{7}}}=8\ (\mathrm{m}^2)$

5-2 전략
칠한 벽의 넓이를 먼저 구한 후, 칠하는 데 사용한 페인트 양을 칠한 벽의 넓이로 나누자.

❶ (벽의 넓이)$=14\times1\frac{1}{2}=\overset{7}{\cancel{14}}\times\frac{3}{\underset{1}{\cancel{2}}}=21\ (\mathrm{m}^2)$

➡ (칠한 벽의 넓이)$=21\div4=\frac{21}{4}\ (\mathrm{m}^2)$

❷ (벽 $1\ \mathrm{m}^2$를 칠하는 데 사용한 페인트 양)

$=1\frac{1}{4}\div\frac{21}{4}=\frac{5}{4}\div\frac{21}{4}=5\div21=\frac{5}{21}$ (L)

5-3 ❶ (정육면체의 한 면의 넓이)

$=2\frac{1}{2}\times2\frac{1}{2}=\frac{5}{2}\times\frac{5}{2}=\frac{25}{4}\ (\mathrm{cm}^2)$

❷ 면이 6개인 정육면체가 6개 있으므로

(칠한 면의 넓이)$=\frac{25}{\underset{\underset{1}{2}}{\cancel{4}}}\times\overset{3}{\cancel{6}}\times\overset{3}{\cancel{6}}=225\ (\mathrm{cm}^2)$

❸ (페인트 1 mL로 칠한 면의 넓이)

$=225\div40\frac{5}{8}=225\div\frac{325}{8}$

$=\overset{9}{\cancel{225}}\times\frac{8}{\underset{13}{\cancel{325}}}=\frac{72}{13}=5\frac{7}{13}\ (\mathrm{cm}^2)$

참고
정육면체 1개에 칠한 면의 넓이는 정육면체의 겉넓이와 같다.
➡ (정육면체 6개에 칠한 면의 넓이)
=(정육면체의 겉넓이)×6

1주 2일 20 ~ 21쪽

문해력 문제 6

전략 $\div$ / $\times$

풀기 ❶ 5, 5, 5, 3, 3 ❷ 3, 18

답 18명

6-1 140권 **6-2** 21벌

6-3 8대

6-1 전략
하루에 인쇄하는 책의 수를 먼저 구한 후 인쇄하는 날수를 곱하자.

❶ (하루에 인쇄하는 책의 수)

$=8\div\frac{2}{5}=\overset{4}{\cancel{8}}\times\frac{5}{\underset{1}{\cancel{2}}}=20$(권)

❷ (일주일 동안 인쇄할 수 있는 책의 수)

$=20\times7=140$(권)

6-2 ❶ A와 B 기계로 각각 40시간 동안 세탁할 수 있는 옷의 수 구하기

A 기계: $40\div\frac{5}{12}=\overset{8}{\cancel{40}}\times\frac{12}{\underset{1}{\cancel{5}}}=96$(벌),

B 기계: $40\div\frac{8}{15}=\overset{5}{\cancel{40}}\times\frac{15}{\underset{1}{\cancel{8}}}=75$(벌)

❷ A 기계는 B 기계보다 옷을 $96-75=21$(벌) 더 세탁할 수 있다.

6-3 ❶ 하루에 조립하는 시간 구하기

오전 9시부터 오후 4시까지 7시간 동안 10분씩 6번 쉬므로 하루에 조립하는 시간은

7시간$-(10\times6)$분$=$7시간$-$1시간$=$6시간이다.

❷ 가게 직원이 하루에 조립할 수 있는 컴퓨터 수 구하기

$6\div2\frac{1}{4}=6\div\frac{9}{4}=\overset{2}{\cancel{6}}\times\frac{4}{\underset{3}{\cancel{9}}}=\frac{8}{3}$(대)

❸ 3일 동안 조립할 수 있는 컴퓨터 수 구하기

$\frac{8}{\underset{1}{\cancel{3}}}\times\overset{1}{\cancel{3}}=8$(대)

다르게 풀기

❶ 하루에 일하는 시간은 6시간이므로 3일 동안 일하는 시간은 $6\times3=18$(시간)이다.

❷ (3일 동안 조립할 수 있는 컴퓨터 수)

$=18\div2\frac{1}{4}=18\div\frac{9}{4}=\overset{2}{\cancel{18}}\times\frac{4}{\underset{1}{\cancel{9}}}$

$=8$(대)

정답과 해설

1주 4일 22 ~ 23 쪽

문해력 문제 7

전략 60

풀기 ❶ 60, 3 ❷ 3, 5, $\frac{2}{5}$

답 $\frac{2}{5}$분

7-1 $\frac{1}{4}$분 **7**-2 $2\frac{1}{2}\left(=\frac{5}{2}\right)$ L

7-3 9 L

7-1 ❶ ■초$=\frac{■}{60}$분임을 이용하여 55초를 분 단위로 바꾸기

55초$=\frac{55}{60}$분$=\frac{11}{12}$분

❷ (1 L의 물이 나오는 데 걸리는 시간)

$=\frac{11}{12}\div3\frac{2}{3}=\frac{11}{12}\div\frac{11}{3}=\frac{\cancel{11}^{1}}{\cancel{12}_{4}}\times\frac{\cancel{3}^{1}}{\cancel{11}_{1}}=\frac{1}{4}$(분)

7-2 전략

시간의 단위를 분으로 통일한 후 나오는 물의 양을 물이 나오는 시간으로 나누어 구하자.

❶ 90초$=\frac{90}{60}$분$=\frac{3}{2}$분

❷ (1분 동안 나오는 물의 양)

$=3\frac{3}{4}\div\frac{3}{2}=\frac{15}{4}\div\frac{3}{2}=\frac{\cancel{15}^{5}}{\cancel{4}_{2}}\times\frac{\cancel{2}^{1}}{\cancel{3}_{1}}$

$=\frac{5}{2}=2\frac{1}{2}$ (L)

7-3 ❶ ▲분$=\frac{▲}{60}$시간임을 이용하여 12분을 시간 단위로 바꾸기

12분$=\frac{12}{60}$시간$=\frac{1}{5}$시간

❷ (정수된 물의 양)÷(정수 시간)

(1시간 동안 정수할 수 있는 물의 양)

$=1\frac{1}{5}\div\frac{1}{5}=\frac{6}{5}\div\frac{1}{5}=6$ (L)

❸ 1시간 30분$=$1시간$+\frac{30}{60}$시간$=1\frac{1}{2}$시간

➡ (1시간 30분 동안 정수할 수 있는 물의 양)

$=6\times1\frac{1}{2}=\cancel{6}^{3}\times\frac{3}{\cancel{2}_{1}}=9$ (L)

1주 4일 24 ~ 25 쪽

문해력 문제 8

전략 ÷

풀기 ❶ $7\frac{1}{3}$ ❷ $7\frac{1}{3}$, 22, 4 / 4

답 4번

8-1 6번 **8**-2 38분

8-3 18번

8-1 ❶ (더 부어야 하는 물의 양)

$=35-4\frac{1}{4}=30\frac{3}{4}$ (L)

❷ $30\frac{3}{4}\div5\frac{1}{8}=\frac{123}{4}\div\frac{41}{8}=\frac{\cancel{123}^{3}}{\cancel{4}_{1}}\times\frac{\cancel{8}^{2}}{\cancel{41}_{1}}=6$

➡ 들이가 $5\frac{1}{8}$ L인 통으로 적어도 6번 부어야 한다.

8-2 ❶ (더 가야 하는 거리)

$=40-6\frac{3}{4}=33\frac{1}{4}$ (km)

❷ $33\frac{1}{4}\div\frac{7}{8}=\frac{133}{4}\div\frac{7}{8}=\frac{\cancel{133}^{19}}{\cancel{4}_{1}}\times\frac{\cancel{8}^{2}}{\cancel{7}_{1}}=38$

➡ 1분에 $\frac{7}{8}$ km를 가는 빠르기로 적어도 38분 더 가야 한다.

8-3 ❶ (더 부어야 하는 감식초의 양)

$=18-5\frac{2}{5}=12\frac{3}{5}$ (L)

❷ (도준이가 부어야 하는 횟수)

$=12\frac{3}{5}\div\frac{3}{10}=\frac{\cancel{63}^{21}}{\cancel{5}_{1}}\times\frac{\cancel{10}^{2}}{\cancel{3}_{1}}=42$ ➡ 42번

(영기가 부어야 하는 횟수)

$=12\frac{3}{5}\div\frac{8}{15}=\frac{63}{\cancel{5}_{1}}\times\frac{\cancel{15}^{3}}{8}=\frac{189}{8}=23\frac{5}{8}$

➡ 24번

❸ 영기는 도준이보다 42−24=18(번) 더 적게 부어서 채울 수 있다.

참고

(부어야 하는 횟수)

=(더 부어야 하는 감식초의 양)÷(그릇의 들이)

1주 5일 26 ~ 27쪽

기출 1

❶ 5 / $\frac{5}{9}$, $\frac{5}{9}$, $\frac{9}{5}$

❷ 88, $\frac{9}{5}$, 5, 36, 25, 160

❸ 예 (긴 막대의 길이)$=\overset{32}{\cancel{160}}\times\frac{9}{\underset{1}{\cancel{5}}}=288$ (cm)

답 288 cm

기출 2

❶ 1 / 5 / 1, 5, 11

❷ 11, $2\frac{8}{11}\left(=\frac{30}{11}\right)$, $2\frac{8}{11}\left(=\frac{30}{11}\right)$

❸ 예 $5\div\frac{30}{11}=\overset{1}{\cancel{5}}\times\frac{11}{\underset{6}{\cancel{30}}}=\frac{11}{6}=1\frac{5}{6}$(배)

답 $1\frac{5}{6}\left(=\frac{11}{6}\right)$배

1주 5일 28 ~ 29쪽

창의 3

❶ 3000, 예 ●$=3000\div\frac{5}{8}=4800$,

따라서 세현이가 가지고 있던 돈은 4800원이다.

❷ 예 ■$\times\frac{7}{9}=7000$, ■$=7000\div\frac{7}{9}=9000$,

따라서 지민이가 가지고 있던 돈은 9000원이다.

❸ 예 (세현이의 남은 돈)$=4800-3000=1800$(원),

(지민이의 남은 돈)$=9000-7000=2000$(원)

➔ $1800<2000$이므로 남은 돈이 더 많은 사람은 지민이다.

답 지민

융합 4

❶ 예 $5\frac{1}{15}\div\frac{1}{6}=\frac{76}{\underset{5}{\cancel{15}}}\times\overset{2}{\cancel{6}}=\frac{152}{5}=30\frac{2}{5}$ (kg)

❷ 예 ■$\times\frac{9}{10}=28\frac{7}{20}$

➔ ■$=28\frac{7}{20}\div\frac{9}{10}=\frac{\overset{63}{\cancel{567}}}{\underset{2}{\cancel{20}}}\times\frac{\overset{1}{\cancel{10}}}{\underset{1}{\cancel{9}}}=\frac{63}{2}=31\frac{1}{2}$ (kg)

❸ 예 $31\frac{1}{2}>30\frac{2}{5}$이므로 지구에서의 몸무게가 더 무거운 사람은 은우이다.

➔ (은우의 수성에서의 몸무게)

$=31\frac{1}{2}\times\frac{1}{3}=\frac{\overset{21}{\cancel{63}}}{2}\times\frac{1}{\underset{1}{\cancel{3}}}=\frac{21}{2}=10\frac{1}{2}$ (kg)

답 $10\frac{1}{2}\left(=\frac{21}{2}\right)$ kg

1주 주말 TEST 30 ~ 33쪽

1 2번	2 $4\frac{2}{3}\left(=\frac{14}{3}\right)$ m
3 $8\frac{1}{3}\left(=\frac{25}{3}\right)$ m^2	4 $2\frac{5}{14}\left(=\frac{33}{14}\right)$ L
5 12분	6 11번
7 540명	8 40개
9 $3\frac{5}{9}\left(=\frac{32}{9}\right)$ cm	10 65개

1 ❶ (봉지 1개에 담은 미숫가루의 양)

$=6\frac{1}{8}\div7=\frac{49}{8}\div7=\frac{\overset{7}{\cancel{49}}}{8}\times\frac{1}{\underset{1}{\cancel{7}}}=\frac{7}{8}$ (kg)

❷ (봉지 1개에 담은 미숫가루를 먹을 수 있는 횟수)

$=\frac{7}{8}\div\frac{7}{16}=\frac{\overset{1}{\cancel{7}}}{\underset{1}{\cancel{8}}}\times\frac{\overset{2}{\cancel{16}}}{\underset{1}{\cancel{7}}}=2$(번)

2 ❶ 평행사변형의 밑변의 길이를 □ m라 하면

□$\times2\frac{1}{7}=10$

❷ □$=10\div2\frac{1}{7}=10\div\frac{15}{7}=\overset{2}{\cancel{10}}\times\frac{7}{\underset{3}{\cancel{15}}}$

$=\frac{14}{3}=4\frac{2}{3}$

➔ 평행사변형의 밑변의 길이는 $4\frac{2}{3}$ m이다.

3 ❶ (벽의 넓이)$=15\times2\frac{2}{3}=\overset{5}{\cancel{15}}\times\frac{8}{\underset{1}{\cancel{3}}}=40$ (m^2)

❷ (페인트 1 L로 칠한 벽의 넓이)

$=40\div4\frac{4}{5}=40\div\frac{24}{5}=\overset{5}{\cancel{40}}\times\frac{5}{\underset{3}{\cancel{24}}}$

$=\frac{25}{3}=8\frac{1}{3}$ (m^2)

4 ❶ ■초$=\frac{■}{60}$분임을 이용하여 70초를 분 단위로 바꾸기

70초$=\frac{70}{60}$분$=\frac{7}{6}$분

❷ (나오는 물의 양)÷(물이 나오는 시간)

(1분 동안 나오는 물의 양)

$=2\frac{3}{4}\div\frac{7}{6}=\frac{11}{4}\div\frac{7}{6}=\frac{11}{\cancel{4}_{2}}\times\frac{\cancel{6}^{3}}{7}$

$=\frac{33}{14}=2\frac{5}{14}$ (L)

5 ❶ (자른 도막 수)

$=9\frac{1}{6}\div1\frac{5}{6}=\frac{55}{6}\div\frac{11}{6}=\frac{\cancel{55}^{5}}{\cancel{6}_{1}}\times\frac{\cancel{6}^{1}}{\cancel{11}_{1}}=5$(도막)

❷ (철근을 자른 횟수)$=5-1=4$(번)

❸ (철근을 모두 자를 때까지 걸린 시간)

$=3\times4=12$(분)

참고

(철근을 자른 횟수)=(자른 도막 수)−1

6 ❶ (더 부어야 하는 물의 양)

$=20-5\frac{7}{10}=14\frac{3}{10}$ (L)

❷ $14\frac{3}{10}\div1\frac{3}{10}=\frac{143}{10}\div\frac{13}{10}=143\div13=11$

➜ 들이가 $1\frac{3}{10}$ L인 그릇으로 적어도 11번 부어야 한다.

7 그림 그리기

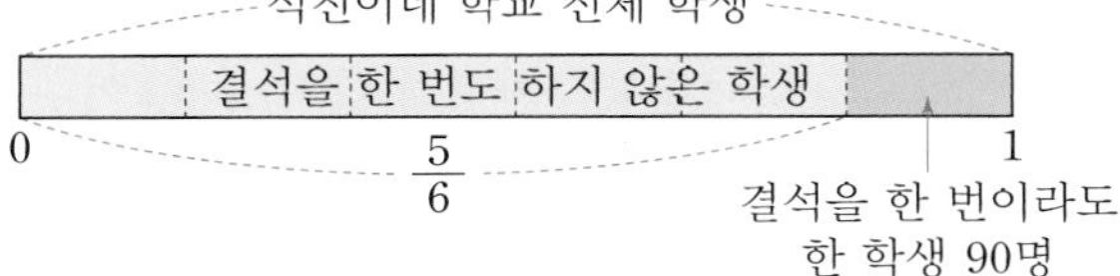

❶ 결석을 한 번이라도 한 학생은 전체의

$1-\frac{5}{6}=\frac{1}{6}$이다.

❷ 석진이네 학교 전체 학생을 □명이라 하면

$□\times\frac{1}{6}=90$이다.

➜ $□=90\div\frac{1}{6}=90\times6=540$(명)

8 ❶ (하루에 접는 동백꽃 수)

$=35\div3\frac{1}{2}=35\div\frac{7}{2}=\cancel{35}^{5}\times\frac{2}{\cancel{7}_{1}}=10$(개)

❷ (4일 동안 접을 수 있는 동백꽃 수)

$=10\times4=40$(개)

9 ❶ 직각삼각형의 넓이 구하는 식 세우기

직각삼각형의 높이를 □ cm라 하면

$2\frac{5}{11}\times□\div2=4\frac{4}{11}$

❷ □의 값 구하기

$2\frac{5}{11}\times□=4\frac{4}{11}\times2$, $\frac{27}{11}\times□=\frac{48}{11}\times2$,

$\frac{27}{11}\times□=\frac{96}{11}$,

$□=\frac{96}{11}\div\frac{27}{11}=96\div27=\frac{\cancel{96}^{32}}{\cancel{27}_{9}}=\frac{32}{9}=3\frac{5}{9}$

➜ 직각삼각형의 높이는 $3\frac{5}{9}$ cm이다.

참고

(삼각형의 넓이)=(밑변의 길이)×(높이)÷2

➜ (높이)=(삼각형의 넓이)×2÷(밑변의 길이)

10 그림 그리기

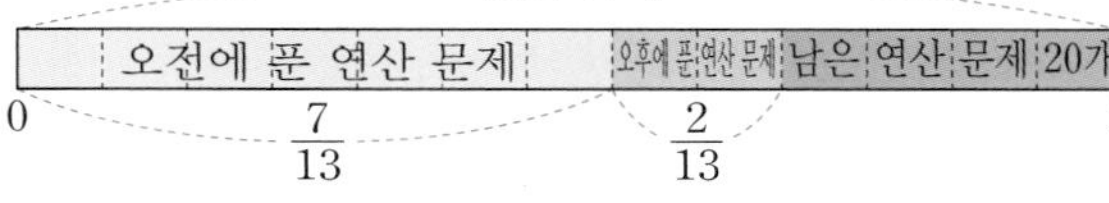

❶ 남은 연산 문제는 전체의

$1-\frac{7}{13}-\frac{2}{13}=\frac{4}{13}$이다.

❷ 전체 연산 문제의 수를 □개라 하면

$□\times\frac{4}{13}=20$이다.

➜ $□=20\div\frac{4}{13}=\cancel{20}^{5}\times\frac{13}{\cancel{4}_{1}}=65$(개)

다르게 풀기

❶ 오전과 오후에 푼 연산 문제는 전체의

$\frac{7}{13}+\frac{2}{13}=\frac{9}{13}$이므로

남은 연산 문제는 전체의 $1-\frac{9}{13}=\frac{4}{13}$이다.

❷ 전체 연산 문제의 수를 □개라 하면

$□\times\frac{4}{13}=20$이다.

➜ $□=20\div\frac{4}{13}=\cancel{20}^{5}\times\frac{13}{\cancel{4}_{1}}=65$(개)

소수의 나눗셈

2주 준비 학습 36 ~ 37쪽

1
```
      1 2
2.8)3 3.6
    2 8
      5 6
      5 6
        0
```
» 12 / 12

2
```
         1 3
0.57)7.4 1
      5 7
      1 7 1
      1 7 1
          0
```
» $7.41 \div 0.57 = 13$ / 13도막

3
```
      2.3
3.5)8.0 5
    7 0
    1 0 5
    1 0 5
        0
```
» $8.05 \div 3.5 = 2.3$ / 2.3배

4
```
        3.4
7.2)2 4.4 8
    2 1 6
      2 8 8
      2 8 8
          0
```
» $24.48 \div 7.2 = 3.4$ / 3.4 cm

5
```
          1 6
2.25)3 6.0 0
      2 2 5
      1 3 5 0
      1 3 5 0
            0
```
» $36 \div 2.25 = 16$ / 16봉지

6
```
     4
7)3 2.5
  2 8
    4.5
```
/ 4, 4.5 » $32.5 \div 7 = 4 \cdots 4.5$ / 4명, 4.5 m

2 (자른 종이띠의 도막 수)
=(종이띠의 전체 길이)÷(한 도막의 길이)
$=7.41 \div 0.57 = 13$(도막)

3 (수박의 무게)÷(멜론의 무게)
$=8.05 \div 3.5 = 2.3$(배)

4 (세로)=(직사각형의 넓이)÷(가로)
$=24.48 \div 7.2 = 3.4$ (cm)

5 (봉지의 수)=(전체 완두콩의 무게)
÷(한 봉지에 담을 완두콩의 무게)
$=36 \div 2.25 = 16$(봉지)

6 (전체 옷감의 길이)
÷(한 사람에게 나누어 줄 옷감의 길이)
$=32.5 \div 7 = 4 \cdots 4.5$
➜ 4명에게 나누어 줄 수 있고, 옷감 4.5 m가 남는다.

2주 준비 학습 38 ~ 39쪽

1 $94.8 \div 15.8 = 6$ / 6명
2 $13.75 \div 1.25 = 11$ / 11상자
3 $3.22 \div 1.4 = 2.3$ / 2.3배
4 $23.56 \div 6.2 = 3.8$ / 3.8 cm
5 $376 \div 23.5 = 16$ / 16잔
6 $34 \div 4.25 = 8$ / 8개
7 $10.7 \div 0.4 = 26 \cdots 0.3$ / 26그릇, 0.3 kg

2 (포장할 수 있는 상자 수)
=(전체 찹쌀떡의 무게)
÷(한 상자에 나누어 포장하는 찹쌀떡의 무게)
$=13.75 \div 1.25 = 11$(상자)

3 (집에서 야구장까지의 거리)
÷(집에서 수영장까지의 거리)
$=3.22 \div 1.4 = 2.3$(배)

4 (밑변의 길이)=(평행사변형의 넓이)÷(높이)
$=23.56 \div 6.2 = 3.8$ (cm)

5 (만들 수 있는 코코아 잔 수)
=(전체 코코아 가루 양)
÷(한 잔을 만드는 데 사용하는 코코아 가루 양)
$=376 \div 23.5 = 16$(잔)

6 (정다각형의 변의 수)
=(둘레)÷(한 변의 길이)$=34 \div 4.25 = 8$(개)

7 (전체 바지락의 무게)
÷(칼국수 한 그릇을 만드는 데 필요한 바지락의 무게)
$=10.7 \div 0.4 = 26 \cdots 0.3$
➜ 26그릇까지 만들 수 있고, 남는 바지락의 양은 0.3 kg이다.

2주 1일 40 ~ 41쪽

문해력 문제 1

전략 0.5

풀기 ❶ 5.4 ❷ 5.4, 9

답 9 m

1-1 12 m **1-2** 20.8 kg

1-3 57750원

1-1 ❶ (철근 1.4 m의 무게)÷1.4

(철근 1 m의 무게)=4.62÷1.4=3.3 (kg)

❷ (무게가 39.6 kg인 철근의 길이)

=39.6÷3.3=12 (m)

1-2 ❶ (막대 2.4m의 무게)÷2.4

(막대 1 m의 무게)=6.24÷2.4=2.6 (kg)

❷ (막대 8 m의 무게)=2.6×8=20.8 (kg)

1-3 ❶ (휘발유 1 L로 갈 수 있는 거리)

=19.8÷1.5=13.2 (km)

❷ (462 km를 가는 데 필요한 휘발유의 양)

=462÷13.2=35 (L)

❸ (462 km를 가는 데 필요한 휘발유의 값)

=1650×35=57750(원)

2주 1일 42 ~ 43쪽

문해력 문제 2

전략 나머지 / −

풀기 ❶ 15, 1.6 / 15, 1.6 ❷ 1.6, 1.6, 4.2

답 4.2 kg

2-1 0.8 L **2-2** 5 g

2-3 1.6 kg

2-1 전략

몫을 자연수 부분까지 구한 후 남은 우유로 한 통을 더 만들려면 몇 L가 더 필요한지 구한다.

❶ (전체 우유의 양)÷(한 통에 담을 우유의 양)

=82÷1.2=68···0.4

➔ 68통에 담을 수 있고, 우유 0.4 L가 남는다.

❷ 남은 우유 0.4 L로 한 통을 더 만들려면

적어도 1.2−0.4=0.8 (L) 더 필요하다.

2-2 ❶ 0.52 kg=520 g

❷ (전체 밀가루의 양)

÷(쿠키 한 개를 만드는 데 필요한 밀가루의 양)

=520÷12.5=41···7.5

➔ 쿠키를 41개 만들 수 있고, 밀가루 7.5 g이 남는다.

❸ 남은 밀가루 7.5 g으로 쿠키를 한 개 더 만들려면 적어도 12.5−7.5=5 (g) 더 필요하다.

2-3 ❶ (자루에 담고 남은 피칸의 무게)

=500−(15×28)=500−420=80 (kg)

❷ (남은 피칸의 무게)÷(한 봉지에 담을 피칸의 무게)

=80÷2.4=33···0.8

➔ 33봉지에 담을 수 있고, 피칸 0.8 kg이 남는다.

❸ 남은 피칸 0.8 kg으로 한 봉지를 더 만들려면

적어도 2.4−0.8=1.6 (kg) 더 필요하다.

2주 2일 44 ~ 45쪽

문해력 문제 3

전략 첫

풀기 ❶ 0.42, 13, 5 ❷ 14, 14

답 14주일

3-1 1.7배 **3-2** 14.3 km

3-3 1.71배

3-1 ❶ (소나무 키)÷(단풍나무 키)

=14.4÷8.6=1.67···

❷ 몫을 반올림하여 소수 첫째 자리까지 나타내면 1.7이므로 소나무 키는 단풍나무 키의 1.7배이다.

3-2 ❶ 1시간 30분=$1\frac{30}{60}$시간=$1\frac{5}{10}$시간=1.5시간

❷ (자전거를 타고 간 거리)÷(자전거를 탄 시간)

=21.5÷1.5=14.33···

❸ 몫을 반올림하여 소수 첫째 자리까지 나타내면 14.3이므로 진호가 한 시간 동안 간 거리는 14.3 km이다.

3-3 ❶ (소희가 그릇 한 개를 만드는 데 사용한 고령토 양)

=7.2÷6=1.2 (kg)

❷ (영채가 그릇 한 개를 만드는 데 사용한 고령토 양)

=8.4÷12=0.7 (kg)

❸ 1.2÷0.7=1.714··· 이므로 몫을 반올림하여 소수 둘째 자리까지 나타내면 1.71이다. ➔ 1.71배

2주 2일 46 ~ 47쪽

문해력 문제 4

전략 ×

풀기 ① 15 ② 6.6, 9 ③ 15, 9, 135

답 135장

4-1 672장 **4-2** 144장

4-3 192장

4-1 ① (바닥의 가로)÷(타일의 가로)

(가로로 붙일 타일의 수)

$=7\div0.25=28$(장)

② (바닥의 세로)÷(타일의 세로)

(세로로 붙일 타일의 수)

$=8.4\div0.35=24$(장)

③ (필요한 타일의 수)$=28\times24=672$(장)

참고
타일을 가로로 ■장, 세로로 ▲장 붙일 때 필요한 타일의 수는 ■×▲로 구할 수 있다.

4-2 전략
가로와 세로로 자른 정사각형 모양의 수를 먼저 구한다.

① (가로로 자른 정사각형 모양의 수)

$=72\div4.5=16$(장)

② (세로로 자른 정사각형 모양의 수)

$=40.5\div4.5=9$(장)

③ (자른 정사각형 모양의 수)

$=16\times9=144$(장)

4-3 ① (상자의 한 면에 가로로 붙일 색종이의 수)

$=28.8\div3.6=8$(장)

(상자의 한 면에 세로로 붙일 색종이의 수)

$=28.8\div7.2=4$(장)

② (상자의 한 면에 가로로 붙일 색종이의 수)

×(상자의 한 면에 세로로 붙일 색종이의 수)

(상자의 한 면에 붙일 때 필요한 색종이의 수)

$=8\times4=32$(장)

③ (상자의 한 면에 붙일 색종이의 수)×(정육면체의 면의 수)

정육면체의 면은 6개이므로 상자의 모든 면에 붙일 때 필요한 색종이의 수는 $32\times6=192$(장)이다.

2주 2일 48 ~ 49쪽

문해력 문제 5

전략 ÷

풀기 ① 15.2, 75.4 ② 75.4, 13

답 13개

5-1 24개 **5-2** 13개

5-3 0.64 kg

5-1 전략
밤만의 무게를 구하려면
(밤이 들어 있는 망태기의 무게)−(빈 망태기의 무게)를 구한다.

① (밤만의 무게)$=206.3-9.5=196.8$ (g)

② (망태기에 들어 있는 밤의 수)

$=196.8\div8.2=24$(개)

5-2 전략
노란색 공만의 무게를 구하여 노란색 공 한 개의 무게로 나눈다.

① (빨간색 공 5개의 무게)

$=9.5\times5=47.5$ (g)

② (공이 담긴 상자의 무게)−(빨간색 공 5개의 무게)

−(빈 상자의 무게)

(노란색 공만의 무게)

$=167.9-47.5-12.5=107.9$ (g)

③ (노란색 공의 수)$=107.9\div8.3=13$(개)

5-3 전략
우유 2.6 L의 무게를 구한 후 우유 1 L의 무게를 구한다.

① (우유 5 L가 들어 있는 통의 무게)

−(우유 2.6 L를 덜어 내고 잰 통의 무게)

(우유 2.6 L의 무게)

$=5.89-3.16=2.73$ (kg)

② (우유 2.6 L의 무게)÷2.6

(우유 1 L의 무게)$=2.73\div2.6=1.05$ (kg)

③ (우유 1 L의 무게)×5

(우유 5 L의 무게)$=1.05\times5=5.25$ (kg)

④ (우유 5 L가 들어 있는 통의 무게)−(우유 5 L의 무게)

(빈 통의 무게)$=5.89-5.25=0.64$ (kg)

참고
(우유 ■ L의 무게)+(빈 통의 무게)
=(우유 ■ L가 들어 있는 통의 무게)

2주 3일 50 ~ 51 쪽

문해력 문제 6

전략 1

풀기 ❶ 231 ❷ 231, 42 ❸ 42, 43

답 43개

6-1 66개 **6-2** 78개

6-3 36개

6-1 전략

❶ 0.208 km를 m 단위로 나타낸다.
❷ (도로의 길이)÷(깃발을 세울 간격)으로 깃발 사이의 간격 수를 구한 후
❸ (깃발 사이의 간격 수)+1을 구한다.

❶ $0.208\ \text{km}=208\ \text{m}$
❷ (깃발 사이의 간격 수)$=208\div3.2=65$(군데)
❸ (필요한 깃발 수)$=65+1=66$(개)

6-2 ❶ $0.351\ \text{km}=351\ \text{m}$
❷ (의자의 길이)+(의자를 설치한 간격)
$=1.2+3.3=4.5\ (\text{m})$
❸ (필요한 의자 수)$=351\div4.5=78$(개)

참고
원 모양의 둘레에 일정한 간격으로 물건을 놓을 때
(물건 사이의 간격 수)=(물건의 수)이다.

6-3 ❶ (첫 번째 재활용 수거함의 끝 부분부터 산책로 끝까지의 길이)
$=519.5-1.5=518\ (\text{m})$
❷ (재활용 수거함을 설치한 간격)
+(재활용 수거함의 길이)
$=13.3+1.5=14.8\ (\text{m})$
❸ (재활용 수거함 사이의 간격 수)
$=518\div14.8=35$(군데)
➔ (필요한 재활용 수거함 수)
$=35+1=36$(개)

참고

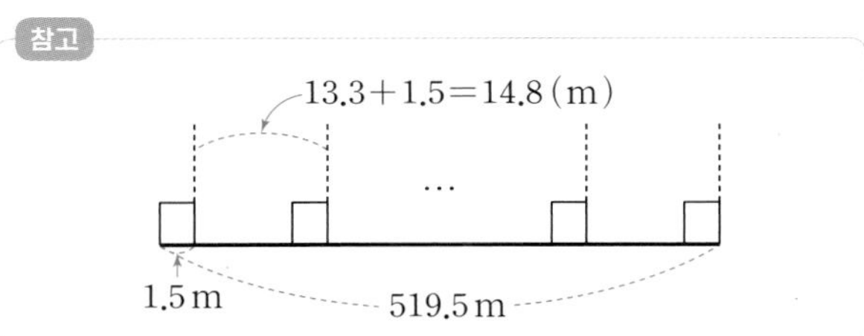

2주 4일 52 ~ 53 쪽

문해력 문제 7

전략 4.32

풀기 ❶ 4.32 ❷ 4.32, 2.7, 2.7
❸ 2.7, 1, 6, 8 / 1.7

답 1.7

7-1 1.3 **7-2** 0.33

7-3 36.9

7-1 전략

먼저 잘못 계산한 식을 세워 어떤 수를 구한 후 바르게 계산한 값을 구한다.

❶ 어떤 수를 □라 하면 잘못 계산한 식은
$\square\times2.3=7.13$이다.
❷ $\square=7.13\div2.3=3.1$ ➔ (어떤 수)$=3.1$
❸ 바르게 계산하면 $3.1\div2.3=1.34\cdots$이므로 몫을 반올림하여 소수 첫째 자리까지 나타내면 1.3이다.

참고
■×▲=● ➔ ■=●÷▲

7-2 ❶ 어떤 수를 □라 하여 잘못 계산한 식 세우기
어떤 수를 □라 하면 잘못 계산한 식은
$15.3\div\square=3$이다.
❷ 어떤 수 구하기
$\square=15.3\div3=5.1$ ➔ (어떤 수)$=5.1$
❸ 바르게 계산했을 때의 몫을 반올림하여 소수 둘째 자리까지 나타내기
바르게 계산하면 $5.1\div15.3=0.333\cdots$이므로 몫을 반올림하여 소수 둘째 자리까지 나타내면 0.33이다.

주의
나눗셈의 몫을 반올림하여 나타낼 때에는 구하려는 자리보다 한 자리 아래까지 몫을 구한 후 반올림한다.

7-3 ❶ 어떤 수를 □라 하면 잘못 계산한 식은
$\square\div2.8\times1.7=13.6$이다.
❷ $\square\div2.8=13.6\div1.7=8$, $\square=8\times2.8=22.4$
❸ (어떤 수)$\times2.8\div1.7$의 몫을 반올림하여 소수 첫째 자리까지 나타내기
바르게 계산하면 $22.4\times2.8\div1.7$에서
$62.72\div1.7=36.89\cdots$이므로 몫을 반올림하여 소수 첫째 자리까지 나타내면 36.9이다.

2주 4일 54 ~ 55쪽

문해력 문제 8

전략 $+$

풀기 ❶ 6, 1.6 ❷ 1.6, 10.3 ❸ 10.3, 45.7

❹ 45.7, 5

답 5시간

8-1 3시간 **8-2** 4시간

8-1 전략
❶ 1시간 12분을 소수로 나타낸 후
❷ 강물이 1시간 동안 흐르는 거리를 구한다.
❸ (배가 1시간에 가는 거리)+(강물이 1시간 동안 흐르는 거리)를 구한 후
❹ 165.6÷(위 ❸에서 구한 거리)를 계산한다.

❶ 1시간 12분$=1\frac{12}{60}$시간$=1\frac{2}{10}$시간$=1.2$시간

❷ (강물이 1시간 동안 흐르는 거리)
$=14.88\div1.2=12.4$ (km)

❸ (배가 강물이 흐르는 방향으로 1시간 동안 가는 거리)
$=42.8+12.4=55.2$ (km)

❹ (배가 165.6 km를 가는 데 걸리는 시간)
$=165.6\div55.2=3$(시간)

참고
■시간 ▲분$=$■$\frac{▲}{60}$시간임을 이용하여 시간을 소수로 나타내어 계산한다.

8-2 ❶ 1시간 30분을 소수로 나타내기
1시간 30분$=1\frac{30}{60}$시간$=1\frac{5}{10}$시간$=1.5$시간

❷ (강물이 1시간 동안 흐르는 거리)
$=21\div1.5=14$ (km)

❸ (배가 강물이 흐르는 방향과 반대 방향으로 1시간 동안 가는 거리)
$=38.2-14=24.2$ (km)

❹ (배가 96.8 km를 가는 데 걸리는 시간)
$=96.8\div24.2=4$(시간)

참고
(배가 강물이 흐르는 방향과 반대 방향으로 1시간 동안 가는 거리)
=(배가 1시간 동안 가는 거리)
−(강물이 1시간 동안 흐르는 거리)

2주 5일 56 ~ 57쪽

기출 1

❶ 8.5, 9.5

❷ 8.5, 9.5 / 8.5, 5.95, 9.5, 6.65

❸ 예 5.95 이상 6.65 미만인 수 중에서 ㉠.97인 수는 5.97이므로 ㉠에 알맞은 수는 5이다.

답 5

기출 2

❶ 2, 179.36, 23.6, 9.2 / 9.2

❷ ㄱㄹㅁ, ㄹㄷㅁ

❸ 44.84 / $9.2\times7.6\div2=34.96$ (cm^2) /
$44.84-34.96=9.88$ (cm^2)

답 9.88 cm^2

2주 5일 58 ~ 59쪽

창의 3

❶ 8, 1, 4, 8, 1 / 8, 1

❷ 3 / 3, 13, 1 / 8, 1, 13, 4

❸ 예 (몫의 각 자리 숫자의 합)
$=(4+8+1)\times13+4$
$=13\times13+4=169+4=173$

답 173

융합 4

❶ 5.8, 0.69, 0.7

❷ 9.5, 78.85

❸ 159.36, 8.3, 19.2

❹ ㉠=0.7, ㉡=78.85, ㉢=19.2이므로
㉠+㉡+㉢=0.7+78.85+19.2=98.75이다.

답 98.75

창의 3

❷ $40\div3=13\cdots1$에서
- 몫이 13이므로 숫자 4, 8, 1이 13번 반복된다.
- 나머지가 1이므로 몫의 소수 40째 자리 숫자는 반복되는 숫자 중 첫 번째 숫자와 같은 4이다.

2주 주말 TEST 60 ~ 63쪽

1 8 m	**2** 4.2배
3 15개	**4** 0.2 kg
5 76그루	**6** 120장
7 1.2	**8** 1.78 km
9 85개	**10** 4시간

1 ❶ (철근 1 m의 무게)=7.74÷1.8=4.3 (kg)
❷ (무게가 34.4 kg인 철근의 길이)
=34.4÷4.3=8 (m)

2 ❶ (기린의 몸길이)÷(코알라의 몸길이)
=2.7÷0.65=4.15…
❷ 몫을 반올림하여 소수 첫째 자리까지 나타내면 4.2이므로 기린의 몸길이는 코알라의 몸길이의 4.2배이다.

참고
■는 ▲의 몇 배인지 구하려면 ■÷▲를 계산한다.

3 ❶ (손 세정제만의 무게)=390.5−12.5=378 (g)
❷ (상자에 들어 있는 손 세정제의 수)
=378÷25.2=15(개)

4 ❶ (전체 새우의 양)÷(한 통에 담을 새우의 양)
=67÷1.6=41 … 1.4
➔ 41통에 담을 수 있고, 새우 1.4 kg이 남는다.
❷ 남은 새우 1.4 kg으로 한 통을 더 만들려면 적어도 1.6−1.4=0.2 (kg) 더 필요하다.

주의
새우를 담을 통의 수는 자연수이므로 67÷1.6의 몫을 자연수까지만 구한다.

5 ❶ 0.36 km=360 m
❷ (나무 사이의 간격 수)=360÷4.8=75(군데)
❸ (필요한 나무 수)=75+1=76(그루)

참고
(필요한 나무 수)=(나무 사이의 간격 수)+1

6 ❶ (가로로 붙일 타일의 수)=4.16÷0.52=8(장)
❷ (세로로 붙일 타일의 수)=5.4÷0.36=15(장)
❸ (가로로 붙일 타일의 수)×(세로로 붙일 타일의 수)
(필요한 타일의 수)=8×15=120(장)

7 ❶ 어떤 수를 □라 하여 잘못 계산한 식 세우기
어떤 수를 □라 하면 잘못 계산한 식은
□×3.6=15.12이다.
❷ 어떤 수 구하기
□=15.12÷3.6=4.2 ➔ (어떤 수)=4.2
❸ 바르게 계산했을 때의 몫을 반올림하여 소수 첫째 자리까지 나타내기
바르게 계산하면 4.2÷3.6=1.16 … 이므로
몫을 반올림하여 소수 첫째 자리까지 나타내면
1.2이다.

8 ❶ 1시간 48분을 소수로 나타내기
1시간 48분=$1\frac{48}{60}$시간=$1\frac{8}{10}$시간=1.8시간
❷ (등반한 거리)÷(등반한 시간)
=3.2÷1.8=1.777 …
❸ 몫을 반올림하여 소수 둘째 자리까지 나타내면 1.78이므로 진호가 한 시간 동안 등반한 거리는 1.78 km이다.

9 ❶ 호수 둘레와 조형물 간격의 단위 같게 하기
0.493 km=493 m
❷ (조형물을 설치한 간격)+(조형물의 길이)
=4.3+1.5=5.8 (m)
❸ (필요한 조형물 수)=493÷5.8=85(개)

10 ❶ 1시간 24분을 소수로 나타내기
1시간 24분=$1\frac{24}{60}$시간=$1\frac{4}{10}$시간=1.4시간
❷ (강물이 1시간 동안 흐르는 거리)
=19.6÷1.4=14 (km)
❸ (배가 강물이 흐르는 방향으로 1시간 동안 가는 거리)
=47.4+14=61.4 (km)
❹ (배가 245.6 km를 가는 데 걸리는 시간)
=245.6÷61.4=4(시간)

참고
- (배가 강물이 흐르는 방향으로 1시간 동안 가는 거리)
=(배가 1시간 동안 가는 거리)+(강물이 1시간 동안 흐르는 거리)
- (배가 강물이 흐르는 방향과 반대 방향으로 1시간 동안 가는 거리)
=(배가 1시간 동안 가는 거리)−(강물이 1시간 동안 흐르는 거리)

3주 원의 넓이 / 원기둥, 원뿔, 구

3주 준비학습 66 ~ 67쪽

1 3.1, 18.6 » 18.6 / 18.6 cm
2 2, 31.4 » $5 \times 2 \times 3.14 = 31.4$ / 31.4 cm
3 7, 147 » $7 \times 7 \times 3 = 147$ / 147 cm^2
4 17 » 17 cm
5 10 » 10 cm
6 6 » 6 cm

1 (원주)=(지름)×(원주율)

2 (원주)=(반지름)×2×(원주율)

3 (원의 넓이)=(반지름)×(반지름)×(원주율)

4 원뿔의 꼭짓점과 밑면인 원의 둘레의 한 점을 이은 선분을 모선이라고 한다.

5 직사각형 모양의 종이를 한 변을 기준으로 한 바퀴 돌리면 원기둥이 만들어진다.
밑면의 지름은 반지름의 2배이므로
$5 \times 2 = 10$ (cm)이다.

6 반원 모양의 종이를 지름을 기준으로 한 바퀴 돌리면 구가 만들어진다. 구의 지름은 반원의 지름과 같으므로 12 cm이다.
➜ (구의 반지름)$=12 \div 2 = 6$ (cm)

3주 준비학습 68 ~ 69쪽

1 $18 \times 3.1 = 55.8$ / 55.8 cm
2 $4 \times 4 \times 3.14 = 50.24$ / 50.24 cm^2
3 $16 \times 16 \times 3 = 768$ / 768 cm^2
4 88 cm
5 6 cm / 14 cm
6 300 cm^2
7 31 cm / 12 cm

1 (원주)$=18 \times 3.1 = 55.8$ (cm)

2 (만두피의 넓이)$=4 \times 4 \times 3.14 = 50.24$ (cm^2)

3 지름이 32 cm이므로 (반지름)$=32 \div 2 = 16$ (cm)이다.
➜ (원의 넓이)$=16 \times 16 \times 3 = 768$ (cm^2)

4 (밑면의 지름)$=24 \times 2 = 48$ (cm)
(모선의 길이)$=40$ cm
➜ $48 + 40 = 88$ (cm)

5 (원기둥의 밑면의 지름)=(직사각형의 가로)$=12$ cm
➜ (밑면의 반지름)$=12 \div 2 = 6$ (cm)
(원기둥의 높이)=(직사각형의 세로)$=14$ cm

6 지구의의 지름이 20 cm이므로 반지름은 10 cm이다.
➜ (지구의를 위에서 본 모양)
$=10 \times 10 \times 3 = 300$ (cm^2)

7 (옆면의 가로)=(밑면의 반지름)×2×(원주율)
$=5 \times 2 \times 3.1 = 31$ (cm)
(옆면의 세로)=(원기둥의 높이)$=12$ cm

3주 1일 70 ~ 71쪽

문해력 문제 1
전략 2.5 / 2.5
풀기 ❶ 3.1, 155 ❷ 155 / 387.5
답 387.5 cm
1-1 494.55 cm
1-2 6바퀴
1-3 8바퀴

1-1 ❶ (쟁반의 원주)$=45 \times 3.14 = 141.3$ (cm)
❷ (쟁반이 3바퀴 반 굴러간 거리)
$=141.3 \times 3.5 = 494.55$ (cm)

1-2 ❶ (훌라후프의 원주)$=60 \times 3.1 = 186$ (cm)
❷ (굴린 바퀴 수)$=1116 \div 186 = 6$(바퀴)

참고
(굴린 바퀴 수)=(굴러간 거리)÷(훌라후프의 원주)

1-3 ❶ (지름이 30 cm인 바퀴 자가 굴러간 거리)
$=30 \times 3 \times 5 = 450$ (cm)
❷ (지름이 25 cm인 바퀴 자가 굴러간 거리)
$=1050 - 450 = 600$ (cm)
❸ (지름이 25 cm인 바퀴 자를 굴린 횟수)
$=600 \div 25 \div 3 = 8$(바퀴)

3주 1일 72 ~ 73쪽

문해력 문제 2

풀기 ❶ 24 / 3.1, 19 ❷ 24, 19, 43

답 43 cm

2-1 53 cm **2-2** 78 cm

2-3 446.4 cm

2-1 ❶ (민아가 만든 피자의 지름)
$=78.5\div3.14=25$ (cm)
(재윤이가 만든 피자의 지름)
$=87.92\div3.14=28$ (cm)
❷ (두 사람이 만든 피자의 지름의 합)
$=25+28=53$ (cm)

참고
(원주)=(지름)×(원주율) ➜ (지름)=(원주)÷(원주율)

2-2 전략
지수가 만든 원의 원주는 사용한 철사의 길이와 같음을 이용하여 지수가 만든 원의 반지름을 구한 후 형주가 만든 원의 반지름을 구한다.

❶ (지수가 만든 원의 반지름)
$=72\div3\div2=12$ (cm)
(형주가 만든 원의 반지름)
$=12+1=13$ (cm)
❷ (형주가 만든 원의 원주)
$=13\times2\times3=78$ (cm)

참고
(반지름)=(원주)÷(원주율)÷2

2-3 ❶ (가장 큰 원의 원주)÷(원주율)
(가장 큰 원의 지름)$=558\div3.1=180$ (cm)
❷ (가장 큰 원의 지름)÷5
(가장 작은 원의 지름)$=180\div5=36$ (cm)
❸ 7점 바깥쪽의 원의 지름을 구하여 원주 구하기
7점 바깥쪽의 원의 지름은 가장 작은 원의 지름의 4배이므로
(7점 바깥쪽의 원의 지름)$=36\times4=144$ (cm)이다.
➜ (7점 바깥쪽의 원의 원주)
$=144\times3.1=446.4$ (cm)

3주 2일 74 ~ 75쪽

문해력 문제 3

전략 ×, × / 2

풀기 ❶ 900, 30 ❷ 30, 186

답 186 cm

3-1 150 cm **3-2** 78.5 cm^2

3-3 55815 cm^2

3-1 전략
(원의 넓이)=(반지름)×(반지름)×(원주율)에서 반지름을 구한 후 맨홀 뚜껑의 둘레를 구한다.

❶ 맨홀 뚜껑의 반지름을 □ cm라 하면
□×□×3=1875, □×□=1875÷3,
□×□=625, □=25이다.
❷ (맨홀 뚜껑의 둘레)$=25\times2\times3=150$ (cm)

참고
(원주)=(지름)×(원주율)
=(반지름)×2×(원주율)

3-2 전략
큰 원의 원주를 이용하여 큰 원의 지름을 먼저 구한 후 작은 원의 반지름을 구하자.

❶ 큰 원의 지름을 □ cm라 하면
□×3.14=43.96, □=14이다.
❷ (작은 원의 지름)$=24-14=10$ (cm)
(작은 원의 반지름)$=10\div2=5$ (cm)
➜ (작은 원의 넓이)$=5\times5\times3.14$
$=78.5$ (cm^2)

3-3 ❶ 가장 큰 원의 지름을 □ cm라 하면
□×3=1098, □=366이다.
반지름이 $366\div2=183$ (cm)이므로
(넓이)$=183\times183\times3=100467$ (cm^2)
❷ (파란색 부분을 제외한 부분의 넓이)
=(두 번째로 큰 원의 넓이)
(파란색 부분을 제외한 부분의 넓이)
$=122\times122\times3=44652$ (cm^2)
❸ (파란색 부분의 넓이)
=(위 ❶에서 구한 넓이)−(위 ❷에서 구한 넓이)
(파란색 부분의 넓이)
$=100467-44652=55815$ (cm^2)

3주 2일 76 ~ 77 쪽

문해력 문제 4

전략 6

풀기 ❶ 2, 37.68 ❷ 8, 8, 48

❸ 37.68, 48, 85.68

답 85.68 cm

4-1 81.6 cm **4-2** 98 cm

4-3 67.26 cm

4-1 ❶ (곡선 부분의 길이의 합)
$=8\times2\times3.1=49.6$ (cm)

❷ 직선 부분의 길이의 합은 반지름의 4배와 같으므로 $8\times4=32$ (cm)이다.

❸ (사용한 끈의 길이)$=49.6+32=81.6$ (cm)

4-2 ❶ 

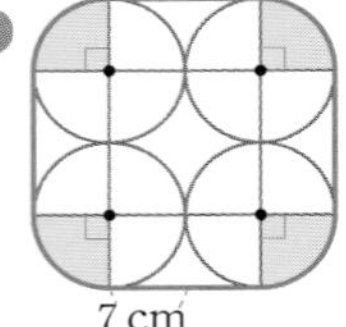

$147\div3=49$이고 $7\times7=49$이므로 컵받침의 반지름은 7 cm이다.

(곡선 부분의 길이의 합)$=7\times2\times3=42$ (cm)

❷ 직선 부분의 길이의 합은 반지름의 8배와 같으므로 $7\times8=56$ (cm)이다.

❸ (사용한 끈의 길이)$=42+56=98$ (cm)

4-3 ❶

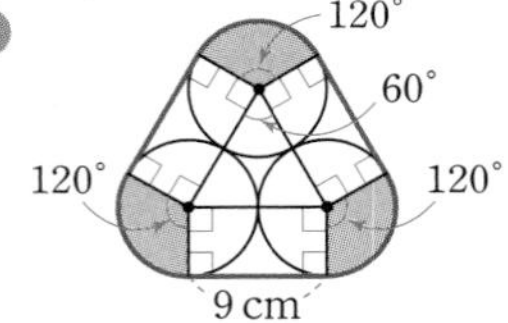

$120°+120°+120°=360°$이므로 곡선 부분의 길이의 합은 지름이 9 cm인 원의 원주와 같다.

(곡선 부분의 길이의 합)$=9\times3.14=28.26$ (cm)

❷ 직선 부분의 길이의 합은 지름의 3배와 같으므로 $9\times3=27$ (cm)이다.

❸ (사용한 실의 길이)

=(곡선 부분의 길이의 합)+(직선 부분의 길이의 합)
+(매듭을 짓는 데 사용한 실의 길이)

(사용한 실의 길이)$=28.26+27+12$
$=67.26$ (cm)

3주 3일 78 ~ 79 쪽

문해력 문제 5

전략 밑면, 높이 / 밑면, 높이

풀기 ❶ 3.14, 94.2, 7 ❷ 94.2, 659.4

답 659.4 cm^2

5-1 248 cm^2 **5-2** 113.04 cm^2

5-3 2592 cm^2

5-1 전략

원기둥의 전개도에서 옆면의 가로는 밑면의 둘레와 같고 옆면의 세로는 원기둥의 높이와 같음을 이용하여 옆면의 가로와 세로를 먼저 구한다.

❶ (옆면의 가로)$=5\times2\times3.1=31$ (cm)
(옆면의 세로)$=8$ cm

❷ (옆면의 넓이)$=31\times8=248$ (cm^2)

5-2 ❶ 정어리 캔의 밑면의 지름 구하기

밑면의 지름을 □ cm라 하면 밑면의 둘레는 (□$\times3.14$) cm, 높이는 5 cm이므로

(옆면의 넓이)=□$\times3.14\times5=188.4$,

□$\times15.7=188.4$, □$=12$이다.

❷ 정어리 캔의 한 밑면의 넓이 구하기

밑면의 반지름이 $12\div2=6$ (cm)이므로

(한 밑면의 넓이)$=6\times6\times3.14$
$=113.04$ (cm^2)이다.

5-3 전략

지구의가 꼭 맞게 들어가도록 만들었으므로 원기둥의 밑면의 반지름은 구의 반지름과 같고, 원기둥의 높이는 구의 지름과 같음을 이용한다.

❶ (원기둥의 한 밑면의 넓이)
=(반지름)×(반지름)×(원주율)

(원기둥의 한 밑면의 넓이)
$=12\times12\times3=432$ (cm^2)

❷ (옆면의 가로)$=12\times2\times3=72$ (cm)

(옆면의 세로)$=12\times2=24$ (cm)

➔ (옆면의 넓이)$=72\times24=1728$ (cm^2)

❸ (원기둥의 전개도의 넓이)
=(한 밑면의 넓이)×2+(옆면의 넓이)

(원기둥의 전개도의 넓이)
$=432\times2+1728=2592$ (cm^2)

3주 3일 80 ~ 81 쪽

문해력 문제 6

풀기 ❶ 2, 14 ❷ 14, 24 ❸ 24, 8, 8

답 8 cm

6-1 10 cm **6-2** 6 cm

6-3 153.86 cm^2

6-1 ❶ (옆면에 붙인 초록색 끈의 길이의 합)
$=10\times3=30$ (cm)
❷ (밑면의 둘레)$=61.4-30=31.4$ (cm)
❸ 밑면의 지름을 □ cm라 하면
□$\times3.14=31.4$, □$=10$이다.
따라서 밑면의 지름은 10 cm이다.

6-2 ❶ (길이가 8 cm인 철사의 길이의 합)
$=8\times5=40$ (cm)
❷ 한 밑면의 둘레 구하기
(두 밑면의 둘레의 합)$=77.2-40$
$=37.2$ (cm)이므로
(한 밑면의 둘레)$=37.2\div2=18.6$ (cm)이다.
❸ 밑면의 지름 구하기
밑면의 지름을 □ cm라 하면
□$\times3.1=18.6$, □$=6$이다.
따라서 밑면의 지름은 6 cm이다.

6-3 전략
사용한 주황색 끈의 길이는 12 cm짜리 모선 4개와 밑면의 둘레의 합과 같다.

❶ (옆면에 붙인 주황색 끈의 길이의 합)
$=12\times4=48$ (cm)
❷ (밑면의 둘레)
$=$(사용한 주황색 끈의 길이)$-$(위 ❶에서 구한 길이)
(밑면의 둘레)$=91.96-48=43.96$ (cm)
❸ 밑면의 넓이 구하기
밑면의 반지름을 □ cm라 하면
□$\times2\times3.14=43.96$, □$\times6.28=43.96$,
□$=7$이다.
➔ (밑면의 넓이)$=7\times7\times3.14=153.86$ (cm^2)

참고
- 한 원뿔에서 모선의 길이는 모두 같다.
- 한 원뿔에서 모선의 길이는 항상 높이보다 길다.

3주 4일 82 ~ 83 쪽

문해력 문제 7

전략 직사각형에 ○표 / 세로

풀기 ❶

❷ 13, 14, 182

답 182 cm^2

7-1 165 cm^2 **7-2** 96 cm^2

7-3 73.6 cm^2

7-1 ❶ 돌리기 전의 평면도형의 모양 그리기

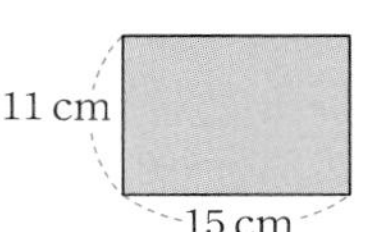

❷ (돌리기 전의 평면도형의 넓이)
$=15\times11=165$ (cm^2)

7-2 ❶ 돌리기 전의 평면도형의 모양 그리기

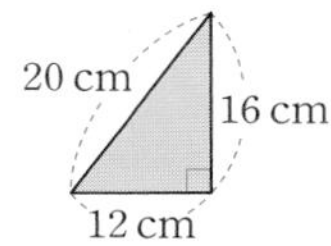

❷ (돌리기 전의 평면도형의 넓이)
$=12\times16\div2=96$ (cm^2)

참고
돌리기 전 직각삼각형의 밑변의 길이는 원뿔의 밑면의 반지름과 같고, 직각삼각형의 높이는 원뿔의 높이와 같다.

7-3 ❶ 돌리기 전의 평면도형의 모양 그리기

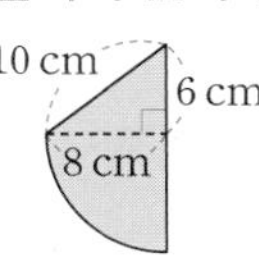

❷ (돌리기 전의 평면도형의 넓이)
$=$(삼각형의 넓이)$+\left(\text{원의 넓이의 }\frac{1}{4}\right)$
$=8\times6\div2+8\times8\times3.1\times\frac{1}{4}=73.6$ (cm^2)

참고
- 직사각형 모양의 종이를 한 변을 기준으로 한 바퀴 돌리면 원기둥이 만들어진다.
- 직각삼각형 모양의 종이를 직각이 있는 한 변을 기준으로 한 바퀴 돌리면 원뿔이 만들어진다.
- 반원 모양의 종이를 지름을 기준으로 한 바퀴 돌리면 구가 만들어진다.

3주 4일 84~85쪽

문해력 문제 8

전략 ÷

풀기 ❶ 5, 30, 30, 1350 ❷ 1350, 4

답 4바퀴

8-1 5바퀴 **8-2** 12 cm

8-3 240.96 cm

8-1 ❶ 롤러의 옆면을 펼치면 가로가 10 cm, 세로가 $4\times2\times3.14=25.12$ (cm)인 직사각형이 된다.

➜ (롤러의 옆면의 넓이)$=10\times25.12$
$=251.2$ (cm²)

❷ (롤러를 굴린 횟수)$=1256\div251.2=5$(바퀴)

8-2 ❶ (잔디 롤러의 옆면의 넓이)
=(잔디 롤러가 지나간 부분의 넓이)÷(굴러간 바퀴 수)
잔디 롤러가 지나간 부분의 넓이는 잔디 롤러의 옆면의 넓이의 3배이므로
(옆면의 넓이)$=6696\div3=2232$ (cm²)이다.

❷ (잔디 롤러의 한 밑면의 둘레)
=(옆면의 넓이)÷(잔디 롤러의 높이)
(한 밑면의 둘레)$=2232\div60=37.2$ (cm)

❸ (잔디 롤러의 밑면의 지름)
=(한 밑면의 둘레)÷(원주율)
(밑면의 지름)$=37.2\div3.1=12$ (cm)

8-3 전략
양초가 지나간 부분의 넓이는 원기둥의 옆면의 넓이와 같음을 이용하여 한 밑면의 둘레를 먼저 구한다.

❶ (원기둥의 한 밑면의 둘레)
$=1004.8\div20=50.24$ (cm)

❷ 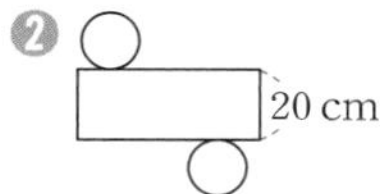

옆면의 가로는 밑면의 둘레와 같고 세로는 원기둥의 높이와 같으므로
(옆면의 둘레)$=(50.24+20)\times2=140.48$ (cm)이다.

❸ (전개도의 둘레)$=50.24\times2+140.48$
$=100.48+140.48$
$=240.96$ (cm)

3주 5일 86~87쪽

기출 1

❶ 3, 16, 24, 64, 88

❷ 높이에 ○표, 7

❸ (필요한 포장지의 넓이)$=88\times7=616$ (cm²)

답 616 cm²

기출 2

❶ 7

❷ 48, 27, 72, 9, 3 / 3, 12, 3, 9

❸ (원 가의 넓이)−(원 나의 넓이)
$=12\times12\times3-9\times9\times3$
$=432-243=189$ (cm²)

답 189 cm²

3주 5일 88~89쪽

융합 3

❶ 3.1, 3.1, 111.6, 36, 6

❷ 12, 6 /
$12\times3.1\times\frac{1}{2}+6\times3.1=18.6+18.6=37.2$ (cm)

답 37.2 cm

융합 4

❶ 민재 16, 22, 5 /
예 $16\times5+6\times22+16\times5$
$=80+132+80$
$=292$ (cm²)

은우 12, 20, 20 /
예 $12\times8\div2+12\times9+20\times20$
$=48+108+400$
$=556$ (cm²)

❷ (앞에서 본 모양의 넓이의 차)
$=556-292=264$ (cm²)

답 264 cm²

3주 주말 TEST 90 ~ 93쪽

1 248 cm	**2** 135 cm^2
3 48 cm	**4** 1240 cm^2
5 50.24 cm	**6** 5바퀴
7 71.4 cm	**8** 20 cm
9 198.4 cm^2	**10** 18 cm

1 ❶ (거울의 원주)=32×3.1=99.2 (cm)
❷ (거울이 2바퀴 반 굴러간 거리)
=99.2×2.5=248 (cm)

2 ❶ 돌리기 전의 평면도형의 모양 그리기

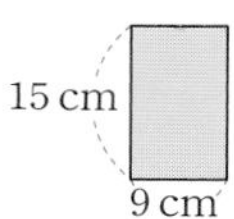

❷ (돌리기 전의 평면도형의 넓이)
$=9\times15=135$ (cm^2)

참고
돌리기 전 직사각형의 가로는 원기둥의 밑면의 반지름과 같고, 직사각형의 세로는 원기둥의 높이와 같다.

3 ❶ (재희가 만든 팬케이크의 지름)
=81.64÷3.14=26 (cm)
❷ (유지가 만든 팬케이크의 지름)
=69.08÷3.14=22 (cm)
❸ (두 사람이 만든 팬케이크의 지름의 합)
=26+22=48 (cm)

4 전략
원기둥 모양의 전등의 옆면을 펼치면 직사각형 모양이 된다.

❶ (옆면의 가로)=8×2×3.1=49.6 (cm)
(옆면의 세로)=25 cm
❷ (옆면의 넓이)=49.6×25=1240 (cm^2)

5 ❶ 냄비 받침의 반지름을 □ cm라 하면
□×□×3.14=200.96,
□×□=200.96÷3.14, □×□=64,
□=8이다.
❷ (냄비 받침의 둘레)=8×2×3.14=50.24 (cm)

6 ❶ 롤러의 옆면을 펼치면 가로가 15 cm, 세로가 5×2×3=30 (cm)인 직사각형이 된다.
➔ (롤러의 옆면의 넓이)
=15×30=450 (cm^2)
❷ (롤러를 굴린 횟수)=2250÷450=5(바퀴)

7 ❶ (곡선 부분의 길이의 합)
=5×2×3.14=31.4 (cm)
❷ 직선 부분의 길이의 합은 반지름의 8배와 같으므로 5×8=40 (cm)이다.
❸ (사용한 끈의 길이)
=(곡선 부분의 길이의 합)+(직선 부분의 길이의 합)
(사용한 끈의 길이)=31.4+40=71.4 (cm)

8 ❶ (옆면에 붙인 빨간색 끈의 길이의 합)
=14×3=42 (cm)
❷ (밑면의 둘레)
=(사용한 빨간색 끈의 길이)−(위 ❶에서 구한 길이)
(밑면의 둘레)=104−42=62 (cm)
❸ 밑면의 지름을 □ cm라 하면
□×3.1=62, □=20이다.
따라서 밑면의 지름은 20 cm이다.

9 ❶ 큰 부침개의 지름 구하기
큰 부침개의 지름을 □ cm라 하면
□×3.1=62, □=20이다.
❷ 작은 부침개의 지름을 구하여 작은 부침개의 넓이 구하기
(작은 부침개의 지름)=36−20=16 (cm)
(작은 부침개의 반지름)=16÷2=8 (cm)
(작은 부침개의 넓이)=8×8×3.1
=198.4 (cm^2)

10 전략
원기둥 모양의 마술 모자의 뼈대는 둘레가 같은 원 2개와 25 cm인 철사 6개로 이루어져 있다.

❶ (길이가 25 cm인 철사의 길이의 합)
=25×6=150 (cm)
❷ 한 밑면의 둘레 구하기
(두 밑면의 둘레의 합)=258−150=108 (cm)
이므로
(한 밑면의 둘레)=108÷2=54 (cm)이다.
❸ 밑면의 지름을 □ cm라 하면
□×3=54, □=18이다.
따라서 밑면의 지름은 18 cm이다.

4주 공간과 입체 / 비례식과 비례배분

4주 준비 학습 96 ~ 97 쪽

1 8 » 8개

2 » 6개

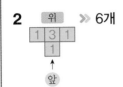

3 3, 2 » 5개

4 (위에서부터) 3, 10 » 예 2 : 3

5 (위에서부터) 1, 6 » 예 4 : 1

6 ⑤ : △4 = △10 : ⑧ » 40 / 40

7 6, 10 » $16 \times \frac{3}{3+5} = 6$ / 6개

1 쌓기나무가 1층에 5개, 2층에 2개, 3층에 1개이므로 주어진 모양과 똑같은 모양으로 쌓는 데 필요한 쌓기나무는 $5+2+1=8$(개)이다.

2 똑같은 모양으로 쌓는 데 필요한 쌓기나무는 $1+3+1+1=6$(개)이다.

3 쌓기나무가 1층에 3개, 2층에 2개이므로 똑같은 모양으로 쌓는 데 필요한 쌓기나무는 $3+2=5$(개)이다.

4 $0.2 : 0.3$ ➔ $(0.2 \times 10) : (0.3 \times 10)$ ➔ $2 : 3$

> 참고
> (소수) : (소수)를 간단한 자연수의 비로 나타낼 때 소수점 아래 자릿수에 따라 전항과 후항에 각각 10, 100, 1000, ...을 곱한다.

5 $\frac{2}{3} : \frac{1}{6}$ ➔ $\left(\frac{2}{3} \times 6\right) : \left(\frac{1}{6} \times 6\right)$ ➔ $4 : 1$

> 참고
> (분수) : (분수)를 간단한 자연수의 비로 나타낼 때 전항과 후항에 각각 두 분모의 공배수를 곱한다.

6 외항의 곱 ➔ $5 \times 8 = 40$, 내항의 곱 ➔ $4 \times 10 = 40$

> 참고
> 비례식 5 : 4=10 : 8에서 바깥쪽에 있는 5와 8을 외항, 안쪽에 있는 4와 10을 내항이라고 한다.

7 (민석이가 가진 붕어빵의 수)$=16 \times \frac{3}{3+5}$

$=16 \times \frac{3}{8} = 6$(개)

4주 준비 학습 98 ~ 99 쪽

1 12개

2 9개

3 15개

4 예 8 : 5

5 예 3 : 7

6 4 : 9=8 : 18

7 $500 \times \frac{12}{13+12} = 240$ / 240명

1 쌓기나무가 1층에 5개, 2층에 5개, 3층에 2개이므로 주어진 모양과 똑같은 모양으로 쌓는 데 필요한 쌓기나무는 $5+5+2=12$(개)이다.

2

㉠: 3개, ㉡: 1개, ㉢: 1개, ㉣: 1개, ㉤: 3개이므로 똑같은 모양으로 쌓는 데 필요한 쌓기나무는 $3+1+1+1+3=9$(개)이다.

3 쌓기나무가 1층에 7개, 2층에 5개, 3층에 3개이므로 똑같은 모양으로 쌓는 데 필요한 쌓기나무는 $7+5+3=15$(개)이다.

4 $0.8 : 0.5$ ➔ $(0.8 \times 10) : (0.5 \times 10)$ ➔ $8 : 5$

5 $\frac{1}{7} : \frac{1}{3}$ ➔ $\left(\frac{1}{7} \times 21\right) : \left(\frac{1}{3} \times 21\right)$ ➔ $3 : 7$

6

> 주의
> 외항이 4와 18, 내항이 9와 8인 비례식을 모두 구하면 4 : 9=8 : 18, 4 : 8=9 : 18, 18 : 9=8 : 4, 18 : 8=9 : 4로 모두 4가지이지만 두 비의 비율이 4 : 9와 같은 것은 4 : 9=8 : 18뿐이다.

7 (놀이동산에 오늘 입장한 초등학생 수)

$=500 \times \frac{12}{13+12} = 500 \times \frac{12}{25} = 240$(명)

> 참고
> 전체를 ■ : ▲로 비례배분하기
> ➔ (전체)$\times \frac{■}{■+▲}$, (전체)$\times \frac{▲}{■+▲}$

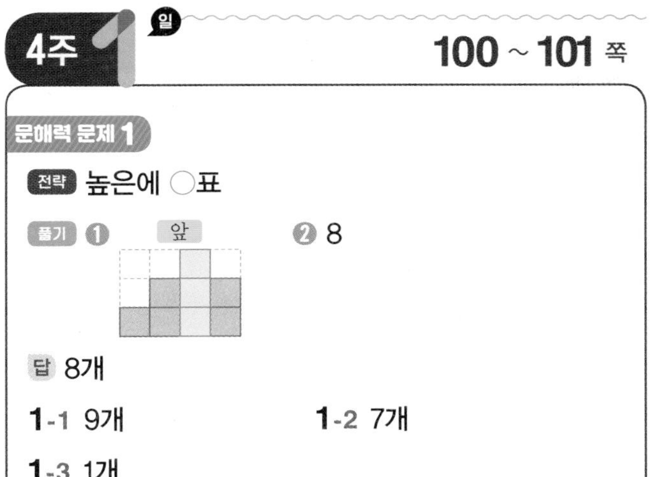

4주 1일
100 ~ 101 쪽
문해력 문제 1
전략 높은에 ○표
풀기 ❶ 앞 ❷ 8
답 8개
1-1 9개
1-2 7개
1-3 1개

1-1 전략 앞에서 보았을 때 각 줄의 가장 큰 수가 앞에서 보이는 층수임을 이용하자.

❶ 앞에서 본 모양 그리기

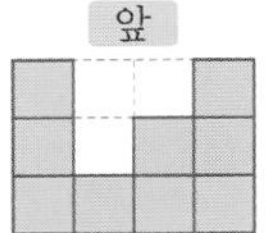

❷ 앞에서 볼 때 보이는 쌓기나무의 개수: 9개

1-2 전략 옆에서 보았을 때 각 줄의 가장 큰 수가 옆에서 보이는 층수임을 이용하자.

❶ 옆에서 본 모양 그리기

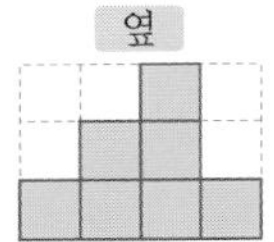

❷ 옆에서 볼 때 보이는 쌓기나무의 개수: 7개

1-3 ❶ 앞에서 볼 때 보이는 쌓기나무의 개수 구하기

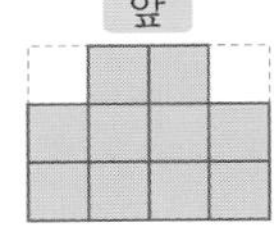

→ 앞에서 볼 때 보이는 쌓기나무의 개수: 10개

❷ 옆에서 볼 때 보이는 쌓기나무의 개수 구하기

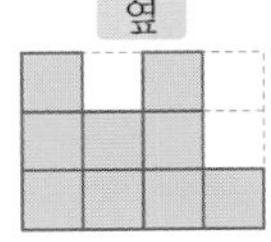

→ 옆에서 볼 때 보이는 쌓기나무의 개수: 9개

❸ 앞과 옆에서 볼 때 각각 보이는 쌓기나무의 개수의 차: 10－9＝1(개)

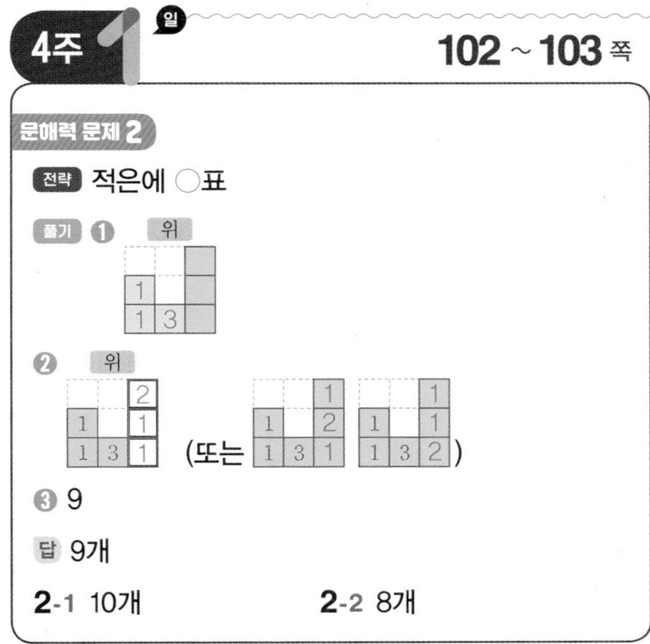

4주 1일
102 ~ 103 쪽
문해력 문제 2
전략 적은에 ○표
풀기 ❶ 위
❷ 위
(또는
)
❸ 9
답 9개
2-1 10개
2-2 8개

2-1 ❶ 쌓기나무의 개수가 확실한 자리에 수를 쓰면

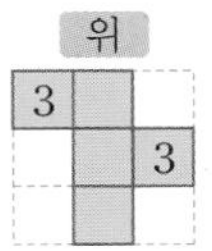

❷ 쌓기나무의 개수가 가장 적은 경우를 수로 쓰면

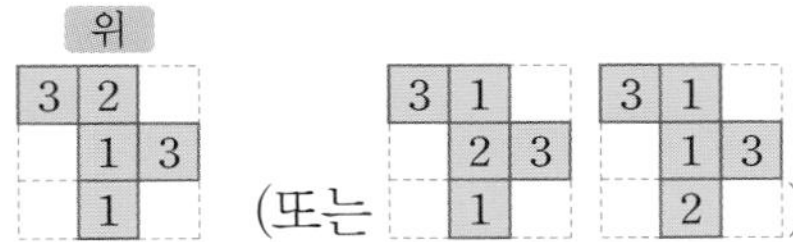

❸ 위 ❷에서 표시한 쌓기나무의 개수 모두 더하기
쌓은 쌓기나무의 개수가 가장 적은 경우 10개이다.

2-2 ❶ 쌓기나무의 개수가 확실한 자리에 수를 쓰면

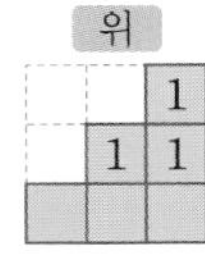

❷ 쌓기나무의 개수가 가장 적은 경우를 수로 쓰면

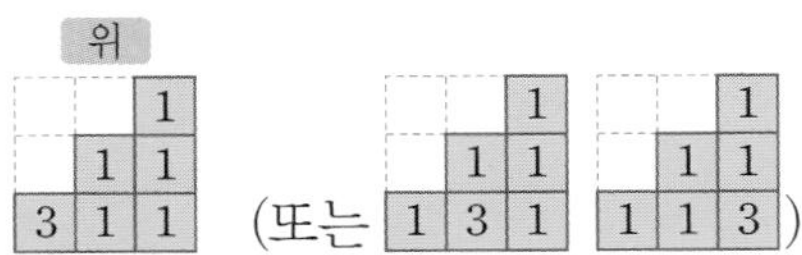

❸ 쌓은 쌓기나무의 개수가 가장 적은 경우 8개이다.

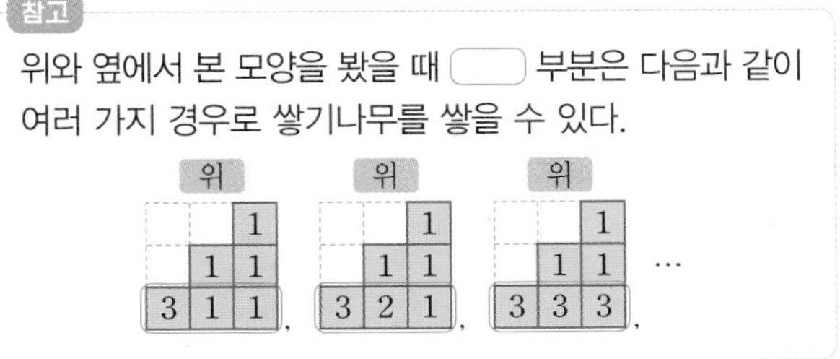

참고
위와 옆에서 본 모양을 봤을 때 ▭ 부분은 다음과 같이 여러 가지 경우로 쌓기나무를 쌓을 수 있다.
위
위
위
…

4주 2일 104 ~ 105 쪽

문해력 문제 3

전략 100 / 공약수에 ○표

풀기 ❶ 석현, 인영, 0.28, 0.35 ❷ 100, 35

❸ 7 / 4, 5

답 4 : 5

3-1 예 9 : 10 **3-2** 예 7 : 8

3-3 예 1 : 8

3-1 ❶ 매실 양에 대한 설탕 양의 비 구하기

(설탕 양) : (매실 양) ➔ $\frac{6}{5} : \frac{4}{3}$

❷ 전항과 후항에 두 분모의 공배수 곱하기

$\frac{6}{5} : \frac{4}{3}$ ➔ $\left(\frac{6}{5}\times 15\right) : \left(\frac{4}{3}\times 15\right)$ ➔ 18 : 20

❸ 전항과 후항을 두 수의 공약수로 나누기

18 : 20 ➔ (18÷2) : (20÷2) ➔ 9 : 10

3-2 ❶ (오늘의 체감 온도)+1.2 ℃

(내일의 체감 온도)=8.4+1.2=9.6 (℃)

❷ (오늘의 체감 온도) : (내일의 체감 온도)

➔ 8.4 : 9.6

❸ 8.4 : 9.6 ➔ (8.4×10) : (9.6×10)

➔ 84 : 96

❹ 84 : 96 ➔ (84÷12) : (96÷12)

➔ 7 : 8

3-3 ❶ (손소독제 양)−(글리세린 양)

(에탄올 양)

$=2.7-\frac{3}{10}=\frac{27}{10}-\frac{3}{10}=\frac{24}{10}=\frac{12}{5}$ (L)

❷ 글리세린 양의 에탄올 양에 대한 비 구하기

(글리세린 양) : (에탄올 양) ➔ $\frac{3}{10} : \frac{12}{5}$

❸ 위 ❷에서 구한 비를 자연수의 비로 나타내기

$\frac{3}{10} : \frac{12}{5}$ ➔ $\left(\frac{3}{10}\times 10\right) : \left(\frac{12}{5}\times 10\right)$

➔ 3 : 24

❹ 위 ❸에서 구한 자연수의 비를 간단히 나타내기

3 : 24 ➔ (3÷3) : (24÷3) ➔ 1 : 8

참고

▲의 ■에 대한 비 ➔ ▲ : ■

4주 2일 106 ~ 107 쪽

문해력 문제 4

전략 공배수에 ○표

풀기 ❶ 5, 5 ❷ 5, 5, 20, 4

답 5 : 4

4-1 예 3 : 4 **4-2** 예 2 : 3

4-3 예 12 : 7

4-1 ❶ 전체 책의 양을 1이라 하면

(혜지가 한 시간 동안 읽은 책의 양)

: (연우가 한 시간 동안 읽은 책의 양)

➔ $\left(1\div\frac{3}{2}\right) : \left(1\div\frac{9}{8}\right)$ ➔ $\frac{2}{3} : \frac{8}{9}$

❷ $\frac{2}{3} : \frac{8}{9}$ ➔ $\left(\frac{2}{3}\times 9\right) : \left(\frac{8}{9}\times 9\right)$

➔ 6 : 8 ➔ (6÷2) : (8÷2) ➔ 3 : 4

4-2 ❶ (기계 A가 한 시간 동안 만든 양)

: (기계 B가 한 시간 동안 만든 양)

➔ $\left(\frac{1}{2}\div 3\right) : \left(\frac{1}{2}\div 2\right)$ ➔ $\frac{1}{6} : \frac{1}{4}$

❷ 위 ❶에서 구한 비를 간단한 자연수의 비로 나타내기

$\frac{1}{6} : \frac{1}{4}$ ➔ $\left(\frac{1}{6}\times 12\right) : \left(\frac{1}{4}\times 12\right)$ ➔ 2 : 3

다르게 풀기

❶ 전체 주문량 1을 만들려면

기계 A로는 3×2=6(시간)이 걸리고,

기계 B로는 2×2=4(시간)이 걸린다.

(기계 A가 한 시간 동안 만든 양)

: (기계 B가 한 시간 동안 만든 양)

➔ (1÷6) : (1÷4) ➔ $\frac{1}{6} : \frac{1}{4}$

4-3 ❶ 전체 일의 양을 1이라 하면

(아버지가 한 시간 동안 한 일의 양)

: (어머니가 한 시간 동안 한 일의 양)

➔ (1÷7) : $\left(\frac{1}{3}\div 4\right)$ ➔ $\frac{1}{7} : \frac{1}{12}$

❷ $\frac{1}{7} : \frac{1}{12}$ ➔ $\left(\frac{1}{7}\times 84\right) : \left(\frac{1}{12}\times 84\right)$ ➔ 12 : 7

4주 1일 108 ~ 109쪽

문해력 문제 5

전략 260

풀기 ❶ 260 ❷ 260, 520, 40, 40

답 40 mL

5-1 750 g **5-2** 5250원

5-3 20 m^2

5-1 ❶ 고춧가루와 멸치 액젓의 양을 이용하여 비례식 세우기

고춧가루의 양을 □ g이라 하고 비례식을 세우면 5 : 3=□ : 450이다.

❷ 비례식의 성질을 이용하여 고춧가루의 양 구하기

3×□=5×450, 3×□=2250, □=750

➔ (고춧가루의 양)=750 g

5-2 ❶ 식빵 봉지 수와 가격의 비를 이용하여 비례식 세우기

식빵 9봉지의 가격을 □원이라 하고 비례식을 세우면 2 : 5500=9 : □이다.

❷ 비례식의 성질을 이용하여 식빵 9봉지의 가격 구하기

2×□=5500×9, 2×□=49500, □=24750

➔ (식빵 9봉지의 가격)=24750원

❸ 거스름돈 구하기

(거스름돈)=30000−24750=5250(원)

주의

전항과 후항이 나타내는 순서에 맞게 비례식을 세운다.

2봉지의 가격 / 9봉지의 가격

2 : 5500=9 : □

봉지 수 / 봉지 수

5-3 ❶ 평면도의 가로와 세로의 비를 이용하여 비례식 세우기

실제 세로를 □ m라 하고 비례식을 세우면 30 : 24=10 : □이다.

❷ 비례식의 성질을 이용하여 실제 세로 구하기

30×□=24×10, 30×□=240, □=8

➔ (실제 세로)=8 m

❸ 거실의 넓이 구하기

(전체 집의 넓이)=10×8=80 (m^2)

➔ (거실의 넓이)=$80\times\frac{1}{4}$=20 (m^2)

4주 1일 110 ~ 111쪽

문해력 문제 6

전략 100

풀기 ❶ 18 ❷ 18, 1800, 60, 60

답 60명

6-1 20개 **6-2** 24명

6-3 49 cm

6-1 ❶ 바구니에 있는 과일 수를 □개라 하고 비례식을 세우면 55 : 11=100 : □이다.

❷ 55×□=11×100, 55×□=1100, □=20

➔ (바구니에 있는 과일 수)=20개

6-2 전략

안경을 쓴 학생은 전체 학생의 25 %이고 전체 학생은 100 %임을 이용하여 비례식을 세운다.

❶ 도진이네 반 전체 학생 수를 □명이라 하고 비례식을 세우면 25 : 8=100 : □이다.

❷ 25×□=8×100, 25×□=800, □=32

➔ (도진이네 반 전체 학생 수)=32명

❸ (반 전체 학생 수)−(안경을 쓴 학생 수)

(안경을 쓰지 않은 학생 수)

=32−8=24(명)

다르게 풀기

❶ 안경을 쓰지 않은 학생은 전체의 100−25=75 (%)이다.

❷ 안경을 쓰지 않은 학생 수를 □명이라 하고 비례식을 세우면 25 : 8=75 : □이다.

❸ 25×□=8×75, 25×□=600, □=24

➔ (안경을 쓰지 않은 학생 수)=24명

6-3 ❶ 나무 막대의 전체 길이의 비율은 1이므로

(물에 잠기지 않은 나무 막대 길이의 비율)

$=1-\frac{2}{7}=\frac{5}{7}$

❷ 나무 막대의 전체 길이를 □ cm라 하고 비례식을 세우면 $\frac{5}{7}$: 35=1 : □이다.

❸ $\frac{5}{7}$×□=35×1, $\frac{5}{7}$×□=35,

□$=35\div\frac{5}{7}=35\times\frac{7}{5}=49$

➔ (나무 막대의 전체 길이)=49 cm

4주 4일 112 ~ 113쪽

문해력 문제 7

전략 —

풀기 ❶ 7, 14000 / 6, 12000

❷ 14000, 12000, 2000

답 2000원

7-1 5000원 **7-2** 4시간

7-3 63개

7-1 ❶ (언니가 내야 하는 돈)

$=35000\times\frac{4}{4+3}=35000\times\frac{4}{7}=20000$(원)

(동생이 내야 하는 돈)

$=35000\times\frac{3}{4+3}=35000\times\frac{3}{7}=15000$(원)

❷ (언니가 내야 하는 돈)−(동생이 내야 하는 돈)

언니는 동생보다 $20000-15000=5000$(원)을 더 내야 한다.

> 참고
> A와 B가 돈을 ● : ▲로 나누어 낸다면
> A는 전체 금액의 $\frac{●}{●+▲}$를,
> B는 전체 금액의 $\frac{▲}{●+▲}$를 내야 한다.

7-2

> 전략
> 하루는 24시간임을 이용하여 낮과 밤이 각각 몇 시간인지 구한 다음 차를 구한다.

❶ 하루는 24시간이므로

(낮 시간)$=24\times\frac{5}{5+7}=24\times\frac{5}{12}=10$(시간)

(밤 시간)$=24\times\frac{7}{5+7}=24\times\frac{7}{12}=14$(시간)

❷ (밤 시간)−(낮 시간)

낮은 밤보다 $14-10=4$(시간) 더 짧다.

7-3 ❶ 강현이와 세빈이가 산 사탕의 수를 □개라 하면

(강현이가 가진 사탕의 수)$=\square\times\frac{10}{10+11}=30$

❷ $\square\times\frac{10}{21}=30$, $\square=30\div\frac{10}{21}=30\times\frac{21}{10}=63$

➡ (강현이와 세빈이가 산 사탕의 수)=63개

4주 4일 114 ~ 115쪽

문해력 문제 8

전략 36 / −

풀기 ❶ 36 ❷ 36, 3, 51, 51 ❸ 51, 15

답 15 L

8-1 54 L **8-2** 16 L

8-3 48 L

8-1 ❶ 수조 A의 들이를 □ L라 하고 비례식을 세우면 $0.3:0.1=\square:27$이다.

❷ $0.1\times\square=0.3\times27$, $0.1\times\square=8.1$,

$\square=81$ ➡ (수조 A의 들이)=81 L

❸ (수조 A의 들이)−(수조 B의 들이)

(수조 B에서 넘친 물의 양)$=81-27=54$ (L)

8-2 ❶ 어항 나의 들이를 □ L라 하고 비례식을 세우면 $\frac{1}{19}:\frac{1}{15}=60:\square$이다.

❷ $\frac{1}{19}\times\square=\frac{1}{15}\times60$, $\frac{1}{19}\times\square=4$,

$\square=4\div\frac{1}{19}=76$ ➡ (어항 나의 들이)=76 L

❸ (어항 나의 들이)−(어항 가의 들이)

(더 필요한 물의 양)$=76-60=16$ (L)

8-3 ❶ 두 물통 A와 B의 들이의 비를 간단한 자연수의 비로 나타내기

$2.1:\frac{7}{2}$ ➡ $2.1:3.5$ ➡ $(2.1\times10):(3.5\times10)$

➡ $21:35$ ➡ $(21\div7):(35\div7)$

➡ $3:5$

❷ 위 ❶에서 구한 비와 (물통 B의 들이)=(물통 A의 들이)+12 L임을 이용하여 비례식 세우기

물통 A의 들이를 □ L라 하고 비례식을 세우면 $3:5=\square:(\square+12)$이다.

❸ 물통 A와 B의 들이 각각 구하기

$3\times(\square+12)=5\times\square$, $3\times\square+36=5\times\square$,

$2\times\square=36$, $\square=18$

➡ (물통 A의 들이)=18 L,

(물통 B의 들이)$=18+12=30$ (L)

❹ (물통 A의 들이)+(물통 B의 들이)

(필요한 물의 양)$=18+30=48$ (L)

4주 5일 116 ~ 117쪽

기출 1

❶ 예 (가로)+(세로)=180÷2=90 (cm)

❷ 예 (세로)$=90\times\frac{2}{3+2}=90\times\frac{2}{5}=36$ (cm)

❸ 예 36 : (태극 문양의 지름)=2 : 1,
(태극 문양의 지름)×2=36×1,
(태극 문양의 지름)=36÷2=18 (cm)

답 18 cm

기출 2

❶ 2, 2, 3

❷ 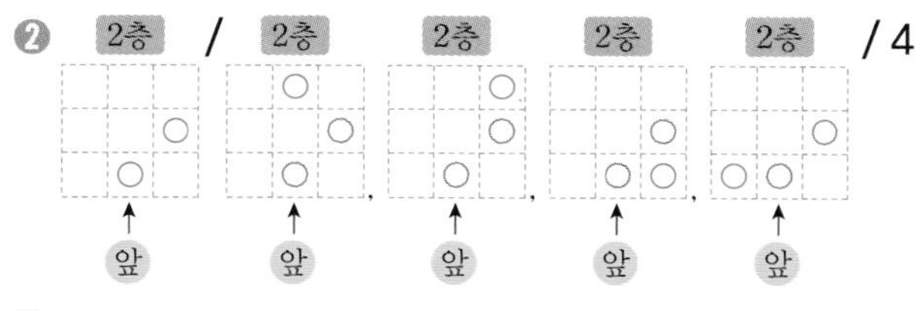

/ 4

답 4가지

4주 5일 118 ~ 119쪽

융합 3

❶ 예 (A의 톱니 수) : (B의 톱니 수) ➔ 60 : 36
➔ (60÷12) : (36÷12) ➔ 5 : 3

❷ 3, 5

❸ 5, 21 / 5, 21, 35 / 35

답 35바퀴

창의 4

❶ 일치하지 않으므로에 ○표, 있다에 ○표

❷ 44, 6, 6, 50

답 50개

융합 3

참고
맞물려 돌아가는 두 톱니바퀴 A와 B에서
(A의 톱니 수)×(A의 회전수)
=(B의 톱니 수)×(B의 회전수)이므로
톱니 수가 많을수록 회전수는 적고, 톱니 수가 적을수록 회전수는 많다.

4주 주말 TEST 120 ~ 123쪽

1 예 3 : 8	2 175 g
3 16마리	4 10개
5 9개	6 3000원
7 예 3 : 2	8 8 L
9 90명	10 900원

1 ❶ (고양이의 무게) : (강아지의 무게)=2.1 : 5.6
❷ 2.1 : 5.6 ➔ (2.1×10) : (5.6×10)
➔ 21 : 56
❸ 21 : 56 ➔ (21÷7) : (56÷7)
➔ 3 : 8

2 ❶ 케첩의 양을 □ g이라 하고 비례식을 세우면
5 : 2=□ : 70이다.
❷ 2×□=5×70, 2×□=350,
□=175
➔ (케첩의 양)=175 g

3 ❶ 참새의 비율과 참새의 수를 이용하여 비례식 세우기
보리밭 위에 앉아 있는 새의 수를 □마리라 하고 비례식을 세우면 25 : 4=100 : □이다.
❷ 비례식의 성질을 이용하여 전체 새의 수 구하기
25×□=4×100, 25×□=400, □=16
➔ (보리밭 위에 앉아 있는 새의 수)=16마리

다르게 풀기
❷ 비의 성질을 이용하여 전체 새의 수 구하기

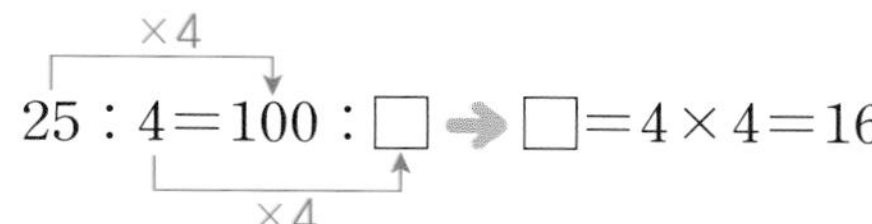

➔ (보리밭 위에 앉아 있는 새의 수)=16마리

4 ❶ 앞에서 본 모양

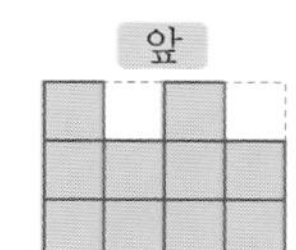

❷ 앞에서 볼 때 보이는 쌓기나무의 개수: 10개

참고

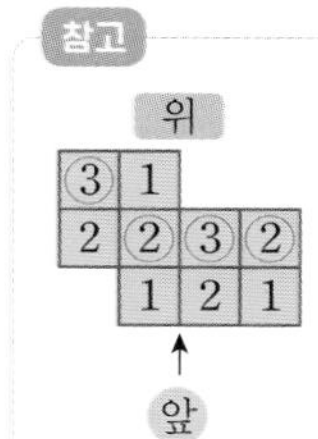

앞에서 보았을 때 각 줄의 가장 큰 수가 앞에서 보이는 층수이다.
쌓은 모양을 앞에서 보면 왼쪽부터 3층, 2층, 3층, 2층으로 보인다.

5 전략

쌓은 개수를 확실하게 알 수 있는 자리에 쌓기나무의 개수를 먼저 쓰고, 나머지 자리에 쌓기나무가 가장 적게 들어가는 경우를 수로 쓴다.

❶ 쌓기나무의 개수가 확실한 자리에 수를 쓰면

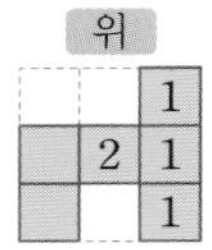

❷ 쌓기나무의 개수가 가장 적은 경우를 수로 쓰면

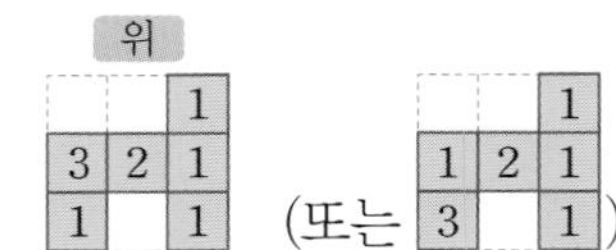

❸ 쌓은 쌓기나무의 개수가 가장 적은 경우 9개이다.

6 ❶ 지용이와 지수가 내야 하는 돈 각각 구하기

(지용이가 내야 하는 돈)

$=33000\times\frac{5}{5+6}$

$=33000\times\frac{5}{11}=15000$(원)

(지수가 내야 하는 돈)

$=33000\times\frac{6}{5+6}$

$=33000\times\frac{6}{11}=18000$(원)

❷ (지수가 내야 하는 돈)$-$(지용이가 내야 하는 돈)

지수는 지용이보다 $18000-15000=3000$(원)을 더 내야 한다.

참고

비례배분을 한 두 값을 더하면 전체와 같다.
따라서 비례배분을 한 후에는 나눈 두 값을 더하여 전체가 나오는지 확인하는 습관을 기른다.

7 전략

(한 시간 동안 만든 얼음의 양)=1÷(얼음을 만드는 데 걸린 시간)임을 이용하여 비로 나타내자.

❶ 각각 만든 전체 얼음의 양을 1이라 하면

(제빙기 A가 한 시간 동안 만든 얼음의 양)

: (제빙기 B가 한 시간 동안 만든 얼음의 양)

➔ $(1\div6):(1\div9)$ ➔ $\frac{1}{6}:\frac{1}{9}$

❷ 위 ❶에서 구한 비를 간단한 자연수의 비로 나타내기

$\frac{1}{6}:\frac{1}{9}$ ➔ $\left(\frac{1}{6}\times18\right):\left(\frac{1}{9}\times18\right)$

➔ $3:2$

8 ❶ 어항 A의 들이를 □ L라 하고 비례식을 세우면 $3.5:2.5=□:20$이다.

❷ $2.5\times□=3.5\times20$, $2.5\times□=70$, $□=28$

➔ (어항 A의 들이)$=28$ L

❸ (어항 A의 들이)$-$(어항 B의 들이)

(어항 B에서 넘친 물의 양)

$=28-20=8$ (L)

9 전략

학생의 비율과 학생 수를 이용하여 비례식을 세우고 영찬이네 학교 6학년 전체 학생 수를 먼저 구한 후, 마라톤에 참가하지 않은 학생 수를 구하자.

❶ 영찬이네 학교 6학년 전체 학생 수를 □명이라 하고 비례식을 세우면 $40:60=100:□$이다.

❷ $40\times□=60\times100$, $40\times□=6000$, $□=150$

➔ (영찬이네 학교 6학년 전체 학생 수)$=150$명

❸ (영찬이네 학교 6학년 전체 학생 수)

$-$(마라톤에 참가한 학생 수)

(마라톤에 참가하지 않은 학생 수)

$=150-60=90$(명)

다르게 풀기

❶ 마라톤에 참가하지 않은 학생은 전체의 $100-40=60$ (%)이다.

❷ 마라톤에 참가하지 않은 학생 수를 □명이라 하고 비례식을 세우면 $40:60=60:□$이다.

❸ $40\times□=60\times60$, $40\times□=3600$, $□=90$

➔ (마라톤에 참가하지 않은 학생 수)$=90$명

10 ❶ 주스 병 수와 가격의 비를 이용하여 비례식 세우기

주스 7병의 가격을 □원이라 하고 비례식을 세우면 $3:3900=7:□$이다.

❷ 주스 7병의 가격 구하기

$3\times□=3900\times7$, $3\times□=27300$, $□=9100$

➔ (주스 7병의 가격)$=9100$원

❸ 거스름돈 구하기

(거스름돈)$=10000-9100=900$(원)

복습책 정답과 해설

1주 분수의 나눗셈

1주 1일 복습 1~2쪽

1 10번	2 3개
3 20000원	4 20분
5 1분 20초	6 6초

1 ❶ (병 1개에 담은 참기름의 양)

$=1\frac{3}{5}\div 4=\frac{8}{5}\div 4=\frac{\overset{2}{\cancel{8}}}{5}\times\frac{1}{\underset{1}{\cancel{4}}}=\frac{2}{5}$ (L)

❷ (병 1개에 담은 참기름을 사용할 수 있는 횟수)

$=\frac{2}{5}\div\frac{1}{25}=\frac{2}{\underset{1}{\cancel{5}}}\times\overset{5}{\cancel{25}}=10$(번)

2 ❶ (봉지 1개에 담은 흙의 양)

$=3\frac{3}{8}\div 3=\frac{27}{8}\div 3=\frac{\overset{9}{\cancel{27}}}{8}\times\frac{1}{\underset{1}{\cancel{3}}}=\frac{9}{8}$ (kg)

❷ (봉지 1개에 담은 흙을 나누어 넣을 수 있는 화분 수)

$=\frac{9}{8}\div\frac{3}{8}=9\div 3=3$(개)

3 ❶ (그릇 1개에 담은 딸기잼의 양)

$=5\frac{1}{4}\div 3=\frac{21}{4}\div 3=\frac{\overset{7}{\cancel{21}}}{4}\times\frac{1}{\underset{1}{\cancel{3}}}=\frac{7}{4}$ (kg)

❷ (포장한 딸기잼 병의 수)

$=\frac{7}{4}\div\frac{7}{20}=\frac{\overset{1}{\cancel{7}}}{\underset{1}{\cancel{4}}}\times\frac{\overset{5}{\cancel{20}}}{\underset{1}{\cancel{7}}}=5$(병)

❸ 포장한 딸기잼 1병당 4000원씩 받고 모두 팔았으므로 딸기잼을 판매한 값은 $4000\times 5=20000$(원)이다.

4 ❶ (자른 도막 수)

$=8\frac{1}{3}\div 1\frac{2}{3}=\frac{25}{3}\div\frac{5}{3}=25\div 5=5$(도막)

❷ (통나무를 자른 횟수)$=5-1=4$(번)

❸ (통나무를 모두 자를 때까지 걸린 시간)

$=5\times 4=20$(분)

5 ❶ (자른 석고 붕대의 조각 수)

$=150\div 7\frac{1}{7}=150\div\frac{50}{7}=\overset{3}{\cancel{150}}\times\frac{7}{\underset{1}{\cancel{50}}}$

$=21$(조각)

❷ (석고 붕대를 자른 횟수)$=21-1=20$(번)

❸ (석고 붕대를 모두 자를 때까지 걸린 시간)

$=4\times 20=80$(초) ➔ 1분 20초

6 ❶ (금속선을 자른 도막 수)

$=9\frac{3}{5}\div\frac{8}{15}=\frac{48}{5}\div\frac{8}{15}$

$=\frac{\overset{6}{\cancel{48}}}{\underset{1}{\cancel{5}}}\times\frac{\overset{3}{\cancel{15}}}{\underset{1}{\cancel{8}}}=18$(도막)

❷ (금속선을 자르는 횟수)$=18-1=17$(번)

❸ 1분 42초$=60$초$+42$초$=102$초이고, 금속선 한 도막을 자르는 데 걸리는 시간을 □초라 하면 금속선을 모두 자를 때까지 걸리는 시간은 (□×17)초이다.

□×17<102이고 $6\times 17=102$이므로 금속선 한 도막을 6초 안에 잘라야 한다.

1주 2일 복습 3~4쪽

1 $1\frac{4}{5}\left(=\frac{9}{5}\right)$ cm	2 $1\frac{5}{11}\left(=\frac{16}{11}\right)$ cm
3 7 cm	4 150명
5 60개	6 39 m^2

1 ❶ 삼각형의 밑변의 길이를 □ cm라 하면

$□\times\frac{4}{7}\div 2=\frac{18}{35}$

❷ $□\times\frac{4}{7}=\frac{18}{35}\times 2$, $□\times\frac{4}{7}=\frac{36}{35}$,

$□=\frac{36}{35}\div\frac{4}{7}=\frac{\overset{9}{\cancel{36}}}{\underset{5}{\cancel{35}}}\times\frac{\overset{1}{\cancel{7}}}{\underset{1}{\cancel{4}}}=\frac{9}{5}=1\frac{4}{5}$

➔ 삼각형의 밑변의 길이는 $1\frac{4}{5}$ cm이다.

2 ❶ 사다리꼴의 높이를 □ cm라 하면

$\left(1\frac{3}{8}+2\frac{3}{4}\right)\times□\div 2=3$,

$\left(1\frac{3}{8}+2\frac{6}{8}\right)\times□\div 2=3$, $4\frac{1}{8}\times□\div 2=3$

❷ $4\frac{1}{8}\times□=3\times 2$, $\frac{33}{8}\times□=6$,

$□=6\div\frac{33}{8}=\overset{2}{\cancel{6}}\times\frac{8}{\underset{11}{\cancel{33}}}=\frac{16}{11}=1\frac{5}{11}$

➔ 사다리꼴의 높이는 $1\frac{5}{11}$ cm이다.

3 ❶ 사다리꼴의 윗변의 길이를 □ cm라 하면 아랫변의 길이는 (□+3) cm이므로

$(□+□+3)\times 2\frac{5}{11}\div 2=13\frac{1}{2}$

❷ $(□+□+3)\times\frac{27}{11}=\frac{27}{2}\times 2$,

$(□+□+3)\times\frac{27}{11}=27$,

$□+□+3=27\div\frac{27}{11}$,

$□+□+3=11$, $□+□=8$, $□=4$

➜ 사다리꼴의 아랫변의 길이는 $4+3=7$ (cm)이다.

4 그림 그리기

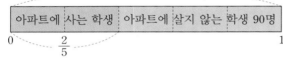

나래네 학교 6학년 학생

아파트에 사는 학생 | 아파트에 살지 않는 학생 90명

0 $\frac{2}{5}$ 1

❶ 아파트에 살지 않는 학생은 전체의 $1-\frac{2}{5}=\frac{3}{5}$이다.

❷ 나래네 학교 6학년 학생을 □명이라 하면

$□\times\frac{3}{5}=90$이다.

➜ $□=90\div\frac{3}{5}=90\times\frac{5}{3}=150$(명)

5 그림 그리기

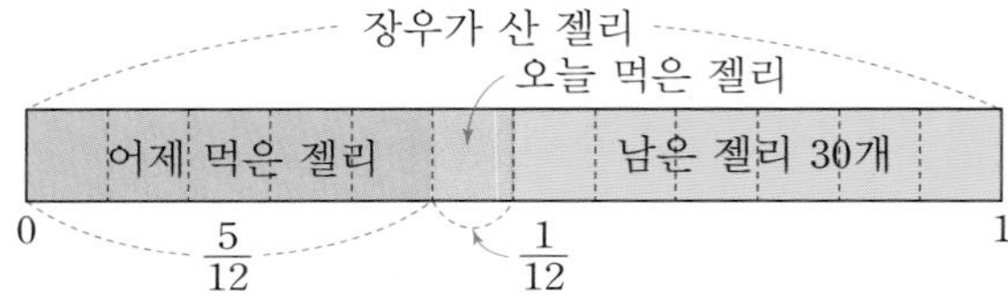

❶ 남은 젤리는 전체의 $1-\frac{5}{12}-\frac{1}{12}=\frac{6}{12}$이다.

❷ 장우가 산 젤리를 □개라 하면

$□\times\frac{6}{12}=30$이다.

➜ $□=30\div\frac{6}{12}=30\times\frac{12}{6}=60$(개)

6 그림 그리기

현무네 밭 / 남은 밭

고추를 심은 밭 | 상추를 심은 밭 | 아무것도 심지 않은 밭 15 m²

0 $\frac{5}{13}$ $\frac{3}{13}$ 1

❶ 남은 밭의 $\frac{3}{8}$에 상추를 심었으므로 상추를 심은 밭은 전체의 $\frac{3}{13}$이고, 아무것도 심지 않은 밭은 전체의 $1-\frac{5}{13}-\frac{3}{13}=\frac{5}{13}$이다.

❷ 전체 밭의 넓이를 □ m^2라 하면

$□\times\frac{5}{13}=15$이다.

➜ $□=15\div\frac{5}{13}=15\times\frac{13}{5}=39$ (m^2)

1주 3일 복습 5~6쪽

1 6 m^2	**2** $\frac{6}{11}$ L
3 30 cm^2	**4** 30개
5 19개	**6** 12개

1 ❶ (벽의 넓이) $=9\times 3\frac{2}{3}=9\times\frac{11}{3}=33$ (m^2)

❷ (페인트 1 L로 칠한 벽의 넓이)

$=33\div 5\frac{1}{2}=33\div\frac{11}{2}=33\times\frac{2}{11}=6$ (m^2)

2 ❶ (벽의 넓이) $=2\frac{3}{4}\times 2\frac{3}{4}=\frac{11}{4}\times\frac{11}{4}=\frac{121}{16}$ (m^2)

➜ (칠한 벽의 넓이) $=\frac{121}{16}\div 6\times 2$

$=\frac{121}{16}\times\frac{1}{6}\times 2=\frac{121}{48}$ (m^2)

❷ (벽 1 m^2를 칠하는 데 사용한 페인트 양)

$=1\frac{3}{8}\div\frac{121}{48}=\frac{11}{8}\times\frac{48}{121}=\frac{6}{11}$ (L)

3 ❶ (직육면체 한 개의 겉넓이)

$=(8\times 9+9\times 5+8\times 5)\times 2$

$=(72+45+40)\times 2=157\times 2=314$ (cm^2)

❷ (색칠한 면의 넓이) $=314\times 3=942$ (cm^2)

❸ (페인트 1 mL로 칠한 면의 넓이)

$=942\div 31\frac{2}{5}=942\div\frac{157}{5}$

$=942\times\frac{5}{157}=30$ (cm^2)

4 ❶ (하루에 만드는 그릇의 수)

$=4\div 1\frac{1}{3}=4\div\frac{4}{3}=4\times\frac{3}{4}=3$(개)

❷ (10일 동안 만들 수 있는 그릇의 수)

$=3\times 10=30$(개)

5 ❶ A 기계: $35 \div \frac{7}{15} = \overset{5}{\cancel{35}} \times \frac{15}{\underset{1}{\cancel{7}}} = 75$(개),

B 기계: $35 \div \frac{5}{8} = \overset{7}{\cancel{35}} \times \frac{8}{\underset{1}{\cancel{5}}} = 56$(개)

❷ A 기계는 B 기계보다 의자를 $75 - 56 = 19$(개) 더 조립할 수 있다.

6 ❶ 오전 10시부터 오후 3시까지 5시간 동안 15분씩 4번 쉬므로 하루에 가방을 만드는 시간은 5시간$-(15 \times 4)$분$=$5시간$-$1시간$=$4시간이다.

❷ 수민이네 어머니가 하루에 만들 수 있는 가방은 $4 \div 1\frac{2}{3} = 4 \div \frac{5}{3} = 4 \times \frac{3}{5} = \frac{12}{5}$(개)이다.

❸ 5일 동안 만들 수 있는 가방은 $\frac{12}{\underset{1}{\cancel{5}}} \times \overset{1}{\cancel{5}} = 12$(개)이다.

1주 4일 복습 7 ~ 8쪽

1 4 L	**2** 48 L
3 B 정수 시설, 55 L	**4** 12번
5 75분	**6** 주희, 4번

1 ❶ 65초$=\frac{65}{60}$분$=\frac{13}{12}$분

❷ (1분 동안 나오는 물의 양)

$= 4\frac{1}{3} \div \frac{13}{12} = \frac{13}{3} \div \frac{13}{12}$

$= \frac{\overset{1}{\cancel{13}}}{\underset{1}{\cancel{3}}} \times \frac{\overset{4}{\cancel{12}}}{\underset{1}{\cancel{13}}} = 4$ (L)

2 ❶ 21초$=\frac{21}{60}$분$=\frac{7}{20}$분

❷ (1분 동안 흘려보낼 수 있는 물의 양)

$= 12\frac{3}{5} \div \frac{7}{20} = \frac{\overset{9}{\cancel{63}}}{\underset{1}{\cancel{5}}} \times \frac{\overset{4}{\cancel{20}}}{\underset{1}{\cancel{7}}} = 36$ (L)

❸ 1분 20초$=$1분$+\frac{20}{60}$분$=1\frac{1}{3}$분

➡ (1분 20초 동안 흘려보낼 수 있는 물의 양)

$= 36 \times 1\frac{1}{3} = \overset{12}{\cancel{36}} \times \frac{4}{\underset{1}{\cancel{3}}} = 48$ (L)

다르게 풀기

❶ (1초 동안 흘려보낼 수 있는 물의 양)

$= 12\frac{3}{5} \div 21 = \frac{\overset{3}{\cancel{63}}}{5} \times \frac{1}{\underset{1}{\cancel{21}}} = \frac{3}{5}$ (L)

❷ 1분 20초$=$60초$+$20초$=$80초

➡ (1분 20초 동안 흘려보낼 수 있는 물의 양)

$= \frac{3}{\underset{1}{\cancel{5}}} \times \overset{16}{\cancel{80}} = 48$ (L)

3 ❶ 7분$=\frac{7}{60}$시간이므로

(A 정수 시설로 1시간 동안 정수할 수 있는 물의 양)

$= 2\frac{5}{6} \div \frac{7}{60} = \frac{170}{7}$ (L)

➡ (A 정수 시설로 28시간 동안 정수할 수 있는 물의 양)$= \frac{170}{\underset{1}{\cancel{7}}} \times \overset{4}{\cancel{28}} = 680$ (L)

❷ 4분$=\frac{1}{15}$시간이므로

(B 정수 시설로 1시간 동안 정수할 수 있는 물의 양)

$= 1\frac{3}{4} \div \frac{1}{15} = \frac{105}{4}$ (L)

➡ (B 정수 시설로 28시간 동안 정수할 수 있는 물의 양)$= \frac{105}{\underset{1}{\cancel{4}}} \times \overset{7}{\cancel{28}} = 735$ (L)

❸ $680 < 735$이므로 B 정수 시설로 정수할 수 있는 물이 $735 - 680 = 55$ (L) 더 많다.

4 ❶ (더 부어야 하는 물의 양)

$= 15 - 6\frac{3}{5} = 8\frac{2}{5}$ (L)

❷ $8\frac{2}{5} \div \frac{7}{10} = \frac{42}{5} \div \frac{7}{10} = \frac{\overset{6}{\cancel{42}}}{\underset{1}{\cancel{5}}} \times \frac{\overset{2}{\cancel{10}}}{\underset{1}{\cancel{7}}} = 12$

➡ 들이가 $\frac{7}{10}$ L인 그릇으로 적어도 12번 부어야 한다.

5 ❶ (더 가야 하는 거리)

$= 24 - 8\frac{3}{8} = 15\frac{5}{8}$ (km)

❷ $15\frac{5}{8} \div \frac{5}{24} = \frac{\overset{25}{\cancel{125}}}{\underset{1}{\cancel{8}}} \times \frac{\overset{3}{\cancel{24}}}{\underset{1}{\cancel{5}}} = 75$

➡ 1분에 $\frac{5}{24}$ km를 가는 빠르기로 적어도 75분 더 가야 한다.

6 ❶ (더 부어야 하는 포도주의 양)

$=30-13\frac{2}{3}=16\frac{1}{3}$ (L)

❷ (상규가 부어야 하는 횟수)

$=16\frac{1}{3}\div1\frac{1}{6}=\frac{49}{3}\times\frac{6}{7}=14$ ➔ 14번

(주희가 부어야 하는 횟수)

$=16\frac{1}{3}\div\frac{11}{12}=\frac{49}{3}\times\frac{12}{11}=17\frac{9}{11}$ ➔ 18번

❸ 14<18이므로 주희가 포도주를 18−14=4(번) 더 많이 부어서 채울 수 있다.

1주 5일 복습 9~10쪽

1 63 cm　　2 39 cm

3 $1\frac{3}{4}\left(=\frac{7}{4}\right)$배　　4 $2\frac{2}{7}\left(=\frac{16}{7}\right)$배

1 ❶ 수조에 담긴 물의 깊이를 □ cm라 놓으면

(짧은 막대의 길이)$\times\frac{3}{4}=$□

➔ (짧은 막대의 길이)$=$□$\div\frac{3}{4}=$□$\times\frac{4}{3}$,

(긴 막대의 길이)$\times\frac{4}{7}=$□

➔ (긴 막대의 길이)$=$□$\div\frac{4}{7}=$□$\times\frac{7}{4}$

❷ (긴 막대의 길이)−(짧은 막대의 길이)=15이므로

□$\times\frac{7}{4}-$□$\times\frac{4}{3}=15$,

□$\times\frac{21}{12}-$□$\times\frac{16}{12}=15$, □$\times\frac{5}{12}=15$,

□$=15\div\frac{5}{12}=15\times\frac{12}{5}=36$이다.

❸ (긴 막대의 길이)$=36\times\frac{7}{4}=63$ (cm)

2 ❶ 어항에 담긴 물의 깊이를 □ cm라 놓으면

(긴 막대의 길이)$\times\frac{2}{5}=$□

➔ (긴 막대의 길이)$=$□$\div\frac{2}{5}=$□$\times\frac{5}{2}$,

(짧은 막대의 길이)$\times\frac{5}{6}=$□

➔ (짧은 막대의 길이)$=$□$\div\frac{5}{6}=$□$\times\frac{6}{5}$

❷ (긴 막대의 길이)+(짧은 막대의 길이)=111이므로

□$\times\frac{5}{2}+$□$\times\frac{6}{5}=111$,

□$\times\frac{25}{10}+$□$\times\frac{12}{10}=111$, □$\times\frac{37}{10}=111$,

□$=111\div\frac{37}{10}=111\times\frac{10}{37}=30$이다.

❸ (긴 막대의 길이)−(짧은 막대의 길이)

$=30\times\frac{5}{2}-30\times\frac{6}{5}=75-36=39$ (cm)

3 ❶ 수도를 1시간 동안 틀었을 때 목욕탕에 채울 수 있는 물의 양을 구하면

A 수도만 틀었을 때: 목욕탕 전체의 $\frac{1}{4}$,

B 수도만 틀었을 때: 목욕탕 전체의 $\frac{1}{3}$,

A와 B 수도를 동시에 틀었을 때:

목욕탕 전체의 $\frac{1}{4}+\frac{1}{3}=\frac{7}{12}$

❷ A와 B 수도를 동시에 틀어서 목욕탕에 물을 가득 채울 때 걸리는 시간을 ★시간이라 하면

$\frac{7}{12}\times$★$=1$이므로 ★$=\frac{12}{7}$이다.

❸ B 수도만 틀어서 목욕탕에 물을 가득 채울 때 걸리는 시간은 A와 B 수도를 동시에 틀어서 목욕탕에 물을 가득 채울 때 걸리는 시간의

$3\div\frac{12}{7}=3\times\frac{7}{12}=\frac{7}{4}=1\frac{3}{4}$(배)이다.

4 ❶ 펌프를 1분 동안 작동시켰을 때 수영장에서 뺄 수 있는 물의 양을 구하면

A 펌프만 작동시켰을 때: 수영장 전체의 $\frac{1}{9}$,

B 펌프만 작동시켰을 때: 수영장 전체의 $\frac{1}{7}$,

A와 B 펌프를 동시에 작동시켰을 때:

수영장 전체의 $\frac{1}{9}+\frac{1}{7}=\frac{16}{63}$

❷ A와 B 펌프를 동시에 작동시켜서 수영장의 물을 모두 뺄 때 걸리는 시간을 ★분이라 하면

$\frac{16}{63}\times$★$=1$이므로 ★$=\frac{63}{16}$이다.

❸ A 펌프만 작동시켜서 수영장의 물을 모두 뺄 때 걸리는 시간은 A와 B 펌프를 동시에 작동시켜서 수영장의 물을 모두 뺄 때 걸리는 시간의

$9\div\frac{63}{16}=9\times\frac{16}{63}=\frac{16}{7}=2\frac{2}{7}$(배)이다.

2주 소수의 나눗셈

2주 1일 복습 11 ~ 12쪽

1 11 m	2 41.4 kg
3 38250원	4 0.5 kg
5 0.8 g	6 1 kg

1 ❶ (철근 1 m의 무게)=19.32÷2.3=8.4 (kg)
❷ (무게가 92.4 kg인 철근의 길이)
=92.4÷8.4=11 (m)

2 ❶ (통나무 1 m의 무게)=11.04÷2.4=4.6 (kg)
❷ (통나무 9 m의 무게)=4.6×9=41.4 (kg)

3 ❶ (휘발유 1 L로 갈 수 있는 거리)
=26.88÷2.1=12.8 (km)
❷ (320 km를 가는 데 필요한 휘발유의 양)
=320÷12.8=25 (L)
❸ (320 km를 가는 데 필요한 휘발유의 값)
=1530×25=38250(원)

4 ❶ (전체 천일염의 양)÷(한 봉지에 담을 천일염의 양)
=73÷1.5=48···1
➡ 48봉지에 담을 수 있고, 천일염 1 kg이 남는다.
❷ 남은 천일염 1 kg으로 한 봉지를 더 만들려면 적어도 1.5−1=0.5 (kg) 더 필요하다.

5 ❶ 0.15 kg=150 g
❷ (전체 설탕의 양)÷(과자 한 개를 만드는 데 필요한 설탕의 양)
=150÷2.6=57···1.8
➡ 과자를 57개 만들 수 있고, 설탕 1.8 g이 남는다.
❸ 남은 설탕 1.8 g으로 과자를 한 개 더 만들려면 적어도 2.6−1.8=0.8 (g) 더 필요하다.

6 ❶ (자루에 담고 남은 땅콩의 무게)
=460−(12×33)=460−396=64 (kg)
❷ (남은 땅콩의 무게)÷(한 봉지에 담을 땅콩의 무게)
=64÷2.6=24···1.6
➡ 24봉지에 담을 수 있고, 땅콩 1.6 kg이 남는다.
❸ 남은 땅콩 1.6 kg으로 한 봉지를 더 만들려면 적어도 2.6−1.6=1 (kg) 더 필요하다.

2주 2일 복습 13 ~ 14쪽

1 5.4 km	2 2.33배
3 1.43배	4 690장
5 96개	6 270장

1 ❶ 1시간 45분$=1\frac{45}{60}$시간$=1\frac{3}{4}$시간=1.75시간
❷ (걸은 거리)÷(걸은 시간)=9.4÷1.75=5.37···
❸ 몫을 반올림하여 소수 첫째 자리까지 나타내면 5.4이므로 민석이가 한 시간 동안 걸은 거리는 5.4 km이다.

2 ❶ (한 병에 담은 사과 주스의 양)
=11.2÷8=1.4 (L)
❷ (한 컵에 담은 비트 주스의 양)
=8.4÷14=0.6 (L)
❸ 1.4÷0.6=2.333···이므로 몫을 반올림하여 소수 둘째 자리까지 나타내면 2.33이다. ➡ 2.33배

3 ❶ (처음 직사각형의 넓이)
=4.2×8.5=35.7 (cm^2)
❷ (새로 만든 직사각형의 넓이)
=(4.2+3.3)×(8.5×0.8)
=7.5×6.8=51 (cm^2)
❸ 51÷35.7=1.428···이므로 몫을 반올림하여 소수 둘째 자리까지 나타내면 1.43이다. ➡ 1.43배

4 ❶ (가로로 붙일 타일의 수)=4.5÷0.15=30(장)
❷ (세로로 붙일 타일의 수)=5.75÷0.25=23(장)
❸ (필요한 타일의 수)=30×23=690(장)

5 ❶ (가로로 자른 정사각형 모양 시루떡의 수)
=102÷8.5=12(개)
❷ (세로로 자른 정사각형 모양 시루떡의 수)
=68÷8.5=8(개)
❸ (자른 정사각형 모양 시루떡의 수)
=12×8=96(개)

6 ❶ (상자의 한 면에 가로로 붙일 색종이의 수)
=40.5÷4.5=9(장)
(상자의 한 면에 세로로 붙일 색종이의 수)
=40.5÷8.1=5(장)
❷ (상자의 한 면에 붙일 때 필요한 색종이의 수)
=9×5=45(장)
❸ 정육면체의 면은 6개이므로 상자의 모든 면에 붙일 때 필요한 색종이의 수는 45×6=270(장)이다.

2주 3일 복습 15 ~ 16 쪽

1 48개	**2** 16개
3 0.54 kg	**4** 57개
5 45그루	**6** 25개

1 ❶ (종이컵만의 무게)$=175.7-12.5=163.2$ (g)
❷ (상자에 들어 있는 종이컵 수)
$=163.2\div3.4=48$(개)

2 ❶ (초록색 구슬 8개의 무게)$=6.8\times8=54.4$ (g)
❷ (보라색 구슬만의 무게)
$=188.6-54.4-15.8=118.4$ (g)
❸ (보라색 구슬의 수)$=118.4\div7.4=16$(개)

3 ❶ (식용유 5 L가 들어 있는 통의 무게)
−(식용유 1.8 L를 덜어 내고 잰 통의 무게)
(식용유 1.8 L의 무게)
$=5.29-3.58=1.71$ (kg)
❷ (식용유 1.8 L의 무게)÷1.8
(식용유 1 L의 무게)$=1.71\div1.8=0.95$ (kg)
❸ (식용유 1 L의 무게)×5
(식용유 5 L의 무게)$=0.95\times5=4.75$ (kg)
❹ (식용유 5 L가 들어 있는 통의 무게)
−(식용유 5 L의 무게)
(빈 통의 무게)$=5.29-4.75=0.54$ (kg)

4 ❶ 0.252 km$=$252 m
❷ (가로등 사이의 간격 수)$=252\div4.5=56$(군데)
❸ (필요한 가로등 수)$=56+1=57$(개)

참고
(필요한 가로등 수)=(간격 수)+1

5 ❶ 0.279 km$=$279 m
❷ (나무의 두께)+(나무를 심은 간격)
$=0.8+5.4=6.2$ (m)
❸ (필요한 나무 수)$=279\div6.2=45$(그루)

6 ❶ (첫 번째 화분의 끝 부분부터 산책로 끝까지의 길이)
$=444.2-0.2=444$ (m)
❷ (화분을 설치한 간격)+(화분의 두께)
$=18.3+0.2=18.5$ (m)
❸ (화분 사이의 간격 수)
$=444\div18.5=24$(군데)
➔ (필요한 화분 수)$=24+1=25$(개)

2주 4일 복습 17 ~ 18 쪽

1 0.17	**2** 32.3
3 4.74	**4** 4시간
5 5시간	**6** 5시간 48분

1 ❶ 어떤 수를 □라 하면 잘못 계산한 식은
16.2÷□=6이다.
❷ □=16.2÷6=2.7 ➔ (어떤 수)=2.7
❸ 바르게 계산하면 2.7÷16.2=0.166⋯이므로
몫을 반올림하여 소수 둘째 자리까지 나타내면
0.17이다.

2 ❶ 어떤 수를 □라 하면 잘못 계산한 식은
□÷3.2×1.9=11.4이다.
❷ □÷3.2=11.4÷1.9=6, □=6×3.2=19.2
❸ 바르게 계산하면 19.2×3.2÷1.9에서
61.44÷1.9=32.33⋯이므로 몫을 반올림하여
소수 첫째 자리까지 나타내면 32.3이다.

3 ❶ 어떤 자연수를 □라 하면
148.2<□×5.7<159.6이다.
148.2<□×5.7에서
148.2÷5.7<□, 26<□이고
□×5.7<159.6에서
□<159.6÷5.7, □<28이다.
❷ 위 ❶에서 26<□<28이고 □는 자연수이므로
□가 될 수 있는 수는 27이다.
❸ 바르게 계산하면 27÷5.7=4.736⋯이므로
몫을 반올림하여 소수 둘째 자리까지 나타내면
4.74이다.

4 ❶ 1시간 24분$=1\frac{24}{60}$시간$=1\frac{4}{10}$시간$=1.4$시간
❷ (강물이 1시간 동안 흐르는 거리)
$=18.48\div1.4=13.2$ (km)
❸ (배가 강물이 흐르는 방향으로 1시간 동안 가는 거리)
$=45.6+13.2=58.8$ (km)
❹ (배가 235.2 km를 가는 데 걸리는 시간)
$=235.2\div58.8=4$(시간)

참고
(배가 강물이 흐르는 방향으로 1시간 동안 가는 거리)
=(배가 1시간 동안 가는 거리)
+(강물이 1시간 동안 흐르는 거리)

5 ❶ 1시간 36분$=1\frac{36}{60}$시간$=1\frac{6}{10}$시간$=1.6$시간

❷ (강물이 1시간 동안 흐르는 거리)
$=22.4\div1.6=14$ (km)

❸ (배가 강물이 흐르는 방향과 반대 방향으로 1시간 동안 가는 거리)
$=40.2-14=26.2$ (km)

❹ (배가 131 km를 가는 데 걸리는 시간)
$=131\div26.2=5$(시간)

참고
(배가 강물이 흐르는 방향과 반대 방향으로 1시간 동안 가는 거리)
=(배가 1시간 동안 가는 거리)
−(강물이 1시간 동안 흐르는 거리)

6 ❶ 2시간 12분$=2\frac{12}{60}$시간$=2\frac{2}{10}$시간$=2.2$시간

❷ (강물이 1시간 동안 흐르는 거리)
$=37.4\div2.2=17$ (km)

❸ (배가 강물이 흐르는 방향으로 1시간 동안 가는 거리)
$=18.4+17=35.4$ (km)

❹ (배가 205.32 km를 가는 데 걸리는 시간)
$=205.32\div35.4=5.8$(시간)
➔ 5시간 48분

참고
5.8시간$=5\frac{8}{10}$시간$=5\frac{48}{60}$시간$=5$시간 48분

2주 5일 복습 19 ~ 20 쪽

1 4	2 5
3 7.79 cm^2	4 10.56 cm^2

1 전략
㉠.85÷0.8의 몫을 ▲ 이상 ● 미만인 수로 나타낸 후 나누어지는 수의 범위인 (▲×0.8) 이상 (●×0.8) 미만인 수를 구한다.

❶ 반올림하여 일의 자리까지 나타내면 6이 되는 몫의 범위: 5.5 이상 6.5 미만인 수

❷ ㉠.85÷0.8의 몫의 범위가 5.5 이상 6.5 미만이므로 ㉠.85는 $0.8\times5.5=4.4$ 이상 $0.8\times6.5=5.2$ 미만인 수이다.

❸ 4.4 이상 5.2 미만인 수 중에서 ㉠.85인 수는 4.85이므로 ㉠에 알맞은 수는 4이다.

2 ❶ 반올림하여 소수 첫째 자리까지 나타내면 4.7이 되는 몫의 범위: 4.65 이상 4.75 미만인 수

❷ 3㉠.8÷7.6의 몫의 범위가 4.65 이상 4.75 미만이므로 3㉠.8은 $7.6\times4.65=35.34$ 이상 $7.6\times4.75=36.1$ 미만인 수이다.

❸ 35.34 이상 36.1 미만인 수 중에서 3㉠.8인 수는 35.8이므로 ㉠에 알맞은 수는 5이다.

3 ❶ 변 ㄴㄷ의 길이를 □ cm라 하면
사다리꼴 ㄱㄴㄷㄹ의 넓이가 85.28 cm^{2}이므로
$(12.3+□)\times8.2\div2=85.28$,
$(12.3+□)\times8.2=170.56$, $12.3+□=20.8$,
$□=8.5$ ➔ (변 ㄴㄷ)$=8.5$ cm

❷ 선분 ㄴㅁ과 선분 ㅁㄹ의 길이가 같으므로 각각의 선분을 밑변으로 하는 삼각형 ㄱㄴㅁ과 삼각형 ㄱㄹㅁ의 넓이가 같고 삼각형 ㄴㄷㅁ과 삼각형 ㄹㄷㅁ의 넓이가 같다.

❸ (사각형 ㄱㄴㄷㅁ의 넓이)
=(사다리꼴 ㄱㄴㄷㄹ의 넓이)÷2
$=85.28\div2=42.64$ (cm^2)
(삼각형 ㄱㄴㄷ의 넓이)
$=8.5\times8.2\div2=34.85$ (cm^2)
➔ (삼각형 ㄱㄷㅁ의 넓이)
$=42.64-34.85=7.79$ (cm^2)

4 ❶ 변 ㄱㄴ의 길이를 □ cm라 하면
사다리꼴 ㄱㄴㄷㄹ의 넓이가 130.56 cm^{2}이므로
$(11.4+15.8)\times□\div2=130.56$,
$27.2\times□\div2=130.56$, $27.2\times□=261.12$,
$□=9.6$ ➔ (변 ㄱㄴ)$=9.6$ cm

❷ 선분 ㄱㅁ과 선분 ㅁㄷ의 길이가 같으므로 각각의 선분을 밑변으로 하는 삼각형 ㄱㄴㅁ과 삼각형 ㄴㄷㅁ의 넓이가 같고 삼각형 ㄱㄹㅁ과 삼각형 ㄹㄷㅁ의 넓이가 같다.

❸ (사각형 ㄱㄴㅁㄹ의 넓이)
=(사다리꼴 ㄱㄴㄷㄹ의 넓이)÷2
$=130.56\div2=65.28$ (cm^2)
(삼각형 ㄱㄴㄹ의 넓이)
$=11.4\times9.6\div2=54.72$ (cm^2)
➔ (삼각형 ㄴㄹㅁ의 넓이)
$=65.28-54.72=10.56$ (cm^2)

참고
밑변의 길이와 높이가 같으면 삼각형의 넓이는 같다.
예
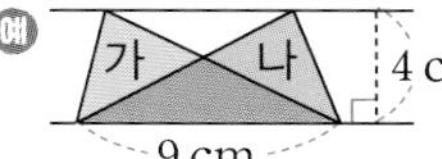

➔ (삼각형 가의 넓이)
=(삼각형 나의 넓이)

3주 원의 넓이 / 원기둥, 원뿔, 구

3주 1일 복습 21 ~ 22 쪽

1 465 cm	**2** 5바퀴
3 12바퀴	**4** 27 cm
5 43.4 cm	**6** 301.44 cm

1 ❶ (자전거 바퀴의 원주)$=60\times3.1=186$ (cm)
❷ (자전거 바퀴가 2바퀴 반 굴러간 거리)
$=186\times2.5=465$ (cm)

2 ❶ (고리의 원주)$=35\times3.14=109.9$ (cm)
❷ (굴린 바퀴 수)$=549.5\div109.9=5$(바퀴)

3 ❶ (지름이 30 cm인 굴렁쇠가 굴러간 거리)
$=30\times3.1\times8=744$ (cm)
❷ (지름이 50 cm인 굴렁쇠가 굴러간 거리)
$=2604-744=1860$ (cm)
❸ (지름이 50 cm인 굴렁쇠를 굴린 횟수)
$=1860\div50\div3.1=12$(바퀴)

4 ❶ (세윤이가 만든 호떡의 지름)
$=47.1\div3.14=15$ (cm)
(연정이가 만든 호떡의 지름)
$=37.68\div3.14=12$ (cm)
❷ (두 사람이 만든 호떡의 지름의 합)
$=15+12=27$ (cm)

5 ❶ (수정이가 만든 원의 반지름)
$=55.8\div3.1\div2=9$ (cm)
(소희가 만든 원의 반지름)
$=9-2=7$ (cm)
❷ (소희가 만든 원의 원주)
$=7\times2\times3.1=43.4$ (cm)

6 ❶ (가장 큰 원의 지름)$=502.4\div3.14=160$ (cm)
❷ (가장 작은 원의 지름)$=160\div5=32$ (cm)
❸ 파란색 바깥쪽의 원의 지름은 가장 작은 원의 지름의 3배이므로
(파란색 바깥쪽의 원의 지름)
$=32\times3=96$ (cm)이다.
➔ (파란색 바깥쪽의 원의 원주)
$=96\times3.14=301.44$ (cm)

3주 2일 복습 23 ~ 24 쪽

1 99.2 m	**2** 113.04 cm^2
3 131.25 cm^2	**4** 71.4 cm
5 113.6 cm	**6** 63.84 cm

1 ❶ 꽃밭의 반지름을 □ m라 하면
$\square\times\square\times3.1=793.6$, $\square\times\square=793.6\div3.1$,
$\square\times\square=256$, $\square=16$이다.
❷ (꽃밭의 둘레)$=16\times2\times3.1=99.2$ (m)

2 ❶ 큰 접시의 지름을 □ cm라 하면
$\square\times3.14=62.8$, $\square=20$이다.
❷ (작은 접시의 지름)$=32-20=12$ (cm)
(작은 접시의 반지름)$=12\div2=6$ (cm)
➔ (작은 접시의 넓이)
$=6\times6\times3.14=113.04$ (cm^2)

3 ❶ 가장 작은 원의 지름을 □ cm라 하면
$\square\times3=15$, $\square=5$이다.
(7점부터 10점까지 얻을 수 있는 원의 반지름)
$=(5+5+5+5)\div2=10$ (cm)
❷ (8점부터 10점까지 얻을 수 있는 원의 반지름)
$=(5+5+5)\div2=7.5$ (cm)
❸ (7점을 얻을 수 있는 부분의 넓이)
$=10\times10\times3-7.5\times7.5\times3$
$=300-168.75=131.25$ (cm^2)

4 ❶ (곡선 부분의 길이의 합)
$=5\times2\times3.14=31.4$ (cm)
❷ 직선 부분의 길이의 합은 반지름의 8배와 같으므로
$5\times8=40$ (cm)이다.
❸ (사용한 실의 길이)$=31.4+40=71.4$ (cm)

5 ❶

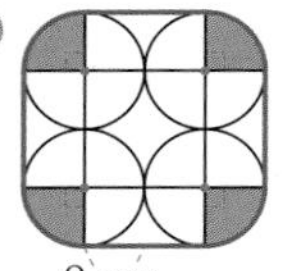

$198.4\div3.1=64$이고 $8\times8=64$이므로 달고나의 반지름은 8 cm이다.
(곡선 부분의 길이의 합)$=8\times2\times3.1=49.6$ (cm)
❷ 직선 부분의 길이의 합은 반지름의 8배와 같으므로
$8\times8=64$ (cm)이다.
❸ (사용한 끈의 길이)$=49.6+64=113.6$ (cm)

6 ❶ $60^\circ+60^\circ+120^\circ+120^\circ=360^\circ$ 이므로 곡선 부분의 길이의 합은 지름이 6 cm인 원의 원주와 같다.

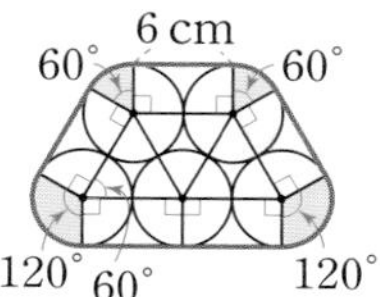

(곡선 부분의 길이의 합)$=6\times3.14=18.84$ (cm)

❷ 직선 부분의 길이의 합은 지름의 5배와 같으므로 $6\times5=30$ (cm)이다.

❸ (사용한 끈의 길이)$=18.84+30+15$
$=63.84$ (cm)

3주 3일 복습 25 ~ 26 쪽

1 188.4 cm^2	**2** 77.5 cm^2
3 2178 cm^2	**4** 7 cm
5 113.04 cm^2	**6** 8 cm

1 ❶ (옆면의 가로)$=3\times2\times3.14=18.84$ (cm)
(옆면의 세로)$=10$ cm

❷ (옆면의 넓이)$=18.84\times10=188.4$ (cm^2)

2 ❶ 밑면의 지름을 □ cm라 하면 밑면의 둘레는 (□$\times3.1$) cm, 높이는 6 cm이므로
(옆면의 넓이)=□$\times3.1\times6=186$,
□$\times18.6=186$, □$=10$이다.

❷ 밑면의 반지름이 $10\div2=5$ (cm)이므로
(한 밑면의 넓이)$=5\times5\times3.1=77.5$ (cm^2)이다.

3 ❶ (원기둥의 한 밑면의 넓이)
$=11\times11\times3=363$ (cm^2)

❷ 원기둥의 전개도에서
(옆면의 가로)$=11\times2\times3=66$ (cm),
(옆면의 세로)$=11\times2=22$ (cm)이다.
➔ (옆면의 넓이)$=66\times22=1452$ (cm^2)

❸ (원기둥의 전개도의 넓이)
$=363\times2+1452=2178$ (cm^2)

4 ❶ (길이가 9 cm인 철사의 길이의 합)
$=9\times6=54$ (cm)

❷ (두 밑면의 둘레의 합)$=97.4-54=43.4$ (cm)이므로
(한 밑면의 둘레)$=43.4\div2=21.7$ (cm)이다.

❸ 밑면의 지름을 □ cm라 하면
□$\times3.1=21.7$, □$=7$이다.
따라서 밑면의 지름은 7 cm이다.

5 ❶ (옆면에 붙인 파란색 끈의 길이의 합)
$=11\times3=33$ (cm)

❷ (밑면의 둘레)$=70.68-33=37.68$ (cm)

❸ 밑면의 반지름을 □ cm라 하면
□$\times2\times3.14=37.68$, □$\times6.28=37.68$,
□$=6$이다.
➔ (밑면의 넓이)$=6\times6\times3.14$
$=113.04$ (cm^2)

6 ❶ 원뿔에서 모선의 길이는 모두 같으므로
(선분 ㄱㄴ)=(선분 ㄱㄷ)=(선분 ㄱㄹ)이다.
삼각형 ㄱㄴㄷ은 두 변의 길이가 같고
(각 ㄱㄴㄷ)=(각 ㄱㄷㄴ)$=60^\circ$에서
(각 ㄴㄱㄷ)$=60^\circ$이므로 정삼각형이다.

❷ 정삼각형의 한 변의 길이가 24 cm이므로 빨간색 철사의 길이는 $24\times2=48$ (cm)이다.

❸ 48 cm로 가장 큰 정육각형을 만들려면
(정육각형의 한 변의 길이)$=48\div6=8$ (cm)이다.

참고
원뿔 모양의 고깔모자를 앞에서 본 모양은 한 변의 길이가 24 cm인 정삼각형이다.

3주 4일 복습 27 ~ 28 쪽

1 150 cm^2	**2** 32.4 cm^2
3 30 cm	**4** 5바퀴
5 8 cm	**6** 143.6 cm

1 ❶ 돌리기 전의 평면도형의 모양 그리기

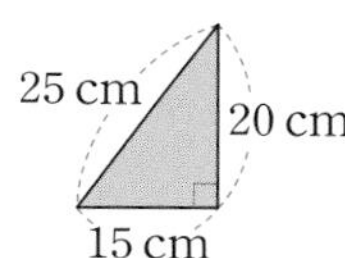

❷ (돌리기 전의 평면도형의 넓이)
$=15\times20\div2=150$ (cm^2)

2 ❶ 돌리기 전의 평면도형의 모양 그리기

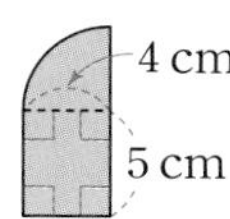

❷ (돌리기 전의 평면도형의 넓이)
$=\left(\text{원의 넓이의 }\frac{1}{4}\right)+$(직사각형의 넓이)
$=4\times4\times3.1\times\frac{1}{4}+4\times5$
$=12.4+20=32.4$ (cm^2)

3 ❶ 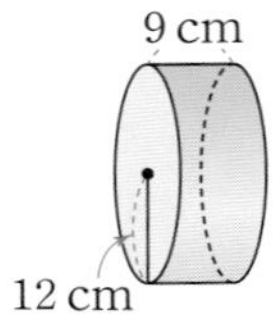

가로를 기준으로 돌렸을 때
(옆면의 둘레)
$=(12\times2\times3+9)\times2$
$=81\times2=162$ (cm)

❷ 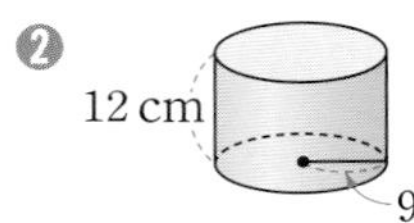

세로를 기준으로 돌렸을 때
(옆면의 둘레)
$=(9\times2\times3+12)\times2$
$=66\times2=132$ (cm)

❸ (옆면의 둘레의 차)$=162-132=30$ (cm)

4 ❶ 롤러의 옆면을 펼치면 가로가 12 cm, 세로가 $3\times2\times3.14=18.84$ (cm)인 직사각형이 된다.
➡ (롤러의 옆면의 넓이)$=12\times18.84$
$=226.08$ (cm^2)

❷ (롤러를 굴린 횟수)$=1130.4\div226.08=5$(바퀴)

5 ❶ 페인트를 칠한 부분의 넓이는 롤러의 옆면의 넓이의 4배이므로
(옆면의 넓이)$=2512\div4=628$ (cm^2)이다.

❷ (한 밑면의 둘레)$=628\div25=25.12$ (cm)

❸ (밑면의 지름)$=25.12\div3.14=8$ (cm)

6 ❶ (원기둥의 한 밑면의 둘레)$=446.4\div16$
$=27.9$ (cm)

❷ 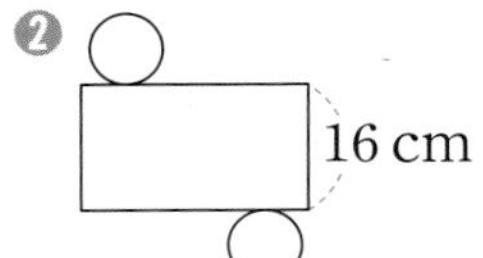

옆면의 가로는 밑면의 둘레와 같고 세로는 원기둥의 높이와 같으므로
(옆면의 둘레)$=(27.9+16)\times2=87.8$ (cm)이다.

❸ (전개도의 둘레)$=27.9\times2+87.8$
$=55.8+87.8$
$=143.6$ (cm)

3주 5일 복습 29 ~ 30 쪽

1 999 cm^2	**2** 856.8 cm^2
3 240 cm^2	**4** 432 cm^2

1 ❶ (필요한 포장지의 가로)
$=$(곡선 부분의 길이의 합)$+$(직선 부분의 길이의 합)
$=5\times2\times3.1+5\times8\times2$
$=31+80=111$ (cm)

❷ 필요한 포장지의 세로는 원기둥의 높이와 같으므로 9 cm이다.

❸ (필요한 포장지의 넓이)$=111\times9=999$ (cm^2)

2 ❶ (필요한 포장지의 가로)
$=$(곡선 부분의 길이의 합)$+$(직선 부분의 길이의 합)
$=4\times2\times3.14+4\times2\times4$
$=25.12+32=57.12$ (cm)

❷ 필요한 포장지의 세로는 원기둥의 높이와 같으므로 15 cm이다.

❸ (필요한 포장지의 넓이)
$=57.12\times15=856.8$ (cm^2)

3 ❶ 원 가의 반지름을 (●$\times$3) cm라고 하면
원 나의 반지름은 (●$\times$2) cm이므로
(가장 큰 원의 반지름)$=$●$\times$3$+$●$\times$2
$=$(●$\times$5) cm이다.

❷ 색칠한 부분의 넓이가 576 cm^2이므로
(●$\times$5)$\times$(●$\times$5)$\times$3$-$(●$\times$3)$\times$(●$\times$3)$\times$3
$-$(●$\times$2)$\times$(●$\times$2)$\times$3$=$576,
●$\times$●$\times$75$-$●$\times$●$\times$27$-$●$\times$●$\times$12$=$576,
36$\times$●$\times$●$=$576, ●$\times$●$=$16에서
●$=$4이다.
➡ (원 가의 반지름)$=4\times3=12$ (cm)
(원 나의 반지름)$=4\times2=8$ (cm)

❸ (원 가의 넓이)$-$(원 나의 넓이)
$=12\times12\times3-8\times8\times3$
$=432-192=240$ (cm^2)

4 ❶ 원 가의 반지름을 (●$\times$3) cm라고 하면
원 나의 반지름은 (●$\times$5) cm이므로
(가장 큰 원의 반지름)
$=$●$\times$3$+$●$\times$5$=$(●$\times$8) cm이다.

❷ 색칠한 부분의 넓이가 810 cm^2이므로
(●$\times$8)$\times$(●$\times$8)$\times$3$-$(●$\times$3)$\times$(●$\times$3)$\times$3
$-$(●$\times$5)$\times$(●$\times$5)$\times$3$=$810,
●$\times$●$\times$192$-$●$\times$●$\times$27$-$●$\times$●$\times$75$=$810,
90$\times$●$\times$●$=$810, ●$\times$●$=$9에서
●$=$3이다.
➡ (원 가의 반지름)$=3\times3=9$ (cm)
(원 나의 반지름)$=3\times5=15$ (cm)

❸ (원 나의 넓이)$-$(원 가의 넓이)
$=15\times15\times3-9\times9\times3$
$=675-243=432$ (cm^2)

공간과 입체 / 비례식과 비례배분

4주 1일 복습 31 ~ 32 쪽

1 7개	2 11개
3 17개	4 8개
5 11개, 15개	

1 ❶ 앞에서 본 모양

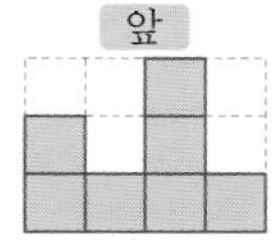

❷ 앞에서 볼 때 보이는 쌓기나무의 개수: 7개

2 ❶ 옆에서 본 모양

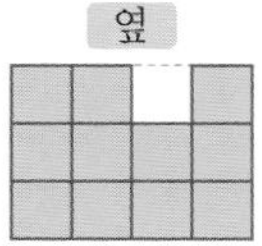

❷ 옆에서 볼 때 보이는 쌓기나무의 개수: 11개

3 ❶ 앞에서 본 모양

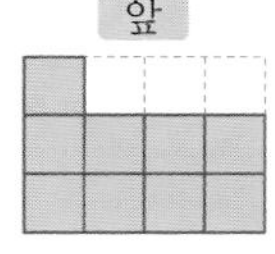

➔ 앞에서 볼 때 보이는 쌓기나무의 개수: 9개

❷ 옆에서 본 모양

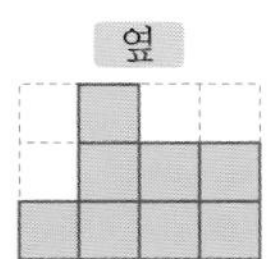

➔ 옆에서 볼 때 보이는 쌓기나무의 개수: 8개

❸ 앞과 옆에서 볼 때 각각 보이는 쌓기나무의 개수의 합: $9+8=17$(개)

4 ❶ 쌓기나무의 개수가 확실한 자리에 수를 쓰면

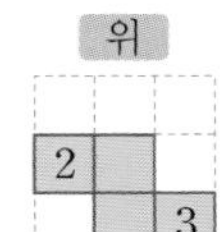

❷ 쌓기나무의 개수가 가장 적은 경우를 수로 쓰면

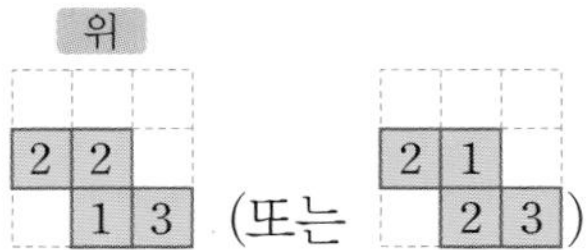

❸ 쌓은 쌓기나무의 개수가 가장 적은 경우 8개이다.

5 ❶ 쌓기나무의 개수가 확실한 자리에 수를 쓰면

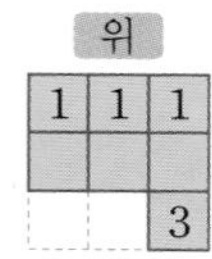

❷ 쌓기나무의 개수가 가장 적은 경우를 수로 쓰면

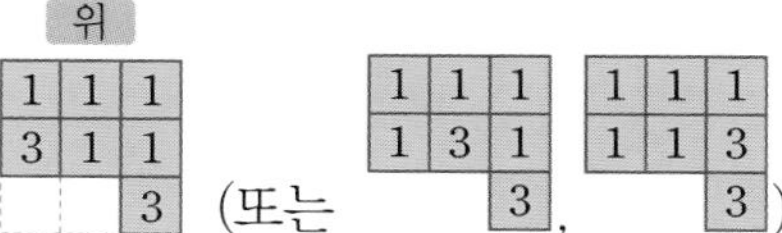

이고,

쌓기나무의 개수가 가장 많은 경우를 수로 쓰면

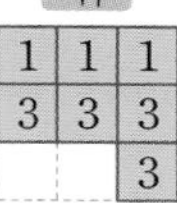

이다.

❸ 쌓은 쌓기나무의 개수가 가장 적은 경우 11개이고, 가장 많은 경우 15개이다.

4주 2일 복습 33 ~ 34 쪽

1 예 7 : 12	2 예 5 : 8
3 예 5 : 1	4 예 7 : 8
5 예 4 : 3	6 예 7 : 6

1 ❶ (물 양) : (쌀가루 양) ➔ 1.75 : 3

❷ 1.75 : 3 ➔ $(1.75\times100):(3\times100)$
➔ 175 : 300

❸ 175 : 300 ➔ $(175\div25):(300\div25)$
➔ 7 : 12

2 ❶ (파란색 리본의 길이)

$$=\frac{3}{4}+\frac{9}{20}=\frac{15}{20}+\frac{9}{20}$$
$$=\frac{24}{20}=\frac{6}{5}\text{ (m)}$$

❷ (노란색 리본의 길이) : (파란색 리본의 길이)
➔ $\frac{3}{4}:\frac{6}{5}$

❸ $\frac{3}{4}:\frac{6}{5}$ ➔ $\left(\frac{3}{4}\times20\right):\left(\frac{6}{5}\times20\right)$ ➔ 15 : 24

❹ 15 : 24 ➔ $(15\div3):(24\div3)$ ➔ 5 : 8

3 ❶ (사다리꼴의 넓이)$=37.8-6.3=31.5$ (cm^2)
❷ (사다리꼴의 넓이) : (삼각형의 넓이)
➜ $31.5:6.3$
❸ $31.5:6.3$ ➜ $(31.5\times10):(6.3\times10)$
➜ $315:63$
❹ $315:63$ ➜ $(315\div63):(63\div63)$ ➜ $5:1$

4 ❶ 전체 포장할 옷의 양을 1이라 하면
(직원 A가 한 시간 동안 포장할 수 있는 옷의 양)
: (직원 B가 한 시간 동안 포장할 수 있는 옷의 양)
➜ $\left(1\div\frac{6}{5}\right):\left(1\div\frac{21}{20}\right)$ ➜ $\frac{5}{6}:\frac{20}{21}$
❷ $\frac{5}{6}:\frac{20}{21}$ ➜ $\left(\frac{5}{6}\times42\right):\left(\frac{20}{21}\times42\right)$
➜ $35:40$ ➜ $(35\div5):(40\div5)$
➜ $7:8$

5 ❶ (어머니가 한 시간 동안 깐 마늘의 양) : (형이 한 시간 동안 깐 마늘의 양)
➜ $\left(\frac{1}{4}\div3\right):\left(\frac{1}{4}\div4\right)$ ➜ $\frac{1}{12}:\frac{1}{16}$
❷ $\frac{1}{12}:\frac{1}{16}$ ➜ $\left(\frac{1}{12}\times48\right):\left(\frac{1}{16}\times48\right)$ ➜ $4:3$

6 ❶ 전체 일의 양을 1이라 하면
(승윤이가 한 시간 동안 한 일의 양) : (해원이가 한 시간 동안 한 일의 양)
➜ $(1\div2):\left(\frac{1}{7}\div\frac{1}{3}\right)$ ➜ $\frac{1}{2}:\frac{3}{7}$
❷ $\frac{1}{2}:\frac{3}{7}$ ➜ $\left(\frac{1}{2}\times14\right):\left(\frac{3}{7}\times14\right)$ ➜ $7:6$

4주 3일 복습 35 ~ 36쪽

1 2500원	**2** 6643 cm^2
3 6 km	**4** 92명
5 19마리	**6** 20 cm

1 ❶ 일회용 손난로 50개의 가격을 □원이라 하고 비례식을 세우면 $4:1400=50:$□이다.
❷ $4\times$□$=1400\times50$, $4\times$□$=70000$,
□$=17500$
➜ (일회용 손난로 50개의 가격)$=17500$원
❸ (거스름돈)$=20000-17500=2500$(원)

2 ❶ 실제 세로를 □ cm라 하고 비례식을 세우면
$3.64:2.92=91:$□이다.
❷ $3.64\times$□$=2.92\times91$, $3.64\times$□$=265.72$,
□$=73$
➜ (실제 세로)$=73$ cm
❸ (실제 작품의 넓이)$=91\times73=6643$ (cm^2)

3 ❶ 버스와 택시가 1분 동안 이동하는 거리의 비를 간단한 자연수의 비로 나타내면
$1.2:1.6$ ➜ $(1.2\times10):(1.6\times10)$ ➜ $12:16$
➜ $(12\div4):(16\div4)$ ➜ $3:4$
❷ 버스가 18 km 이동할 때 택시가 이동한 거리를 □ km라 하고 비례식을 세우면 $3:4=18:$□이다.
❸ $3\times$□$=4\times18$, $3\times$□$=72$, □$=24$
➜ (버스가 18 km 이동할 때 택시가 이동한 거리)
$=24$ km
❹ (버스가 이동한 거리가 18 km일 때 버스와 택시 사이의 거리)$=24-18=6$ (km)

4 ❶ 전체 관람객의 수를 □명이라 하고 비례식을 세우면 $75:69=100:$□이다.
❷ $75\times$□$=69\times100$, $75\times$□$=6900$, □$=92$
➜ (전체 관람객의 수)$=92$명

5 ❶ 닭장 안에 전체 닭의 수를 □마리라 하고 비례식을 세우면 $24:6=100:$□이다.
❷ $24\times$□$=6\times100$, $24\times$□$=600$, □$=25$
➜ (닭장 안에 전체 닭의 수)$=25$마리
❸ (암탉의 수)$=25-6=19$(마리)

6 ❶ 막대 과자의 전체 길이의 비율은 1이므로
(초콜릿이 묻지 않은 막대 과자 길이의 비율)
$=1-\frac{3}{5}=\frac{2}{5}$
❷ 막대 과자의 전체 길이를 □ cm라 하고 비례식을 세우면 $\frac{2}{5}:8=1:$□이다.
❸ $\frac{2}{5}\times$□$=8\times1$, $\frac{2}{5}\times$□$=8$,
□$=8\div\frac{2}{5}=8\times\frac{5}{2}=20$
➜ (막대 과자의 전체 길이)$=20$ cm

4주 4일 복습 37 ~ 38 쪽

1 6시간	**2** 46장
3 10만 원	**4** 50 L
5 100 mL	**6** 120 L

1 ❶ 하루는 24시간이므로

(낮 시간)$=24\times\frac{3}{3+5}=24\times\frac{3}{8}=9$(시간)

(밤 시간)$=24\times\frac{5}{3+5}=24\times\frac{5}{8}=15$(시간)

❷ 밤은 낮보다 $15-9=6$(시간) 더 길다.

2 ❶ 아버지가 사 오신 색종이의 수를 □장이라 하면

(누나가 가진 색종이의 수)$=\square\times\frac{9}{9+14}=18$이다.

❷ $\square\times\frac{9}{23}=18$,

$\square=18\div\frac{9}{23}=18\times\frac{23}{9}=46$

➔ (아버지가 사 오신 색종이의 수)$=46$장

3 ❶ (윤아가 투자한 금액) : (지석이가 투자한 금액)

➔ 120만 : 80만

➔ (120만÷40만) : (80만÷40만) ➔ 3 : 2

❷ 전체 이익금을 □원이라 하면

(윤아가 얻은 이익금)$=\square\times\frac{3}{3+2}=$6만이다.

❸ $\square\times\frac{3}{5}=$6만,

□=6만$\div\frac{3}{5}$=6만$\times\frac{5}{3}$=10만

➔ (윤아와 지석이가 얻은 전체 이익금)=10만 원

4 ❶ 수조 나의 들이를 □L라 하고 비례식을 세우면

$\frac{2}{5}:\frac{9}{10}=40:\square$이다.

❷ $\frac{2}{5}\times\square=\frac{9}{10}\times40$, $\frac{2}{5}\times\square=36$,

$\square=36\div\frac{2}{5}=\overset{18}{\cancel{36}}\times\frac{5}{\underset{1}{\cancel{2}}}=90$

➔ (수조 나의 들이)$=90$ L

❸ (수조 가에서 넘친 물의 양)$=90-40=50$ (L)

5 ❶ 컵 B의 들이를 □mL라 하고 비례식을 세우면

$1.6:2.4=200:\square$이다.

❷ $1.6\times\square=2.4\times200$, $1.6\times\square=480$,

$\square=480\div1.6=300$

➔ (컵 B의 들이)$=300$ mL

❸ (더 필요한 물의 양)$=300-200=100$ (mL)

6 ❶ 두 어항 가와 나의 들이의 비를 간단한 자연수의 비로 나타내면

$5:\frac{10}{3}$ ➔ $(5\times3):\left(\frac{10}{3}\times3\right)$

➔ $15:10$

➔ $(15\div5):(10\div5)$

➔ $3:2$

❷ 어항 나의 들이를 □L라 하고 비례식을 세우면

$3:2=(\square+24):\square$이다.

❸ $3\times\square=2\times(\square+24)$,

$3\times\square=2\times\square+48$,

$\square=48$

➔ (어항 나의 들이)$=48$ L,

(어항 가의 들이)$=48+24=72$ (L)

❹ (필요한 물의 양)$=72+48=120$ (L)

참고

어항 가의 들이는 어항 나의 들이보다 24 L 더 많으므로 어항 나의 들이를 □L라 하면 어항 가의 들이는 (□+24) L이다.

4주 5일 복습 39 ~ 40 쪽

1 6 cm	**2** 16 cm
3 풀이 참조, 답 3가지	

1 ❶ 사진의 둘레를 이용하여 가로와 세로의 합 구하기

(가로)+(세로)$=70\div2=35$ (cm)

❷ 가로와 세로의 합을 비례배분하여 세로 구하기

(세로)$=35\times\frac{3}{4+3}=35\times\frac{3}{7}=15$ (cm)

❸ 위 ❷에서 구한 세로와 비례식의 성질을 이용하여 달의 지름 구하기

15 : (달의 지름)$=5:2$,

(달의 지름)$\times5=15\times2$,

(달의 지름)$\times5=30$,

(달의 지름)$=30\div5=6$ (cm)

2 전략

❶ 가로와 세로의 합 240 cm를 가로와 세로의 비 3 : 2로 비례배분하여 가로를 구하자.
❷ ㉡의 비례식에 위 ❶에서 구한 가로를 넣고, 외항의 곱과 내항의 곱이 같음을 이용하여 태극 문양의 지름을 구하자.
❸ ㉢의 비례식에 위 ❷에서 구한 태극 문양의 지름을 넣고, 외항의 곱과 내항의 곱이 같음을 이용하여 괘의 길이를 구하자.
❹ ㉣의 비례식에 위 ❸에서 구한 괘의 길이를 넣고, 외항의 곱과 내항의 곱이 같음을 이용하여 괘의 너비를 구하자.

❶ 가로와 세로의 합을 비례배분하여 가로 구하기

$(\text{가로})=240\times\frac{3}{3+2}=240\times\frac{3}{5}=144\ (\text{cm})$

❷ 위 ❶에서 구한 가로와 비례식의 성질을 이용하여 태극 문양의 지름 구하기

144 : (태극 문양의 지름)=3 : 1,
(태극 문양의 지름)×3=144×1,
(태극 문양의 지름)=144÷3=48 (cm)

❸ 위 ❷에서 구한 태극 문양의 지름과 비례식의 성질을 이용하여 괘의 길이 구하기

48 : (괘의 길이)=2 : 1,
(괘의 길이)×2=48×1,
(괘의 길이)=48÷2=24 (cm)

❹ 위 ❸에서 구한 괘의 길이와 비례식의 성질을 이용하여 괘의 너비 구하기

24 : (괘의 너비)=3 : 2,
(괘의 너비)×3=24×2,
(괘의 너비)×3=48,
(괘의 너비)=48÷3=16 (cm)

3 전략

먼저 2층의 쌓기나무의 개수를 구한 후 2층에 반드시 쌓기나무가 놓여 있어야 하는 자리를 찾아 ○표 한다.
2층의 나머지 자리에 쌓기나무가 놓여 있는 경우를 찾아 |조건|에 맞게 쌓기나무를 쌓을 수 있는 모양은 모두 몇 가지인지 구한다.

❶ 2층의 쌓기나무의 개수 구하기

예 쌓기나무가 1층에 5개, 3층에 2개이므로
2층의 쌓기나무는 10−5−2=3(개)이다.

❷ |조건|에 맞게 쌓을 수 있는 모양은 모두 몇 가지인지 구하기

2층에 반드시 쌓기나무가 놓여 있어야 하는 자리를 찾아 ○표 하면

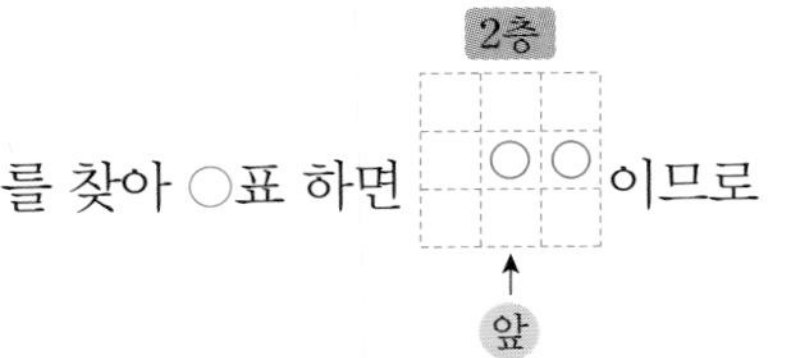

이므로

2층에 쌓기나무 3개가 놓여 있는 경우는

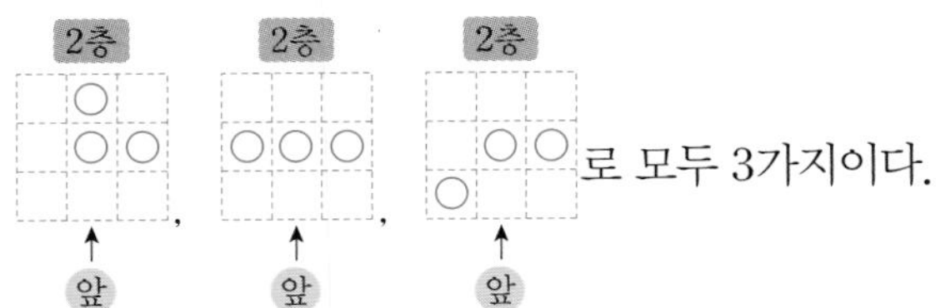

로 모두 3가지이다.

참고

3층까지 쌓으려면 2층에도 3층과 같은 위치에 쌓기나무가 반드시 놓여 있어야 한다.
또한, 2층은 1층의 쌓기나무 위에 놓여 있어야 한다.

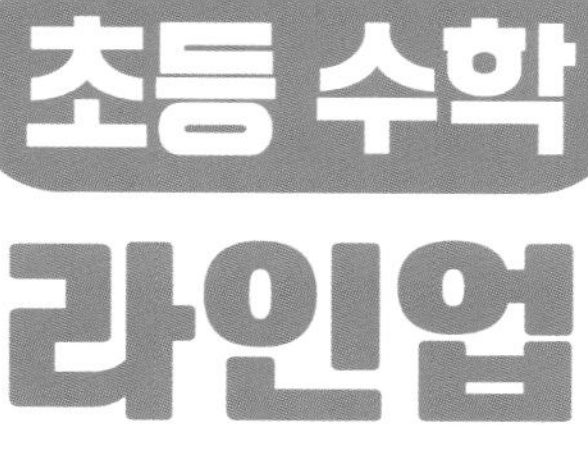

최강 TOT

최고 수준

최고 수준 S

초등 문해력
독해가 힘이다
[문장제 수학편]

수학도
독해가 힘이다

일등전략

응용 해결의 법칙

수학 전략

유형 해결의 법칙

우등생 해법수학

개념클릭

개념 해결의 법칙

똑똑한 하루 시리즈 [수학/계산/도형/사고력]

계산박사

빅터연산

수학 단원평가

해법수학
경시대회 기출문제

해법 예비 중학
신입생 수학

정답은
이안에
있어!

수학 전문 교재

●연산 학습

빅터연산	예비초~6학년, 총 20권
창의융합 빅터연산	예비초~4학년, 총 16권

●개념 학습

개념클릭 해법수학	1~6학년, 학기용

●수준별 수학 전문서

해결의법칙(개념/유형/응용)	1~6학년, 학기용

●단원평가 대비

수학 단원평가	1~6학년, 학기용

●단기완성 학습

초등 수학전략	1~6학년, 학기용

●상위권 학습

최고수준 S 수학	1~6학년, 학기용
최고수준 수학	1~6학년, 학기용
최강 TOT 수학	1~6학년, 학년용

●경시대회 대비

해법 수학경시대회 기출문제	1~6학년, 학기용

예비 중등 교재

●해법 반편성 배치고사 예상문제	6학년
●해법 신입생 시리즈(수학/영어)	6학년

맞춤형 학교 시험대비 교재

●열공 전과목 단원평가	1~6학년, 학기용(1학기 2~6년)

한자 교재

●한자능력검정시험 자격증 한번에 따기	8~3급, 총 9권
●씽씽 한자 자격시험	8~5급, 총 4권
●한자 전략	8~5급Ⅱ, 총 12권

배움으로 행복한 내일을 꿈꾸는

천재교육 커뮤니티 안내

교재 안내부터 구매까지 한 번에!

천재교육 홈페이지

자사가 발행하는 참고서, 교과서에 대한 소개는 물론
도서 구매도 할 수 있습니다. 회원에게 지급되는 별을 모아
다양한 상품 응모에도 도전해 보세요!

다양한 교육 꿀팁에 깜짝 이벤트는 덤!

천재교육 인스타그램

천재교육의 새롭고 중요한 소식을 가장 먼저 접하고 싶다면?
천재교육 인스타그램 팔로우가 필수!
깜짝 이벤트도 수시로 진행되니 놓치지 마세요!

수업이 편리해지는

천재교육 ACA 사이트

오직 선생님만을 위한, 천재교육 모든 교재에 대한 정보가 담긴
아카 사이트에서는 다양한 수업자료 및 부가 자료는 물론
시험 출제에 필요한 문제도 다운로드하실 수 있습니다.

https://aca.chunjae.co.kr

천재교육을 사랑하는 샘들의 모임

천사샘

학원 강사, 공부방 선생님이시라면 누구나 가입할 수 있는 천사샘!
교재 개발 및 평가를 통해 교재 검토진으로 참여할 수 있는 기회는 물론
다양한 교사용 교재 증정 이벤트가 선생님을 기다립니다.

아이와 함께 성장하는 학부모들의 모임공간

튠맘 학습연구소

튠맘 학습연구소는 초·중등 학부모를 대상으로 다양한 이벤트와 함께
교재 리뷰 및 학습 정보를 제공하는 네이버 카페입니다.
초등학생, 중학생 자녀를 둔 학부모님이라면 튠맘 학습연구소로 오세요!